Windows Vista 疑难解析与技巧 1200 例

旗讯中文　编著

U0132096

中国铁道出版社

CHINA RAILWAY PUBLISHING HOUSE

内 容 简 介

　　本书内容包括系统安装、基础操作、多媒体应用到安全设置、高级应用等，涉及 Windows Vista 各个方面，主要以问和答的模式，针对各种操作疑难进行解析并给出解决方案；并通过各种问答，提供各种操作应用技巧指导。本书内容翔实，针对性强，是各种疑难问题的最佳排解手册和操作技巧指导手册。

　　本书附赠光盘中附送各种参考资料，同时由作者自主开发全文模糊搜索软件，可对全书进行精确或模糊查询，方便读者查阅。

　　本书适合于计算机初学者、正在或准备使用 Windows Vista 系统的读者、办公人员、计算机爱好者等阅读，同时也可作为大中专院校的计算机参考书。

图书在版编目（CIP）数据

Windows Vista 疑难解析与技巧 1200 例 / 旗讯中心编著.

北京：中国铁道出版社，2008.11

（电脑应用疑难解析与技巧系列）

ISBN 978-7-113-09452-2

Ⅰ.W…　Ⅱ.旗…　Ⅲ.窗口软件，Windows Vista　Ⅳ.TP316.7

中国版本图书馆 CIP 数据核字（2008）第 184945 号

书　　名：Windows Vista 疑难解析与技巧 1200 例
作　　者：旗讯中文　编著

策划编辑：严晓舟　郑　双
责任编辑：苏　茜　　　　　　　　　　编辑部电话：（010）63583215
编辑助理：李庆祥　　　　　　　　　　封面制作：白　雪
封面设计：付　巍　　　　　　　　　　责任印制：李　佳

出版发行：中国铁道出版社（北京市宣武区右安门西街 8 号　　邮政编码：100054）
印　　刷：三河市华丰印刷厂
版　　次：2009 年 2 月第 1 版　　2009 年 2 月第 1 次印刷
开　　本：787mm×1092mm　　1/16　印张：24.5　字数：589 千
印　　数：5 000 册
书　　号：ISBN 978-7-113-09452-2/TP · 3081
定　　价：45.00 元（附赠光盘）

前　言

Windows Vista 的正式发布是微软公司桌面操作系统的一次重大革新。不论从安全性、实用性、娱乐性还是从美观性来看，Windows Vista 都绝对是顶尖产品。自从 Windows 问世以来，就以其使用方便和简洁高效的优点受到广大用户的喜爱。经过十多年的发展和锤炼，它的性能和功能得到不断的改进、扩充、完善和加强，已经成为目前主流的操作系统。Windows Vista 是微软公司最新推出的 Windows 版本，与早期版本相比，Windows Vista 继承了以前版本中功能强大、界面友好、使用便捷的优点，同时新版本的界面也发生了很大变化，并新增了很多独特的功能，可以说这是自 Windows 问世以来最大的一次版本变化。从发展趋势来看，Windows Vista 会逐渐替代 Windows XP 等旧版本的操作系统，成为大家较常用的操作系统之一。

本书主要以问答的模式，针对在使用 Windows Vista 过程中的各种操作疑难问题进行分析，给出解决方案，并提供各种操作应用技巧指导。无论读者希望解决遇到的各种实际问题，还是希望系统地学习各种操作与技巧，本书都是最好的读物之一。

本书内容及章节安排：

为了方便读者阅读，全书对 Windows Vista 的知识点进行了科学安排，由浅入深地介绍了 Windows Vista 中文版的使用方法和常用技巧，全书总体上可分为 8 大部分，共 29 章。

第 1 部分，安装与基本操作篇（第 1～4 章）：列举了 Windows Vista 新特性、安装与卸载、桌面操作、资源管理器应用过程中常见的疑难问题，并进行分析给出解决方案。

第 2 部分，系统设置与管理篇（第 5～9 章）：收录了文字输入与语言管理、应用程序和硬件设备的安装与管理、Windows Vista 用户账户管理和个性化设置过程中常见的疑难问题，并进行分析给出解决方案。

第 3 部分，多媒体与娱乐篇（第 10～14 章）：总结了 Windows Vista 中多媒体的播放与管理、媒体视频与电子相册的制作、光盘刻录、图像编辑与管理、游戏娱乐等方面经常遇到的问题，并进行分析给出解决方案。

第 4 部分，Internet 上网与局域网应用篇（第 15～18 章）：介绍了 Internet Explorer 7.0、Windows Mail、Windows Live Messenger 的应用技巧，并对网络管理与配置方面常见的疑难问题进行分析给出解决方案。

第 5 部分，优化设置与工具软件篇（第 19～20 章）：收录了 Windows Vista 系统优化设置以及使用工具软件进行系统优化方面的技巧，同时对可能遇到的疑难问题进行分析并给出解决方案。

第 6 部分，高级管理与应用技巧篇（第 21～23 章）：列举了磁盘管理与电源管理、命令行与注册表应用技巧、用组策略高级配置过程中常见的疑难问题，并给出解决方案。

第 7 部分，系统安全与网络安全篇（第 24～26 章）：总结了 NTFS 文件系统与数据保护、权限管理与账户安全和 Windows Vista 网络安全应用方面的技巧，并对疑难问题加以分析给出解决方案。

第 8 部分，系统维护与故障恢复篇（第 27～29 章）：收录了系统维护与备份、系统故障排除技巧、获得帮助与更新过程中遇到的疑难问题，并进行分析给出解决方案。

相信通过阅读本书，根据本书中的说明和示例进行实际操作后，读者可以很容易地掌握 Windows Vista 常用的、高级的操作技巧，从而感受到 Windows Vista 的非凡魅力和强大功能，在短时间内成为 Windows Vista 的使用高手。

本书特点：

内容翔实：精心筛选了最具代表性的、读者最关心的典型应用技巧，所涉及的内容覆盖了 Windows Vista 操作系统的各个方面。

易学易懂：本书结构合理、条理清晰、语言简洁，可帮助读者快速掌握各种技巧；每个部分既相互连贯又自成体系，使读者既可以按照本书编排的章节顺序进行系统性学习，也可以根据自己的需求对某一章节进行针对性的查询。

实用性强：本书彻底摒弃枯燥的理论，注重实用性和可操作性，所有应用技巧均以问题方式出现。本书所包含的技巧和问题几乎都是平常读者在实际使用过程中可能遇到的。以后在遇到这类问题时，读者可参考本书中相同或相似的实例来进行处理。

多媒体光盘：为了避免学习的枯燥无味，本书附赠多媒体教学光盘，便于读者快速消化书本中的知识，边学边看，学习更快速有趣。同时，由于篇幅的缘故，更多的案例不能收录到本书正文中，为此，我们将更多的相关内容和案例附在光盘中，以便于读者随时查阅。

读者对象：

适合于计算机初学者、正在或准备使用 Windows Vista 系统的读者、办公人员、计算机爱好者等阅读群体，同时也可作为大中专院校的一本计算机参考书。

本书由旗讯中文编著，吴万军、杨强、张燕、王利、水淼、张亮、周鹏、李立明、束庆丰、杨杰、朱静、年夫兰、唐国祥、李平、王春燕、尹瑜、刘琢、黄海、冯玉川、吴燕群、潘天、胡平、汪玲、张德友、朱小怀和丁霞共同参与编写了此书。在编写过程中，编者虽然未敢稍有疏虞，但出现纰漏和瑕疵在所难免，诚请读者提出宝贵的建议，以便进一步修订并使之更臻完善。

编　者

2008 年 10 月

目 录

第 5 部分　优化设置与工具软件篇

第 19 章　系统优化设置技巧 222

第 7 部分　　系统安全与网络安全篇

第 24 章　NTFS 文件系统与数据保护 296

Part 1

1

第 1 部分
安装与基本操作篇

Chapter

1

Windows Vista
新特性

Windows Vista 作为微软长时间斥巨资倾力研发出来的新一代旗舰操作系统，带给用户的体验是革命性的：更漂亮的图形界面、更炫目的视觉效果、更强大的性能、更好的操作方式……Windows Vista给用户带来了前所未有的感觉，也给用户带来了升级后强大的动力源泉。本章列举了 Windows Vista操作系统中常见的新特性，以便用户快速了解Vista。

1-1　Windows Vista 版本有哪些

问：微软最新的操作系统 Windows Vista 有哪些版本？

答：按照微软的计划，除了面向欧洲市场的不包含 Windows Media Player 的特殊版 Windows Vista，以及面向某些发展中国家市场的 Starter 版本之外，用户还可以通过 OEM 或者零售渠道获得 Windows Vista 的 5 个不同的版本，分别是家庭普通版、家庭高级版、商业版、企业版和旗舰版。

Windows Vista Home Basic 家庭普通版（见图 1-1）是功能最低的版本，价格最低。Windows Vista 家庭普通版适用于具有最基本需求的家庭使用。

Windows Vista Home Premium 家庭高级版（见图 1-2）是微软推荐大部分家用计算机购买的版本，也是家用台式机和笔记本电脑的首选 Windows 版本。

图 1-1　　　　　　　图 1-2

Windows Vista 商用版（见图 1-3）是第一款专门设计用于满足小型企业需要的 Windows 操作系统，被预装在 2007 年后上市的商用计算机中。

Windows Vista 旗舰版（见图 1-4）则包括了 Vista 所有版本功能，版本实现多功能一体化，可以提供以企业为中心的高级基础结构、移动生产效率和顶级的家庭数字娱乐体验。

图 1-3　　　　　　　图 1-4

1-2　如何选择 Windows Vista 版本

问：在升级或购买时应该选择 Windows Vista 的哪个版本？各个版本之间有何差异？

答：用户在选择 Windows Vista 的版本时，可以据此结合自己的实际需求选购合适版本的 Windows Vista。Windows Vista 各版本之间的区别如表 1-1 所示。

表 1-1　Windows Vista 各版本之间的区别

功　能	家庭普通版	家庭高级版	商用版	旗舰版
Windows Defender 和 Windows 防火墙打造系统安全		✔	✔	✔
通过即时搜索和 Windows Internet Explorer 7.0 实现快速查找所需信息	✔	✔	✔	✔
具有玻璃状菜单栏、Flip 3D 和活动缩略图		✔	✔	✔
具有 Windows 移动中心和 Tablet PC 支持		✔	✔	✔
通过 Windows 会议室实现协作与共享文档		✔	✔	✔
在 Windows 媒体中心体验照片和娱乐		✔		✔
通过媒体中心扩展器体验 Windows 媒体中心		✔		✔
使用 Windows Complete PC 备份与还原防止硬件故障			✔	✔
使用计划备份自动备份文件	✔	✔	✔	✔
通过网络中心和远程桌面实现企业网络连接			✔	✔
使用 Windows BitLocked 驱动器加密保护数据				✔
借助 Windows DVD Maker 制作 DVD		✔		✔

续表

功 能	家庭普通版	家庭高级版	商用版	旗舰版
三款全新游戏：Chess Titans、Mahjong Titans 和 Inkball		✔		✔
借助 Windows Movie Maker in High Definition 制作高清晰度电影		✔		✔

1-3 Windows Vista 需要怎样的硬件配置

问：计算机安装 Windows Vista 是否需要很高的硬件配置？具体的配置要求是什么？

答：由于 Windows Vista 整合了诸多新技术，所以它对硬件的需求也是很高的。表 1-2 所示为微软官方建议的最低硬件配置需求。

表 1-2 微软官方建议的最低硬件配置要求

硬件设备	官方建议基本配置
CPU	800MHz 32 位或 64 位处理器
内存	512MB
显卡	支持 DirectX 9 的显卡
硬盘	20GB
可用空间	15GB
光驱	CD-ROM 驱动器

用现在的眼光来看，其实这些要求并不算高，但是这仅仅是 Windows Vista 入驻的最低配置标准，如果想要流畅运行 Windows Vista 系统，并且使用玻璃界面、Flip 3D 等功能，那么最好能够采用更高级别配置的计算机（见表 1-3）。

表 1-3 获得 Windows Vista 的全部特效所需硬件配置

硬件设备	官方建议高级配置
CPU	1GHz 32 位或 64 位处理器
内存	1GB
显卡	支持 DirectX 9C；支持 WDDM 驱动；支持 Pixel Shader 2.0 32 位色彩；128MB 显存

续表

硬件设备	官方建议高级配置
硬盘	40GB
可用空间	15GB
光驱	DVD 驱动器
声卡	具有音频输出能力
网络	具有 Internet 访问能力

1-4 普通版 Windows Vista 有哪些新特性

问：在 Windows Vista 的诸多新特性中，哪些新特性是针对所有用户的？

答：无论是何种版本的 Windows Vista，所有用户都可以用到的功能特性有：

- 全新的用户界面 Aero
- 任务栏按钮缩略图功能
- Windows Flip 3D
- 边栏和小工具
- Internet Explorer 7.0
- Windows Defender
- 用户账户控制
- 全新的睡眠模式
- 同步中心
- Windows Update

1-5 家庭版 Windows Vista 有哪些新特性

问：在 Windows Vista 的诸多新特性中，哪些新特性是针对家庭用户的？

答：Windows Vista 新特性中一些针对家庭娱乐的功能有：

- Windows 轻松传送
- 家长控制
- Windows 照片库
- Windows Media Player
- Windows Movie Maker 和 Windows DVD Maker
- Windows 日历
- 备份和还原中心

1-6　商用版 Windows Vista 有哪些新特性

问：在 Windows Vista 的诸多新特性中，哪些新特性是针对商业应用的？

答：Windows Vista 新特性中针对商业应用的功能有：

- XPS 文档
- Windows 会议室
- 改进的文件共享
- 改进的脱机文件和文件夹
- 卷影复制

1-7　什么是 Aero 效果

问：在 Windows Vista 的诸多新特性中，Aero 具体指什么？

答：Aero 是 Windows Vista 的完美视觉体验。它采用一种类似半透明玻璃也就是常说的毛玻璃的特效，隐约可以看到界面下方的内容（见图 1-5）。它来源于英文 Authentic（可靠）、Energetic（活力）、Reflective（反映）和 Open（开放）。

图 1-5

用户能从以下几方面感受到 Aero 的变化：

- 窗口的边框具有半透明的毛玻璃效果，透过边框可以看到窗口下覆盖的内容。
- 窗口的边框四周还有阴影，立体感更强。
- 当鼠标指针指向 Windows 界面上的按钮时，按钮也变得更生动。

除了在窗口上体现的效果外，Aero 还有两个相当眩目的功能：任务栏按钮缩略图和 Flip 3D。

1-8　Vista 哪些版本具有 Aero 效果

问：Windows Vista 的 Aero 真的挺漂亮，是不是所有的版本都带有这一特性？

答：并非所有的 Windows Vista 版本都带有 Aero 新特性，包含 Aero 的版本有 Windows Vista Business（商用版）、Windows Vista Home Premium（家庭高级版）和 Windows Vista Ultimate（旗舰版）。

1-9　如何查看 Windows Vista 版本

问：计算机安装了 Windows Vista，可我并不知道它的版本，该如何查看安装的 Windows Vista 版本呢？

答：若要查明计算机上 Windows Vista 的版本，可以在控制面板中双击"欢迎中心"图标，打开"欢迎中心"窗口，如图 1-6 所示。Windows Vista 的版本以及用户计算机的详细信息显示在窗口的顶部。

图 1-6

1-10　Aero 效果需要什么样的硬件配置

问：我的计算机配置不是很高，安装 Windows Vista 后是否可以流畅运行 Aero？

答：要支持 Aero，硬件配置必须达到以下水平：

- 1GHz 32 位（x86）或 64 位（x64）处理器。
- 1 GB（吉字节）的随机存取内存（RAM）。
- 128 MB 图形卡。

Aero 还要求硬件具有支持的 Windows Display Driver Model 驱动程序、Pixel Shader 2.0 和 32 位/像素的 DirectX 9 类的图形处理器。

为达到最佳效果，还需要按照以下图像处理器建议：

- 64 MB（兆字节）的物理内存支持分辨率不低于 1 310 720 像素的单个监视器（例如，17 英寸的平面 LCD 监视器的分辨率为 1280×1024 像素）。
- 128MB 的图形内存支持分辨率为 1 310 720～2 304 000 像素的单个监视器（例如，21 英寸平面 LCD 监视器的分辨率可达 1600×1200 像素）。
- 256MB 的图形内存支持分辨率高于 2 304 000 像素的单个监视器（例如，30 英寸宽屏幕平面 LCD 监视器的分辨率可达 2560×1600 像素）。

1-11 满足 Aero 硬件需求，为什么不能运行 Aero 效果

问： 计算机已满足最低建议要求的硬件配置，但仍不能使用 Windows Aero，还需要做什么吗？

答： 是的，虽然硬件配置满足了要求，还需确保已将颜色设为 32 位，监视器的刷新频率高于 60Hz，主题设为 Windows Vista，配色方案设为 Windows Aero，且窗口框架透明度已打开。

1-12 如何开启 Aero 透明效果

问： 我还是不太清楚如何手动开启 Aero 特效，操作步骤是怎样的？

答： 手动开启 Aero 效果的操作步骤如下：
第 1 步 将颜色设为 32 位。在桌面的空白处右击，在弹出的快捷菜单中选择"个性化"命令，在打开的"个性化"窗口中选择"显示设置"选项，弹出"显示设置"对话框，在"颜色"下拉列表框中选

择"最高（32 位）"选项，然后单击"确定"按钮。如果无法选择 32 位，可选择最高分辨率，然后再试，如图 1-7 所示。

图 1-7

第 2 步 将桌面主题改为 Windows Vista。在"个性化"窗口中单击"主题"选项，弹出"主题设置"对话框，在"主题"下拉列表框中，选择"Windows Vista"选项，再单击"确定"按钮，如图 1-8 所示。

图 1-8

第 3 步 将配色方案更改为 Windows Aero。在"个性化"窗口中单击"Windows 颜色和外观"选项，打开"外观设置"对话框，在"颜色方案"列表框中，选择"Windows Aero"选项，再单击"确定"按钮，如图 1-9 所示。

图 1-9

第 4 步 打开窗口框架透明功能。若要打开窗口框架透明功能，则必须先将配色方案设为 Windows Aero。然后在"个性化"窗口中单击"Windows 颜色和外观"选项，在打开的"Windows 颜色和外观"窗口中选中"启用透明效果"复选框，如图 1-10 所示。

图 1-10

 注意 如果看到的是"外观设置"对话框而不是"Windows 颜色和外观"窗口，则主题可能未设置为 Windows Vista，配色方案可能未设置为 Windows Aero 或者计算机可能不符合运行 Windows Aero 的最低硬件要求。

1-13 是否可以强制开启 Aero 效果

问：我的计算机配置低，能强制开启 Vista Aero 玻璃效果吗？

答：可以，如果显卡支持 DirectX 9，并且系统评分在 2.0 以上，还是可以通过修改注册表，手工开启 Aero 效果的。

第 1 步 在"运行"窗口中输入 Regedit 命令并按【Enter】键，打开注册表编辑器。

第 2 步 展开注册表项到 HKEY_CURRENT_USER\Software\Microsoft\Windows\DWM 分支。将其下 Composition 的值修改为 1；CompositionPolicy 的值修改为 2，再退出注册表编辑器。

第 3 步 以系统管理员身份进入"命令提示符"，即原来的 DOS 状态，依次输入以下两条命令：

```
net stop uxsms
net start uxsms
```

第 4 步 注销并重新登录系统，Aero 特效即被开启。

1-14 低端显卡是否可以流畅运行 Aero 主题

问：我的显卡有些老，是否可以运行 Aero 主题？

答：对于图形配置较低的用户来说，Vista 经常会在剩余显存不足的情况下从 Aero"跳"入 Vista Basic 主题。不过，如果进行一些简单的系统性能设置调整，就可以避免这一问题，即便在 Radeon 95XX／NV 6600 等较低端显卡下也可以流畅运行 Vista Aero 主题。操作步骤如下：

第 1 步 右击桌面"计算机"图标，选择"属性"命令，在打开的"系统"窗口左侧任务列表中单击"高级系统设置"链接，弹出"系统属性"对话框，单击"性能"选项区域中的"设置"按钮，如图 1-11 所示。

第 2 步 打开"性能选项"对话框，如图 1-12 所示，取消选中以下效果复选框：

- 淡入淡出或滑动菜单到视图
- 滑动打开组合框
- 滑动任务栏按钮

- 启动透明玻璃
- 在菜单下显示阴影
- 在单击后淡出菜单
- 在视图中淡入淡出或滑动工具条提示
- 在最大化和最小化时动态显示窗口

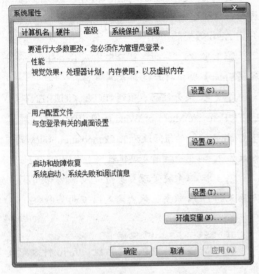

图 1-11

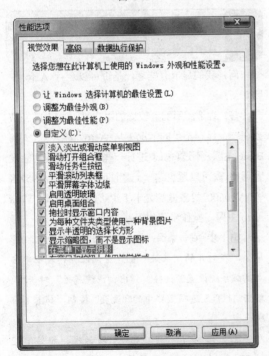

图 1-12

第 3 步 单击"确定"按钮完成设置。

进行如上设置后，Vista Aero 主题对图形系统

以及系统资源的消耗将明显下降，也可以避免进入 Basic 主题。

1-15 任务栏按钮缩略图功能有何优点

问：Windows Vista 中的任务栏按钮缩略图功能是怎样的一个新特性？有哪些优点？

答：通常，在打开一个窗口后，任务栏上会显示一个按钮与该窗口对应。通过单击这个按钮，可以在不同窗口之间切换。任务栏的长度有限，如果打开的窗口过多，所有的按钮将被挤在一起，非常难以辨认。在 Windows XP 中使用了分组相似任务栏按钮的功能，把来自同一个程序的多个任务栏分组在一起显示，但这依然不是很方便，在 Windows Vista 中可以使用任务栏按钮缩略图功能迅速切换到所需的窗口。

当用户将鼠标指针指向一个任务栏按钮后，该按钮对应窗口内容的缩略图就会预览显示，如图 1-13 所示。不仅如此，缩略图的内容还是动态更新的，哪怕窗口中正在播放视频内容，用户也可以从缩略图中实时看到正在播放的内容。

图 1-13

1-16 如何开启和使用 Flip 3D 功能

问：对于 Aero 图形界面的另一个新功能 Flip 3D，应当如何操作才能开启和使用该功能呢？

答：Flip 3D 是一个新的任务切换模式，将桌面上的视窗用 3D 缩略图形式显示出来，实用性和视觉效果都非常出色。使用 Windows Flip 3D，可以快速浏览所有打开的窗口（例如，打开的文件、文件夹和文档）而无须单击任务栏。要使用 Flip 3D 功能切换窗口，可以按【Windows 徽标键 ![]（以下简称 Windows 键）+Tab】组合键打开 Flip 3D，如图 1-14 所示。

图 1-14

在按下【Windows】键的同时，重复按【Tab】键或滚动鼠标滚轮以循环切换打开的窗口，还可以按键盘上的方向键循环切换窗口。释放 Windows 徽标键 即可显示最前面的窗口，或者单击其中任意窗口的任意部分以显示该窗口。

提示　使用 Flip 3D 的另一种方法是按【Ctrl +Windows+Tab】组合键以保持 Flip 3D 处于打开状态，然后可以按【Tab】键循环切换窗口，还可以按键盘的方向键循环切换窗口。按【Esc】键可关闭 Flip 3D。

1-17 什么是Windows边栏和小工具

问：什么是 Windows 边栏和小工具？它们有什么用途？

答：Windows 边栏是 Windows Vista 在主界面右边提供的一个放置小工具的区域，用户可以随意添加/删除传统形象的时钟、当天的天气预报、RSS 新闻阅读器等各种小工具，如图 1-15 所示。

图 1-15

提示　这些小工具是完全开放的，微软已经公布了相应的 API，利用这些公开的 API，可以编写出实现不同功能的小工具。微软也提供了一个网站（http://gallery.live.com），在这里可以免费下载别人编写的小工具，同时也可以将自己编写的小工具和他人分享。

1-18 Internet Explorer 7.0 有哪些新改进

问：Windows Vista 中自带的最新网页浏览器 Internet Explorer 7.0 有哪些功能上的改进？

答：Internet Explorer 7.0（见图 1-16）有助于用户更加有效地浏览 Web。以选项卡的浏览方式在一个窗口中同时查看多个网页，或使用选项卡查看打开的所有网页的缩略图。

图 1-16

Internet Explorer 7.0 解决了 Internet Explorer 6.0 面临的安全性、易用性和功能等方面的问题。

- 在安全性方面，配合 Windows Vista 的用户账户控制（UAC），Internet Explorer 7.0 自己的保护模式可以很好地保护用户的在线隐私，并防止系统被植入间谍软件或被恶意网页修改系统设置。
- 易用性方面，Internet Explorer 7.0 已经带有"标签浏览"功能，用户不用打开多个窗口，可以在一个窗口中以标签的形式浏览多个页面。
- Internet Explorer 7.0 带有 RSS 阅读功能，可以让用户不用借助其他第三方软件就实现 RSS 的订阅和浏览。

- Internet Explorer 7.0 的反钓鱼功能、搜索功能、安全选项、父母控制功能以及打印功能都非常实用。

1-19 什么是 Windows Defender

问： 在 Windows Vista 中自带的 Windows Defender 是何种类型的软件？有哪些用途？

答： 目前间谍软件、流氓软件横行，使得互联网的安全性受到严峻考验。一些流氓软件会不经用户同意就植入系统中，而且很难彻底卸载；一些间谍软件会监控用户的操作，并定期将监控结果发送出去。因此，除了常见的反病毒软件和网络防火墙外，通常还需要安装一个反间谍软件。Windows Defender（见图 1-17）是系统自带的一个反间谍软件，它不仅可以对系统进行实时监控，还可以定期对整个硬盘进行扫描，找到所有不安全的项目，并提供有效的方法将其彻底删除。

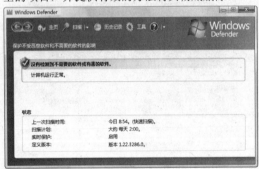

图 1-17

1-20 用户账户控制如何保护系统安全

问： Windows Vista 中的用户账户控制功能是怎样的一种保护机制？它如何实现对系统安全的保护？

答： 在 Windows Vista 中用户账户控制功能在默认状态下是被启用的，这时候即使用户使用管理员账户登录系统，也不会有完整的控制权。每当这个用户需要修改一些关键的系统设置时，系统会要求用户确认这一操作（见图 1-18）。只有用户决定进行该操作，才能继续。依靠这一机制，可以在恶意软件对系统进行破坏之前，通过系统首先咨询用户是否批准该操作，给系统加了一把锁。

图 1-18

1-21 Windows 轻松传送是什么程序

问： 在 Windows Vista 中的"Windows 轻松传送"是否和 Windows XP 中的文件和设置转移向导的功能一样？

答： 是的，Windows XP 中的文件和设置转移向导可以让用户把自己的文件以及系统和常用软件的设置全部备份起来，并转移到其他计算机或者新安装的系统中。

在 Windows Vista 中，改进后的程序是"Windows 轻松传送"（见图 1-19），该程序可以在计算机或系统之间传递用户账户设置、文件和文件夹、应用程序数据文件和设置、电子邮件信息、影音文件和 Windows 设置等多种内容。

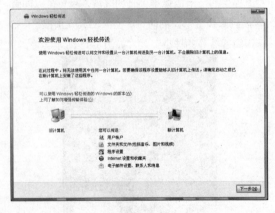

图 1-19

不仅如此，Windows 轻松传送还支持更多的传输方法。例如，局域网、可移动存储器以及光盘刻录等方式。

1-22　家长控制有哪些功能

问：Windows Vista 中家长控制计算机有哪些功能？这些功能是否能真正控制子女使用计算机？

答：现在拥有计算机的家庭越来越多，Windows Vista 中的家长控制功能可以帮助父母决定孩子可以使用计算机的时间，以及孩子在使用过程中是否可以浏览某些内容的网站，同时还可以特意禁止或者允许对某些网站的访问。不仅如此，还可以决定孩子可以玩的游戏类型，以及允许或禁止孩子玩某个特定游戏。该功能还提供了强大的活动报告功能，不仅可以让父母知道孩子什么时候用过计算机，还可以知道孩子使用计算机的时候都访问过哪些网站、和哪些人在网上聊过天、是否点击过网友通过聊天软件发过来的链接，同时还可以知道孩子播放过哪些音频和视频文件、这些文件的分级信息是否符合孩子的年龄等。

1-23　Vista 照片库有哪些功能

问：Windows Vista 中的 Windows 照片库有哪些功能？对普通用户来说有哪些好处？

答：Windows 照片库（见图 1-20）可以让用户集中管理、编辑和查看自己拍摄的数码照片。例如，可以使用该软件直接从数码相机或者扫描仪中导入相片，并给相片添加标签。这样，日后用户就可以通过标签浏览文件，这对拥有大量数码照片的人来说是相当有用的。

图 1-20

除了浏览和管理功能外，该软件还可以对数码照片进行简单的编辑，例如曝光补偿、调整色阶、剪裁以及消除红眼，基本上在处理数码照片时需要的最常用的编辑功能都已经包含在其中了。这些功能虽然不如专业的图形处理软件强大，却操作简单，因此对普通用户很有吸引力。

1-24　Windows Media Player 11 新增了哪些功能

问：作为最新的音频播放软件 Windows Media Player 11，它新增了哪些功能？

答：Windows Media Player 11（见图 1-21）在媒体库管理方面，主要借鉴了 Windows Vista 中大力推广的虚拟文件夹以及文件标记功能。例如，可以给每首歌编辑相应的标记，包括这些歌曲的演唱者、唱片专辑名称、唱片发行年份和歌曲流派等信息，Windows Media Player 11 会自动检索这些信息，并将歌曲按照信息分类，供用户查看。

图 1-21

除此之外，Windows Media Payer 11 另一个比较重要的功能就是媒体库共享。通过该功能，用户可以把本机上保存的所有已经添加到媒体库中的音频和视频文件在家庭网络上共享，这样其他任何连接到家庭网络中的设备，例如其他计算机或者客厅的媒体中心计算机，或者其他支持该功能的设备，都可以通过网络获取并播放这些媒体文件。这时候，用户共享媒体库的计算机就变成了家庭用的点唱机。

Chapter

2

Windows Vista
安装与卸载

　　Windows Vista 安装文件的体积比老版本的
Windows 增加了数倍，但安装所需的时间并不会成
倍增长，这要归功于微软采用的全新安装方式。由
于微软加强了防盗版的力度，安装完毕之后，一般
还需进行激活操作。本章将对在安装、卸载与激活
Windows Vista 过程中出现的疑问做出解答，并总结
相关的操作技巧。

问：在安装 Windows Vista 之前，需要做好哪些必要的准备工作？

答：在安装 Windows Vista 之前用户需要做好以下必要的准备。

1. 了解 Windows Vista 的硬件需求

由于 Windows Vista 整合了诸多创新技术，所以它的硬件需求也是很高的。只有达到了最低配置需求才有可能成功安装 Windows Vista，有关 Windows Vista 的硬件需求可参考第 1 章内容。

2. 了解 Windows Vista 的软件需求

所谓 Windows Vista 系统的软件安装需求，主要是指对于硬盘系统的要求与应用软件的兼容性。安装 Windows Vista 系统的硬盘分区必须采用 NTFS 结构，否则安装过程中会出现错误提示而无法正常安装。由于 Windows Vista 系统对于硬盘可用空间的要求比较高，因此用于安装 Windows Vista 系统的硬盘必须要确保至少有 15GB 的可用空间，最好能够提供 40GB 可用空间的分区系统安装使用。关于应用软件的兼容性需求，可以运行 Windows Vista 升级顾问，直观掌握自己计算机硬件与 Vista 的兼容性问题。

3. 备份旧系统的设置与用户数据

用户可以把旧系统的文件和设置转移到新安装的操作系统上。例如，可以转移常用的应用程序配置信息、电子邮件、用户账户和常用的数据文件等。这样，既可以保留以前的使用习惯，又极大地节省新系统的配置时间。

问：安装 Windows Vista 前，怎样导出旧系统的文件和设置？

答：在 Windows Vista 中，借助 "Windows 轻松传送" 将旧系统（以 Windows XP 为例）的文件和设置转移到新安装的 Windows Vista 系统中。

第 1 步 在 Windows XP 中，运行 Windows Vista 安装光盘，在弹出的安装欢迎屏幕下方单击 "从另一台计算机传送文件和设置" 链接，如图 2-1 所示。

图 2-1

第 2 步 弹出 "欢迎使用 Windows 轻松传送" 对话框，单击 "下一步" 按钮。

第 3 步 进入 "选择将文件和设置传送到新计算机的方法" 对话框，可以选择 3 种不同的方法备份所导出的文件和设置。这里选择 "使用 CD、DVD 或者其他可移动介质" 选项，如图 2-2 所示。

图 2-2

第 4 步 进入 "选择传送文件和程序设置的方法" 对话框，在这里可以选择 3 种不同的方法备份所导出的文件和设置。此处选择 "外接硬盘或网络位置" 选项，如图 2-3 所示。

第 5 步 进入 "选择网络位置" 对话框，可以设置备份文件保存的路径，默认保存位置为 C:\from_old_computer\SaveData.MIG。单击 "浏览" 按钮可以更改保存路径，还可指定保护密码。确认后单击"下一步"按钮，如图 2-4 所示。

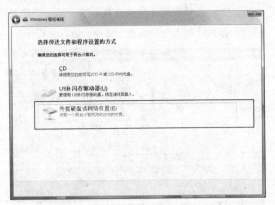

图 2-3

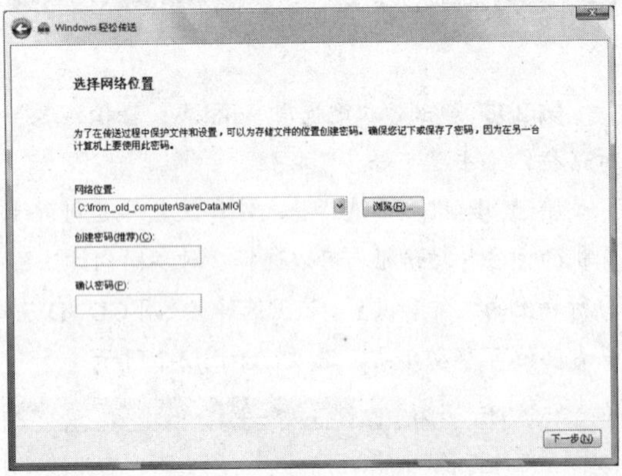

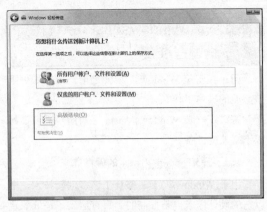

图 2-5

图 2-4

图 2-6

第 6 步 进入"您想将什么传送到新计算机上"对话框，要指定需转移的设置和文件，在这里选择"高级选项"选项，可以自定义需导出的数据，如图 2-5 所示。

第 7 步 进入"选择要传送的用户账户、文件和设置"对话框（见图 2-6），在这里可以选择需要转移的数据和设置，如果不希望转移某些选项，则取消选中左侧的复选框。如果需要添加其他文件或文件夹，可以单击下方对应的按钮。确认后单击"下一步"按钮，开始备份过程。

备份结束后，单击"关闭"按钮即可。这样，就可以把旧系统中的文件和设置导出为单个文件，保存在指定的位置。建议保存在移动存储设备中，以便安装好 Windows Vista 后，将所备份的文件导入到新系统中。

2-3 如何用光盘全新安装 Windows Vista

问： 如何使用 Windows Vista 安装光盘全新安装 Windows Vista？

答： 使用 Windows Vista 安装光盘全新安装 Windows Vista 的大致操作步骤如下：

第 1 步 从光盘启动。启动计算机进入 BIOS 设置页面，将光驱设置为第一引导设备，然后保存退出。重新启动计算机时将准备好的 Windows Vista 安装光盘放入 DVD 光驱中。

第 2 步 设置安装信息。完全载入安装文件后将显示安装界面。设置基本安装信息，通常保持系统默认设置即可。在输入产品密钥和接受许可条款后即可开始安装。

第 3 步 选择安装方式。进入选择安装方式界面。Windows Vista 为用户提供了升级安装和自定义安装两种安装方式。这里选择"自定义（高级）"选项，如图 2-7 所示。

图 2-7

第 4 步 选择安装分区。进入"您想将 Windows 安装在何处"对话框，选择合适的分区后，单击"下一步"按钮，如图 2-8 所示。

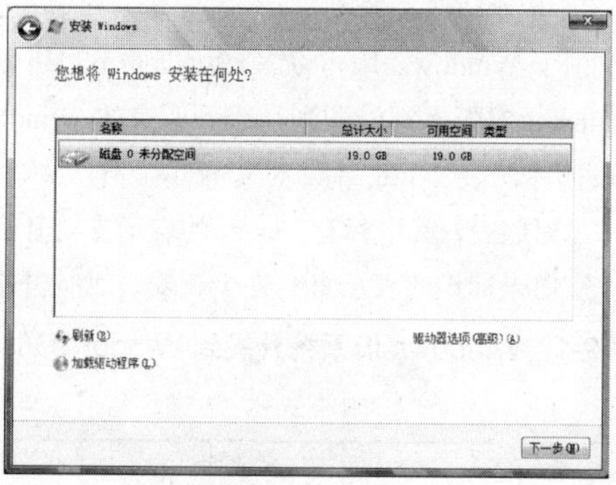

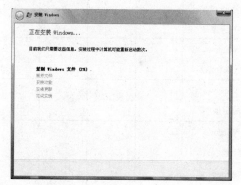

图 2-8

第 5 步 开始安装。开始安装 Vista 时，安装程序开始依次完成复制 Windows 文件、展开文件、安装功能、安装更新等工作（见图 2-9）。在安装过程中会有几次重新启动计算机的过程。

图 2-9

第 6 步 设置系统信息。安装完成后，开始对其余的选项进行设置。设置用户名和登录密码（见图 2-10）、输入计算机名称并选择桌面背景、设置系统日期和时间，如图 2-11 所示。

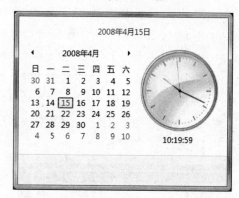

图 2-10

图 2-11

第 7 步 完成安装。设置结束，可以看到感谢屏幕。单击"开始"按钮（见图 2-12），Windows 即可开始检测系统的性能。至此，全新安装过程结束。

图 2-12

2-4 如何使用虚拟光驱安装 Windows Vista

问：使用虚拟光驱安装 Windows Vista 有何好处？如何操作？

答：使用虚拟光驱安装 Windows Vista 既可以减少 DVD 光驱以及安装光盘的磨损，又能加快安装过程。

目前，完美支持 Vista 安装的虚拟光驱并不多，其中效果较好的是 DAEMON Tools，建议读者使用虚拟光驱安装 Vista 时最好采用 DAEMON Tools 作为安装工具，以减少不明故障发生的几率。

在 Windows XP 中首先安装 DAEMON Tools 软件，安装完成后屏幕的右下角会出现 DAEMON Tools 图标，右击此图标可以启动 DAEMON Tools，从硬盘上载入镜像文件（见图 2-13）。播放虚拟光驱，启动安装程序，弹出安装窗口（见图 2-14），单击"现在安装"按钮开始安装，之后的操作与使用光盘全新安装操作相仿，不再赘述。

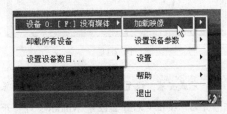

图 2-13

图 2-14

2-5 Windows 旧系统可以升级到 Windows Vista 吗

问：我现在在使用的是 Windows XP 操作系统，是否可以直接升级到 Windows Vista？

答：如果计算机上已经安装了 Windows 旧系统，也可以选择升级安装 Windows Vista，这样就可以保留原来的应用程序、设置和文件。要顺利升级，必须注意以下两方面：

1．磁盘分区要求

- 在进行升级安装前，确保系统硬盘中存在足够的可用空间。
- 如果用户当前的 Windows 旧系统分区为 FAT32 格式，在将其转为 NTFS 分区前是不能进行升级安装的。

2．旧系统版本要求

由于 Windows 版本众多，所以并不是所有的 Windows 旧版本都能顺利升级到所有的 Windows Vista 版本。表 2-1 是各版本 Windows 升级到 Vista 的许可对照表，其中标有"✔"的表示支持升级安装，空白未标识的表示只允许全新安装进行升级。

表 2-1　Windows 旧系统升级到 Windows Vista 版本要求

Windows Vista　　Windows XP	Windows Vista 家庭普通版	Windows Vista 家庭高级版	Windows Vista 商用版	Windows Vista 旗舰版
Windows XP 专业版			✔	✔
Windows XP 家庭版	✔	✔	✔	✔
Windows XP 媒体中心版		✔		✔
Windows XP Table PC 版			✔	✔
Windows XP 专业版（64 位）				
Windows 2000				

不仅 Windows 2000、X64 位 Windows XP 不支持升级安装，对于其他版本的 Windows （例如 Windows 98/Me），也只能通过购买完整版的 Windows Vista 进行全新安装。

2-6 如何从 Windows XP 升级到 Windows Vista

问：从 Windows XP 升级到 Windows Vista，该如何操作？

答：从 Windows XP 升级到 Windows Vista 的过程中，直到安装过程进行到选择安装种类这一步时，两者的安装过程都相同。当安装过程进行到询问安装类型时，选择"升级"选项即可，如图 2-15 所示。

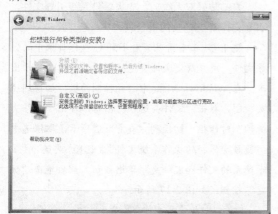

图 2-15

 如果用户安装原操作系统的分区剩余空间小于 11GB，或者原操作系统语言与 Vista 安装光盘语言不一致时，升级安装将不可使用。

选择升级安装之后，安装程序就会开始对现有的系统进行兼容性测试，查看是否存在任何硬件或软件问题。

如图 2-16 所示，若单击"单击此处获得更多信息"链接，将检查有兼容性问题的软硬件。如果由于软硬件问题并没有严重到阻碍操作系统升级，则单击"下一步"按钮开始升级系统。

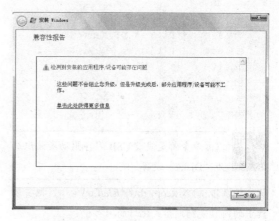

图 2-16

接下来升级安装的步骤还是同全新安装相似。对已经掌握了全新安装的用户来说，没有任何难度，很快就能安装完成。

 升级安装是指从旧版本系统升级到新版本系统，同时保留系统安装的应用程序和系统配置等数据。对于升级安装，由于保留了旧版本系统的大部分数据，所以升级后很可能会将病毒和其他系统故障一并带到新版本的系统中，造成新版本系统的不稳定。因此，除非用户的旧版本系统是刚安装不久或有着重要数据，否则都建议进行全新安装。

2-7 如何通过 U 盘快速安装 Windows Vista

问：是否可以使用 U 盘安装 Windows Vista？该如何操作？

答：可以，通过 U 盘来安装操作系统，而不选择 DVD 驱动器或者通过网络进行安装的一个重要原因就是安装速度。通过高速的 USB 闪存驱动器来安装 Windows Vista 比通过 DVD、千兆位以太网或外置的 USB 2.0 硬盘要快，当然不同设备的访问速度和传输速率会有所差别。

第 1 步 准备一个高速且剩余空间足够大的 USB 2.0 闪存。

第 2 步 运行命令提示符，输入以下命令：

```
diskpart
select disk1
```

```
clean
create partition primary
select partition 1
active
format fs=fat32
assign
exit
```

 以上命令都是假设 USB 闪存驱动器被识别为 "Disk1" 设备。

第3步 输入 xcopy d:*.* /s/e/f e:\命令，把安装盘中的内容复制到格式化好的闪存中。

第4步 完成复制后重新启动，并设为通过 USB 驱动器启动，接下来即可进入安装程序。

2-8 如何通过移动硬盘安装 Windows Vista

问： 我没有 DVD 光驱，该如何安装 Windows Vista 呢？

答： 没有 DVD 驱动器的用户，如果想安装 Windows Vista，可以将安装文件复制到移动硬盘上，从移动硬盘启动计算机来安装 Windows Vista，这样安装的效果和从光盘引导安装是一样的。

第1步 在 Windows XP 下将一个空间足够的移动硬盘分区激活（在计算机管理的"磁盘管理"中，右击需要的分区，选择"将磁盘分区标为活动的"选项）。

第2步 用 DAEMON Tools 将光盘中所有文件都复制到移动硬盘。

第3步 在 Windows XP 下的命令提示符状态下运行 X:\boot\bootsect/nt60（X 即移动硬盘所在分区），将移动硬盘设置为可引导分区。

第4步 重新启动计算机，进入 CMOS 设置，将 USB 引导设置为第一引导。

第5步 用移动硬盘顺利引导，开始安装 Windows Vista，整个过程与光盘安装相同。

2-9 怎样安装 Windows XP 和 Vista 双系统

问： 如何在一个计算机中安装 Windows XP 和 Windows Vista 双系统？

答： 安装新版本的 Windows 时，可以将旧版本的 Windows 保留在计算机上，因此 Windows XP 可以与 Windows Vista 共存组成双系统。在开始之前，请确保硬盘中针对每个要安装的操作系统都有一个单独的分区，或计算机安装有多个硬盘。确保计划安装 Windows Vista 的分区或磁盘采用 NTFS 文件系统进行格式化。安装顺序一定是先安装 Windows XP，再安装 Windows Vista 操作系统，否则，Windows Vista 操作系统会出错，同时，多系统启动菜单也可能丢失。

2-10 如何备份 Windows Vista 双系统引导文件

问： 安装完 Windows Vista 后组成双系统，该如何备份 Windows Vista 双系统引导文件？

答： 装好双系统后，先去备份系统引导文件，引导文件就在 C 盘的根目录。

第1步 正常情况下看不到 C 盘根目录中的引导文件，用户改变文件夹选项中的设置才会显示出来。在 Windows Vista 中打开控制面板，切换到经典视图，双击"文件夹选项"图标，弹出"文件夹选项"对话框，切换到"查看"选项卡，取消选中"隐藏受保护的操作系统文件"复选框，再选中"显示隐藏的文件和文件夹"单选按钮，最后单击"确定"按钮，如图 2-17 所示。

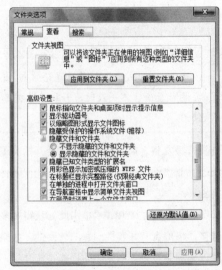

图 2-17

第 2 步　现在到 C 盘根目录就看到很多隐藏文件了，首先备份 Windows Vista 引导文件和文件夹，一共四个文件和一个文件夹，分别是 AUTOEXEC.BAT、bootmgr、BOOTSECT.BAK、CONFIG.SYS 和 Boot（文件夹）。还有 Windows XP 系统中一共 6 个文件和一个文件夹：boot.ini、bootfont.bin、IO.SYS、MSDOS.SYS、NTDETECT.COM、ntldr 文件和 Boot.BAK 文件夹，将这些文件全部复制到其他分区备用。

提示　若因系统重装或其他原因导致系统启动菜单丢失，只能进入其中一个系统时，先登录安全模式把上述备份的文件拷到 C 盘根目录下更替，重启之后用一张 Windows Vista 系统的安装盘，执行系统引导修复即可。

2-11　如何恢复 Windows Vista/XP 双启动菜单

问：在 Windows XP 和 Windows Vista 双系统中，因为 Windows XP 崩溃，重装 Windows XP 后，双启动菜单丢失。如何才能恢复双启动菜单？

答：解决方法如下：

第 1 步　在 Windows XP 中将 Windows Vista 安装光盘放入 DVD 驱动器。

第 2 步　运行命令提示符，输入 X:（X 代表 DVD 光驱盘符），如图 2-18 所示。

图 2-18

第 3 步　输入 cd boot 后按【Enter】键。

第 4 步　输入 bootsect /nt60 SYS 后按【Enter】键。

第 5 步　重新启动计算机，Windows XP/Vista 双启动菜单即可修复。

2-12　Windows Vista 为什么需要激活

问：Windows Vista 为什么需要激活？

答：激活有助于确认 Vista 的副本是否为正版，以及在计算机上使用的数量是否已超过 Microsoft 软件许可条款所允许的数量。这样，激活便有助于防止软件假冒。使用已激活的 Vista 副本，便可以使用 Vista 功能。

可在安装 Windows Vista 后的 30 天内联机激活或通过电话激活。如果在 30 天内没有完成激活，则 Windows Vista 将停止运行。如果出现这种情况，将无法创建新文件或保存对现有文件的更改。可以通过激活 Windows Vista 副本重新获得对计算机各种功能的使用。

2-13　什么是注册？激活与注册是否相同

问：什么是注册？激活与注册是否相同？

答：注册是向 Microsoft 提供信息注册（例如电子邮件地址），以获取产品支持、更新信息、提示和工具以及其他有关 Windows 的新闻的过程。这个过程只需要几分钟即可完成。

激活与注册不相同。激活是必须执行的操作，而注册则不是。激活是确保按 Microsoft 软件许可条款使用 Windows 副本的过程，而注册则是输入信息（如电子邮件地址）进行注册以获得产品支持、工具和提示及其他产品的过程。

2-14　激活 Windows Vista 有哪些方法

问：如何激活 Windows Vista，有哪些方法？

答：可联机激活或通过电话激活。若要联机激活，则需要 Internet 连接。通过电话激活需要与自动电话系统交互。若要在此计算机上激活 Windows Vista，可以尝试以下操作：

单击"开始"按钮,在开始菜单的"开始搜索"文本框中输入"slui"后按【Enter】键,打开"Windows 激活"窗口,单击"现在联机激活 Windows"选项,如果顺利即可成功激活,如图 2-19 所示。

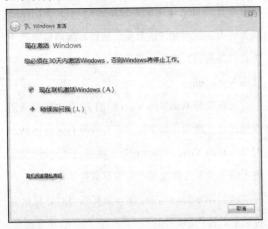

图 2-19

 注意 由于微软加强反盗版的力度,所以一般情况下联机激活都很难成功,可以尝试更换产品密钥或其他方法激活 Windows Vista。

2-15 如何检查计算机上 Windows Vista 的激活状态

问: 我不知道计算机上安装的 Windows Vista 是否已经激活,如何查看激活状态?

答: 即使在安装 Windows Vista 时不输入序列号,也能够完成安装,只不过此时 Windows Vista 运行在测试模式下,只提供 30 天的试用期。如果不确定安装过程中输入的序列号是否正确,可以使用 Windows Vista 内置的激活状态检查工具来确定当前系统的激活状态。操作如下:

在桌面上右击"计算机"图标,在弹出的快捷菜单中选择"属性",在打开的"系统属性"对话框的下方可以查看 Vista 是否已经激活,如图 2-20 所示。

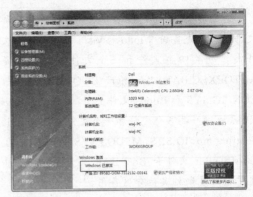

图 2-20

2-16 如何获取新的 Windows Vista 产品密钥

问: 如何获取新的 Windows Vista 产品密钥?

答: 用户可以在计算机上或 Windows Vista 包装盒内的安装光盘上,找到产品密钥。如果该 Windows Vista 产品密钥无效,或者用户没有产品密钥,则需要购买新的产品密钥才能激活 Windows Vista 并继续使用 Windows Vista 的各种功能。

2-17 是否可以在同一台计算机上多次安装并激活 Windows Vista

问: 在激活 Windows 之前,可以在计算机上安装多少次 Windows Vista?

答: 用户可以按照需要在同一台计算机上多次重新安装 Windows Vista,因为激活会将 Windows Vista 产品密钥与有关计算机硬件的信息进行配对。如果对硬件进行明显更改,则可能需要再次激活 Windows Vista。

2-18 何时需要再次激活当前的 Windows Vista 副本

问: 何时需要再次激活当前的 Windows Vista 副本?

答: 在下列情况下,可能需要再次激活 Windows Vista:

● 在一台计算机上卸载 Windows Vista,然后将其安装到其他计算机上。在安装过程中,输入 Windows Vista 副本随附的产品密钥。

如果自动激活失败，可按照说明通过电话激活 Windows Vista。可以在 30 天内激活 Windows Vista 副本。

- 对计算机硬件进行明显更改，如同时升级硬盘和内存。如果因主要硬件更改需要再次激活 Windows Vista 时，系统会通知用户在三天内激活 Windows Vista 副本。
- 重新格式化硬盘。重新格式化会擦除激活状态。在这种情况下，用户可以在 30 天内再次激活 Windows Vista。
- 病毒感染计算机并且删除激活状态。

2-19 如何卸载单一操作系统中的 Windows Vista

问： 在安装 Windows Vista 后，发现有些应用程序在 Windows Vista 中会出现某种系统兼容性的问题，是否可以将 Windows Vista 卸载？

答： 可以将 Windows Vista 的卸载，对于计算机中只安装 Windows Vista 一款操作系统的情况，卸载相对简单得多，备份重要的数据文件如 Word 文档、邮件等后，直接将硬盘分区格式化即可。

2-20 如何卸载多重引导系统中的 Windows Vista

问： 当计算机安装了多个操作系统时，该如何卸载 Windows Vista？

答： 由于 Windows Vista 采用了与 Windows 2000/XP 不同的 Boot Loader，在安装 Windows Vista 后，硬盘的引导过程即由 Windows Boot Manger（bootmgr）接管，因此在双重引导/多重引导的系统中直接删除 Windows Vista 将会导致系统启动时因 bootmgr 丢失而失败。

下面以系统中同时安装 Windows Vista 与 Windows XP，以双重启动方式分别引导进入各自系统的情况为例，介绍 Windows Vista 的卸载方法。

1. Windows XP 与 Windows Vista 安装在不同分区中

第 1 步 以管理员账户登录 Windows XP，右击桌面上"我的电脑"图标，选择"管理"命令，在

弹出的"计算机管理"窗口中选择"存储"｜"磁盘管理"选项，如图 2-21 所示。

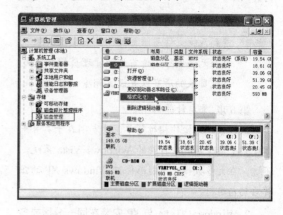

图 2-21

第 2 步 选中 Windows Vista 的安装分区，右击选择"格式化"命令。

第 3 步 单击"开始"按钮，选择"运行"选项，在"运行"对话框中输入 msconfig 并按【Enter】键，启动"系统配置实用程序"（见图 2-22），切换到 BOOT.INI 选项卡，单击"检查所有启动路径"按钮。

图 2-22

第 4 步 检查完成后单击"确定"按钮，这时系统会弹出如图 2-23 所示的对话框，询问是否重启，单击"退出而不重新启动"按钮。

图 2-23

第 5 步 在系统盘中（如 C: 根目录）查找 Boot

文件夹、Boot.BAK 文件、BOOTSECT.BAK 文件，将其删除。

提示 首先应设置文件夹的查看选项，设置能够看到系统文件与隐含文件。如果因权限不够而无法删除，请首先让管理员授权该文件或目录的所有权并设置删除权限。

第6步 重启计算机即可。

这种方式的操作相对简单，缺点则在于其并未真正完全清除系统中存在的 Windows Vista 系统，不过，在大多数情况下能够保证 Windows XP 的正常启动与运行。

2. Windows Vista 与 XP 安装在同一分区或多重启动时的卸载

对于复杂的安装场景，如多重启动或希望完全清 Windows Vista 的安装，则需要使用 Windows XP 的故障恢复控制台。

第1步 启动计算机进入 BIOS，设置光驱启动，将 Windows XP 安装光盘插入光驱，启动系统。

第2步 在出现安装选项的启动画面时，选择"R"进入恢复控制台，如图 2-24 所示。

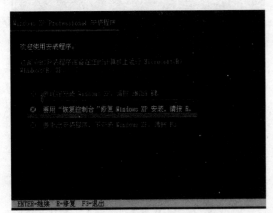

图 2-24

提示 如果系统需要附加的 SATA/RAID 驱动，则应在出现此界面前按【F6】键首先加载相应的驱动。

第3步 重写系统硬盘的引导信息。

① 进入故障控制台（见图 2-25），选择要登录的 Windows XP 系统，系统会给出相应的操作系统列表，输入正确的序号后按【Enter】键。

② 输入管理员密码后，在 WINDOWS>提示符后输入 fixboot 命令后按【Enter】键。

③ 确定目标磁盘分区，输入"Y"后按【Enter】键。

④ 在 WINDOWS>提示符输入"exit"后按【Enter】键，退出故障恢复控制台。

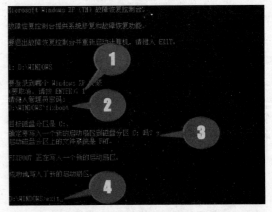

图 2-25

此时，Windows Vista 的 Boot Loader 已从系统中清除了。

第4步 启动进入 Windows XP，如果 Windows Vista 安装在单独分区中，可按前面介绍的方法使用磁盘管理器直接将该分区格式化；而对于更复杂的情况，如 Windows Vista 与其他系统共用分区，则可直接将 Windows Vista 的目录或文件删除，如 Windows、Users 等目录。

第5步 按照前面介绍的办法，删除系统盘根目录下的 Boot 文件夹和 Boot.BAK、BOOTSECT.BAK 文件以及 bootmgr 文件，至于回收站，可根据情况判断是否删除。

第6步 右击"我的电脑"，选择"属性"命令，在弹出的"系统属性"对话框中切换到"高级"选项卡，单击"启动与故障恢复"下的"设置"按钮，弹出如图 2-26 所示的对话框，检查 Windows XP 是否为默认操作系统，将其设为默认。

第7步 单击"启动和故障恢复"对话框中的"编辑"按钮，使用记事本打开 boot.ini 文件，找到其中与 Windows Vista 相关的设置并逐一删除。

第8步 为安全起见，完成上列步骤后可使用 msconfig 命令检查启动项是否设置无误，按照前面介绍的方法，在系统配置实用工具 BOOT.INI 选项

卡中单击"检查所有启动路径"按钮，确认无误后
退出。

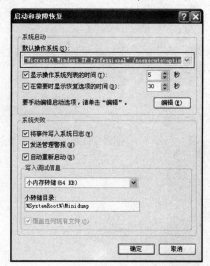

图 2-26

至此，Windows Vista 卸载成功。

Chapter

3

Windows Vista
桌面操作

　　"桌面"就是在安装好 Windows Vista 后，用户启动计算机登录到系统后看到的整个屏幕界面，它是用户和计算机进行交流的窗口。通过桌面，用户可以有效地管理自己的计算机，与以往任何版本的 Windows 相比，Windows Vista 桌面有着更加漂亮的画面、更富个性的设置和更为强大的管理功能。

3-1　如何显示桌面图标

问：我的桌面为何只有一个回收站图标，怎样显示其他图标？

答：当用户第一次登录全新安装的中文版 Windows Vista 后，可以看到一个非常简洁的桌面，在桌面的左上角只有一个回收站的图标，如图 3-1 所示。

图 3-1

如果用户想恢复系统默认的图标，可执行下列操作。

第 1 步　在桌面的空白处右击，在弹出的快捷菜单中选择"个性化"命令。

第 2 步　在打开的"个性化"窗口中的左侧选择"更改桌面图标"选项。

第 3 步　在打开的"桌面图标设置"对话框（见图 3-2）中勾选要显示的对象复选框，然后单击"确定"按钮即可。

图 3-2

3-2　如何创建桌面图标

问：我是否可以在桌面创建图标？该如何创建？

答：可以。桌面上的图标实质上就是打开各种程序和文件的快捷方式，用户可以在桌面上创建自己经常使用的程序或文件的图标，这样使用时直接在桌面上双击即可快速启动该项目。

创建桌面图标可执行下列操作。

第 1 步　右击桌面上的空白处，在弹出的快捷菜单中选择"新建"命令。然后在"新建"子菜单中（见图 3-3），用户可以创建各种形式的图标，比如文件夹、快捷方式、文本文档等。

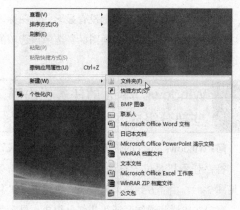

图 3-3

第 2 步　当用户选择了所要创建的选项后，在桌面会出现相应的图标（见图 3-4），用户可以为它重命名，以便于识别。

图 3-4

3-3　如何隐藏桌面图标

问：桌面上有些图标需要隐藏起来，该如何操作？

答：如果要临时隐藏所有桌面图标，而实际上并不删除它们，可以右击桌面上的空白部分，选择"查看"子菜单，再单击"显示桌面图标"，取消该选项的复选标记即可，如图 3-5 所示。

图 3-5

返回桌面，会发现桌面上没有显示任何图标，可以通过再次单击"显示桌面图标"选中该选项的复选标记来显示图标。

3-4 Windows Vista 的任务栏由哪些部分组成

问：Windows Vista 的任务栏由哪些部分组成？

答：任务栏是位于桌面最下方的一个小长条（见图 3-6），由"开始"菜单按钮、快速启动工具栏、窗口按钮栏和通知区域等几部分组成。显示了系统正在运行的程序、打开的窗口和当前时间等内容，用户通过任务栏可以完成许多操作，而且也可以对它进行一系列的设置。

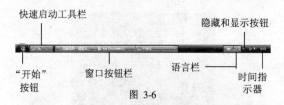

图 3-6

3-5 如何在"开始"菜单中添加或删除程序图标

问：有些程序我需要经常使用，是否可以将程序图标添加到"开始"菜单中？

答：可以。如果定期使用程序，可以通过将程序图标"附到'开始'菜单"操作以创建程序的快捷方式。附到"开始"菜单中的程序图标显示在"开

始"菜单的左侧，在水平线之上。

操作为：右击想要附到"开始"菜单中的程序图标，选择"附到「开始」菜单"命令即可，如图 3-7 所示。

图 3-7

图 3-8

若要更改固定项目的顺序，请将程序图标拖动到列表中的新位置即可如图 3-8 所示。

还可以从"开始"菜单中删除程序图标。操作为：右击要从"开始"菜单中删除的程序图标，然后选择"从列表中删除"命令即可。

3-6 如何更改"开始"菜单外观为传统样式

问：我不习惯使用 Windows Vista 的"开始"

菜单，怎样将其外观更改为早期的传统样式？

答：在 Windows Vista 中的"开始"菜单，与早期 Windows 的"开始"菜单有很大的不同，更注重于用户体验。如果用户不习惯，还可以将其改回早期 Windows 中的开始菜单样式。

第 1 步 打开"开始"菜单属性窗口。右击"开始"菜单按钮，在弹出的菜单中选择"属性"选项。

第 2 步 打开"任务栏和「开始」菜单属性"窗口，如图 3-9 所示。

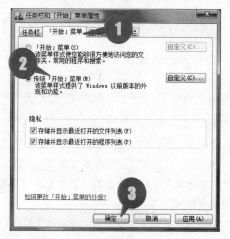

图 3-9

① 切换到"'开始'菜单"选项卡。与开始菜单属性设置相关的内容都在这里。

② 选中"传统「开始」菜单"单选按钮。

③ 最后单击"确定"按钮。

第 3 步 关闭"任务栏和「开始」菜单属性"窗口，再单击"开始"菜单，就可以看到修改的设置生效。现在可以像使用早期 Windows 的开始菜单一样使用"开始"菜单，如图 3-10 所示。

图 3-10

3-7 怎样在"开始"菜单添加"运行"选项

问：Windows Vista 的"开始"菜单中没有以往操作系统中的"运行"选项，怎样添加该项？

答：如果仍然想使用 Windows Vista 风格的开始菜单，用户还可以进一步的对其功能特性进行自定义设置。比如在以前的"开始"菜单中，默认是有"运行"这一项的，通过这一选项可以直接执行一些命令。而在 Windows Vista 中，"运行"项默认是不显示的。

要将其显示出来，只要在"任务栏和「开始」菜单属性"窗口中的"开始"菜单选项卡中选择"开始"菜单项，然后在右边单击"自定义"，就可以打开"自定义「开始」菜单"窗口。在设置项列表框右边拖动滑块到最底端。单击选取"运行命令"，再单击"确定"按钮返回，如图 3-11 所示。

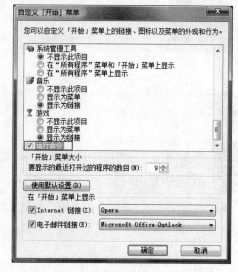

图 3-11

关闭开始菜单设置窗口后，打开开始菜单，就可以看到已经添加了"运行"选项，如图 3-12 所示。

图 3-12

27

所示。

3-8 怎样从"开始"菜单中清除最近使用的项目

问：最近使用的项目会显示在"开始"菜单的"最近使用的项目"中，该如何清除它们？

答：单击"开始"按钮，在开始菜单的右窗格中右击"最近使用的项目"选项，然后单击"清除最近的项目列表"选项，见 3-13 所示。

图 3-13

提示 执行"清除最近使用的项目列表"不会从计算机中删除这些项目。

3-9 怎样添加或删除"开始"菜单"最近使用的项目"

问：是否可以将"开始"菜单中的"最近使用的项目"选项删除？删除之后是否可以将其重新添加？

答：可以。"最近使用的项目"选项位于"开始"菜单的右侧，显示用户最近使用过的文件的列表。通过单击此列表中的连接可以打开该文件。默认情况下，"最近使用的项目"选项出现在"开始"菜单中，但是可以将其删除，删除后 Windows Vista 将不再编译最近打开的文件列表。如果希望重新开始编译最近打开的文件列表，可以将"最近使用的项目"选项重新添加到"开始"菜单。

要添加"最近使用的项目"选项可以右击任务栏空白处，在弹出菜单中选择"属性"选项，打开"任务栏和「开始」菜单属性"对话框，如图 3-14

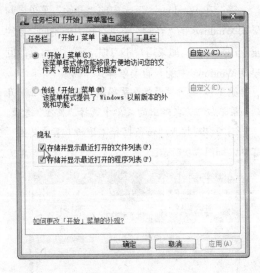

图 3-14

切换到"「开始」菜单"选项卡，然后在"隐私"列表框下，选中"存储并显示最近打开的文件列表"复选框。这将在"开始"菜单上添加"最近使用的项目"选项。

若要从"开始"菜单删除"最近使用的项目"选项，只需取消选中"存储并显示最近打开的文件列表"复选框即可。

3-10 怎样修改被显示的最近打开的程序数目

问：Windows Vista 会在"开始"菜单上显示最近打开的程序，如何修改打开的程序数目。

答：要修改最近打开的程序数目，操作步骤如下：

第 1 步 右击任务栏空白处，在弹出菜单中选择"属性"，打开"任务栏和「开始」菜单属性"对话框。

第 2 步 切换到"「开始」菜单"选项卡，然后单击"自定义"按钮，打开"自定义「开始」菜单"对话框，如图 3-15 所示。

第 3 步 在"要显示的最近打开过的程序的数目"框中，输入想在"开始"菜单中显示的程序数目，然后单击"确定"按钮。

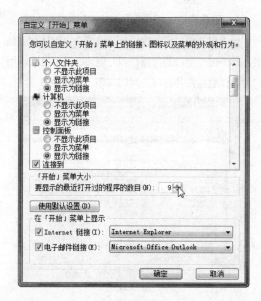

图 3-15

3-11　怎样隐藏 Windows Vista 任务栏

问：怎样隐藏 Windows Vista 任务栏以显示更多空间？

答：右击任务栏空白处，选择"属性"命令，打开"任务栏和「开始」菜单属性"对话框（见图 3-16），在"任务栏"选项卡中，选中"自动隐藏任务栏"复选框，然后单击"确定"按钮。

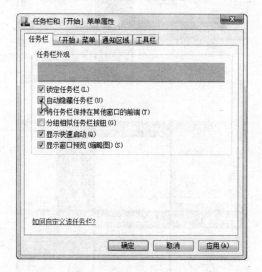

图 3-16

这时任务栏会从桌面中隐藏起来，但当鼠标指

向任务栏区域时，它还会再次出现。

3-12　如何显示或隐藏"快速启动"工具栏

问：怎样显示或隐藏 Windows Vista 任务栏中的"快速启动"工具栏？

答："快速启动"工具栏是任务栏的一部分，它包含频繁使用的程序的快捷方式。要显示"快速启动"工具栏，可以右击任务栏上的空白区域，指向工具栏，然后单击"快速启动"选项。出现复选标记（见图 3-17），指示"快速启动"工具栏在任务栏上可见。

图 3-17

若要隐藏"快速启动"工具栏，可以在右键菜单中再次单击"快速启动"选项，取消"快速启动"前的复选标记即可。

3-13　如何从"快速启动"工具栏中添加或删除程序

问：怎样添加或删除 Windows Vista 任务栏的"快速启动"工具栏中的程序？

答：要将程序添加到"快速启动"工具栏，可以在"开始"菜单或桌面上找到要添加的程序，选中该程序图标，然后将其拖动到"快速启动"工具栏上即可。

若从"快速启动"工具栏删除程序，可以在"快速启动"工具栏上，右击程序图标，然后选择"删除"命令即可。

 从任务栏中删除快捷方式，并不会从计算机中卸载程序。

3-14 怎样显示或隐藏任务栏中的图标

问：怎样显示或隐藏 Windows Vista 任务栏中的图标及任务栏中的通知区域？

答：要显示或隐藏"快速启动"工具栏中的图标，可将鼠标指针指向"快速启动"工具栏上的大小句柄，如图 3-18 所示。

当指针变为双箭头 ↔ 后，然后拖动工具栏大小句柄，以显示或隐藏工具栏的更多或更少部分。

提示 如果不能更改工具栏，则要么是工具栏已变得最小，要么是在任务栏上没有足够的空间显示工具栏的更多部分。

若要显示或隐藏通知区域中的图标，可以直接单击通知区域旁的箭头，以显示或隐藏通知区域图标，如图 3-19 所示。

工具栏尺寸控点
图 3-18

单击显示隐藏图标
图 3-19

3-15 Windows Vista 中堆叠和并排显示窗口有何区别

问：Windows Vista 中堆叠和并排显示窗口有何区别？

答：当用户在对窗口进行操作时打开了多个窗口，而且需要全部处于全显示状态，这就涉及排列的问题。把窗口按先后的顺序依次排列在桌面上，在任务栏上的空白区右击，弹出排列窗口的快捷菜单（见图 3-20），在该菜单中显示了 3 种排列窗口的方式，分别是层叠窗口、堆叠显示窗口和并排显示窗口。

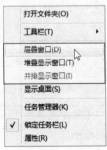

图 3-20

1. 层叠窗口

使用层叠窗口排列窗口时，桌面会出现排列的结果，其中每个窗口的标题栏和左侧边缘是可见的，用户可以任意切换各窗口之间的顺序，如图 3-21 所示。

图 3-21

2. 堆叠显示窗口

使用堆叠窗口排列窗口时，桌面保证每个窗口都能显示的情况下，尽可能往垂直方向伸展，如图 3-22 所示。

图 3-22

图 3-23

3. 并排显示窗口

使用并排窗口排列窗口时，桌面各窗口并排显示，在保证每个窗口大小相当的情况下，使得窗口尽可能向水平方向伸展，如图 3-23 所示。

3-16 是否可以禁用任务栏窗口预览功能

问：我不需要任务栏窗口预览功能，是否可以将其禁用？

答：要关闭 Windows Vista 的任务栏窗口预览功能，可以将鼠标移到任务栏上空白处右击，在弹出的菜单中选择"属性"选项。打开"任务栏和「开始」菜单属性"窗口，默认切换到"任务栏"选项卡，如果不想显示窗口预览，则取消选中"显示窗口预览"复选框，单击"确定"按钮使设置生效，如图 3-24 所示。

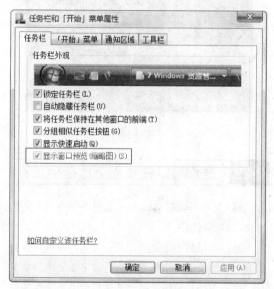

图 3-24

3-17 Windows Vista 中怎样显示菜单栏

问：在 Windows Vista 的资源管理器窗口中找不到传统的菜单栏，怎样找回？

答：默认情况下，Windows Vista 窗口中不显示真正的菜单，必须手动设置显示菜单栏。以"计算机"窗口为例，单击"组织"按钮，在下拉菜单中

选择"布局" | "菜单栏"命令（见图 3-25），这样才会在地址栏下显示菜单栏。

图 3-25

3-18 如何打开 Windows 边栏

问：在 Windows Vista 中如何打开 Windows 的边栏？

答：要打开 Windows 边栏，可以单击"开始"按钮，在开始菜单中选择"程序" | "附件" | "Windows 边栏"选项，如图 3-26 所示。

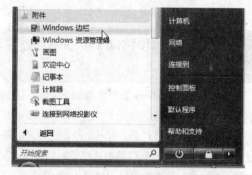

图 3-26

3-19 如何关闭 Windows 边栏

问：怎样关闭 Windows 边栏？

答：要关闭 Windows 边栏，右击边栏，然后单击"关闭边栏"命令，如图 3-27 所示。

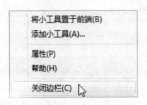

图 3-27

若要重新打开边栏，可右击任务栏的通知区域中的边栏图标 ，然后单击"打开"命令。

> **注意** 关闭边栏并不会关闭桌面上已分离的小工具。

3-20 如何退出 Windows 边栏

问：如何退出 Windows 边栏？

答：退出边栏将关闭边栏和所有小工具，也会将边栏图标从任务栏的通知区域删除。操作方法为：右击边栏图标 ，然后选择"退出"命令，如图 3-28 所示。

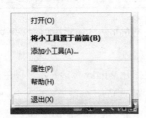

图 3-28

3-21 如何添加和移动 Windows 边栏小工具

问：如何向 Windows 边栏中添加小工具？这些小工具能否移动？

答： Windows 边栏上方有一个控制区，可以通过它添加新的边栏工具。单击边栏控制区的"+"按钮，将弹出工具添加窗口，如图 3-29 所示。

窗口中有许多使用小工具，例如 CPU 仪表盘、便笺、股票、幻灯片放映、货币、联系人、天气、日历等。双击工具图标或者选择右键菜单的"添加"命令就能添加其到边栏。

添加完成，边栏将会显示出刚才添加的工具。另外，边栏上的小工具可以通过鼠标随意拖动来安排各自的位置（见图 3-30）。当鼠标指针在不同的小工具上拖动时，用户也能看到各不相同的动态效果。

图 3-29

图 3-30

3-22 是否可以在桌面上放置小工具

问：是否可以将 Windows 边栏中的小工具分离出来，放到桌面上？

答：可以将小工具从边栏中分离，并将其放到桌面上任何位置。操作方法为：右击要分离的小工具，在弹出的菜单中选择"从边栏分离"命令（见图 3-31），然后将小工具拖动到桌面上需要的位置。

图 3-31

若要将小工具移动回边栏中，请右击小工具，然后单击"附加到边栏"命令。

3-23　如何锁定 Windows Vista 桌面

问： 在使用计算机的过程中，如果因有事需要短暂离开计算机的话，能否实现一键锁定 Windows Vista 桌面来做到既不关机又能防止他人使用自己的计算机呢？

答： 要解决这个问题，可以考虑锁定系统桌面，只有知道登录密码的用户才能进入系统。用户可以按照下列的步骤来实现：

第 1 步 右击桌面的空白地方，选择"新建"|"快捷方式"命令。

第 2 步 在弹出的如图 3-32 所示的对话框中输入：rundll32.exe user32.dll,LockWorkStation

图 3-32

第 3 步 单击"下一步"按钮后，输入一个名称，然后单击"完成"按钮即可。

现在用户双击桌面的快捷方式，即可退回到登录界面，用户必须输入密码才能再次进入系统。

Chapter

4

Vista 资源管理

作为新一代的操作系统，Windows Vista 对于基础的文件管理功能进行了较大的改进，具体就体现在全新设计的资源管理器。新设计的资源管理器，不但使用界面有了很大的改变，操作使用上也与早期的资源管理器有较大的不同。

4-1　如何打开 Windows 资源管理器

问：怎样打开 Windows 资源管理器？

答：如果已经在桌面上添加了"计算机"（相当于 Windows XP 桌面的"我的电脑"）、"用户的文件"（相当于 Windows XP 桌面上的"我的文档"），则可以直接在桌面上打开资源管理器窗口。以双击桌面"计算机"图标为例，双击"计算机"图标（见图 4-1），即可打开计算机资源管理器。

图 4-1

另外，在开始菜单中提供了多种打开资源管理器的方法，由于资源管理器只是管理文件的窗口的形式，只是各个不同的链接指向的文件夹位置不同。在开始菜单中，有一项专门的"Windows 资源管理器"。选择"开始"｜"所有程序"｜"附件"｜"Windows 资源管理器"命令（见图 4-2）也可以打开资源管理器。

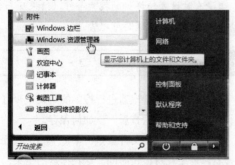

图 4-2

4-2　如何显示资源管理器的菜单栏

问：为什么在资源管理器窗口找不到菜单栏？该如何显示菜单栏？

答：默认情况下，Windows Vista 资源管理器窗

口中不显示菜单栏，如果只是需要临时使用菜单栏，可以在打开资源管理器窗口后按下【Alt】键，菜单栏会自动出现，用完后则自动隐藏；如果希望菜单栏一直显示，则可以选择"组织"｜"布局"｜"菜单栏"命令即可，如图 4-3 所示。

图 4-3

4-3　资源管理器的导航窗格有什么功能

问：资源管理器的导航窗格有什么功能？

答：可以在导航窗格（见图 4-4）中单击文件夹和保存过的搜索，以更改当前文件夹中显示的内容。使用导航窗格可以访问 Documents、Pictures 和"搜索"等常用文件夹。通过单击导航窗格底部的"文件夹"，用户可以访问其他文件夹。

图 4-4

4-4 如何进行搜索操作

问： 在资源管理器中如何进行搜索操作？

答： Windows Vista 考虑到用户使用资源管理器的频率最高，因此在资源管理器右上部安排了一个"搜索"输入框。在 Windows Vista 中可直接在资源管理器中进行搜索，方法如下：

在顶部的地址栏中定位到某一位置，接着在右上角的"搜索"输入框中输入要搜索的关键字，随着输入关键字的增多，搜索的结果会被反复筛选，直到搜索出目标对象，如图 4-5 所示。

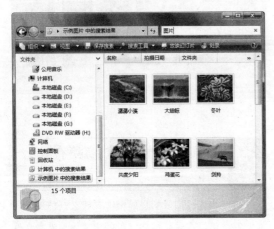

图 4-5

 提示 在搜索结果中会出现目标所在的文件夹，可以选择某一个文件夹进行更详细的搜索。

4-5 如何使用高级搜索

问： 如何使用高级搜索？

答： 执行搜索有时可能会面对搜索结果过多的问题，这时就需要利用一些方法来缩小搜索范围。比如可以使用高级搜索功能，来缩小搜索范围。

第 1 步 在搜索窗口中，单击"高级搜索"按钮（见图 4-6），激活高级搜索界面。

第 2 步 激活高级搜索窗口（见图 4-7），设置几个搜索限制条件，如输入搜索关键字、设定搜索范围及文件生成的日期范围、设定文档的作者，最后单击"搜索"按钮开始搜索。

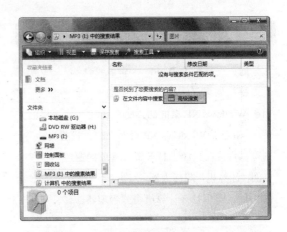

图 4-6

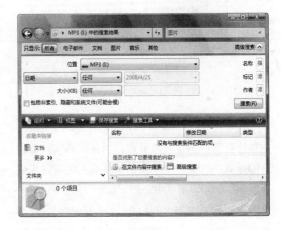

图 4-7

提示 有时设置较详细的搜索条件，结果反而会搜索不到，这时可以尝试修改搜索条件。

4-6 怎样保存搜索结果

问： 使用资源管理器进行搜索的结果是否可以进行保存，用做下次查看？该如何保存？

答： 如果硬盘上文件数量很多，从其中执行一次搜索，需要花费很长时间。这种搜索的结果，其实都是有价值的。如果还要使用同样的搜索（搜索相同的关键字），则可以将搜索结果保存，下次可以直接打开搜索结果，这样就节省了很多时间。

第 1 步 在一个搜索执行完成后，就可以进行保存搜索。在工具栏上单击"保存搜索"按钮，如图 4-8 所示。

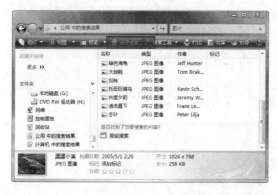

图 4-8

第 2 步 打开"另存为"对话框，选择保存搜索的位置并单击"保存"按钮。

第 3 步 保存的搜索，可以在下次直接使用。打开用户文件夹中的"搜索"文件夹。如图 4-9 所示，双击之前保存的搜索，就可以显示出搜索结果。

图 4-9

4-7　如何自定义搜索选项

问： 如何自定义搜索选项？

答： 搜索功能的使用，使得用户在磁盘上查找文件更加方便快捷。但这一功能的使用，也需要进行一些配置，才能更好地工作。

第 1 步 在任意一个搜索结果窗口中，用户可以快速地打开搜索选项窗口。在工具栏上单击"搜索工具"按钮，在弹出的下拉菜单中选择"搜索选项"命令，如图 4-10 所示。

第 2 步 打开"文件夹选项"对话框（见图 4-11），切换到"搜索"选项卡。用户可根据需要在"搜索内容"、"搜索方式"等位置进行设置。设置完毕，

单击"确定"按钮保存设置。

图 4-10

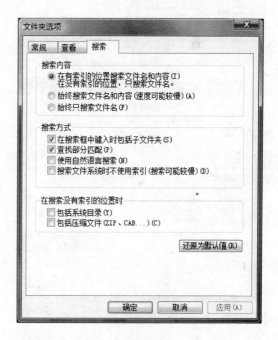

图 4-11

4-8　如何自定义配置索引选项

问： 如何自定义配置索引选项？

答： 如果用户经常需要在计算机中搜索文件，则应该建立相应的索引。有索引时的搜索速度是没有索引时的几十倍，甚至上百倍。默认情况下，Windows Vista 系统中没有建立相应的索引。

第 1 步 在任意一个搜索结果窗口中，用户可以快速地打开搜索选项窗口。在工具栏上单击"搜索工具"按钮，在下拉菜单中选择"修改索引位置"

命令，如图 4-12 所示。

第 2 步 打开如图 4-13 所示的"索引选项"对话框。默认包含索引的位置很少，索引数量也少，单击"修改"按钮进行调整。

图 4-12

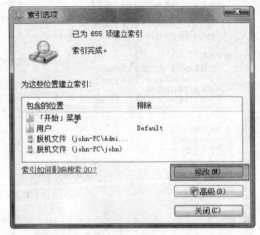

图 4-13

图 4-14

第 3 步 接下来会显示出所有的磁盘，用户可以手工添加要建立索引的位置，如图 4-14 所示。

① 在"更改所选位置"列表框中选择要添加索引的位置。

② 新的位置将添加到下面"所选位置的总结"列表框中。

③ 单击"确定"按钮返回。

第 4 步 接下来系统将会按指定的位置建立索引。待索引建立完成，单击"关闭"按钮（见图 4-15），可以退出。

图 4-15

 由于建立索引过程要大量读取磁盘文件，因此建议将其他程序关闭，并暂时不对计算机进行其他的操作。

4-9 可以禁用或暂停 Windows 搜索索引吗

问： 可以禁用或暂停 Windows 搜索索引吗？

答： 不可以，不能禁用或暂停索引。Windows Vista 搜索索引通过跟踪用户计算机上存储的大多数文件的文件名和重要文件属性来提高搜索的效率。索引使搜索尽可能只花几秒钟，而不是几分钟。由于索引对于快速搜索很重要，因此应该始终启用。

当索引正在运行时，它通常不会影响计算机的性能。但是，当用户对文件进行更改时，索引迅速更新这些更改，在此瞬间会对计算机资源增加很小的负荷。　、

4-10　如何隐藏文件或文件夹

问：在资源管理器中如何隐藏文件或文件夹？

答：在资源管理器中隐藏文件或文件夹，可以执行以下操作：

第 1 步　选中需要更改属性的文件或文件夹，单击菜单栏上的"组织"按钮，在弹出的快捷菜单中选择"属性"命令。

第 2 步　打开"属性"对话框，默认切换到"常规"选项卡，在该选项卡的"属性"选项栏中选中"隐藏"复选项（见图 4-16）。单击"应用"按钮。

图 4-16

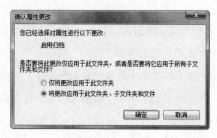

图 4-17

第 3 步　弹出"确认属性更改"对话框（见图 4-17）。在该对话框中可选择"仅将更改应用于此文件夹"或"将更改应用于此文件夹、子文件夹和文件"单选按钮，单击"确定"按钮关闭该对话框，即可应用该属性。

提示　"常规"选项卡下各种属性的含义如下：
① 若将文件或文件夹设置为"只读"属性，则该文件或文件夹不允许更改和删除。
② 若将文件或文件夹设置为"隐藏"属性，则该文件或文件夹在常规模式下不显示。

4-11　如何显示隐藏的文件或文件夹

问：在资源管理器中如何显示隐藏的文件或文件夹？

答：和 Windows XP 等操作系统一样，默认情况下 Windows Vista 不会显示系统文件和隐藏属性的文件，如果需要针对这些文件进行操作，则需要设置这些文件能够在资源管理器中正常显示。操作步骤如下：

第 1 步　任意打开一个资源管理器窗口，单击"菜单栏"上的"组织"按钮，在弹出的菜单中选择"文件夹和搜索选项"命令，如图 4-18 所示。

图 4-18

第 2 步　在打开的"文件夹选项"对话框中切换到"查看"选项卡（见图 4-19），取消选中"高级设

置"列表框中的"隐藏受保护的操作系统文件（推荐）"复选框和"隐藏文件和文件夹"单选按钮。

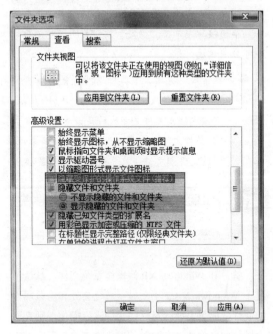

图 4-19

第 3 步 单击"确定"按钮保存设置。

重新打开资源管理器，进入 Windows Vista 安装分区即可查看到多出了一些文件和文件夹，如"Recycled"、"回收站"等浅色图标的文件和文件夹就是具有隐藏属性的资源。

4-12 怎样调整图标的大小

问：怎样调整资源管理器中图标的大小？

答：在 Windows Vista 中，提供了灵活的视图模式切换功能。用户可以方便地查看文件夹中的文件，以便决定下一步的操作。

默认情况下，在文件夹中的图标是中等大小的显示模式，而实际上用户可以调整视图模式。用户打开一个文件夹，在工具栏上单击"视图"按钮，就可以在各种视图模式间切换，如图 4-20 所示。

如果对这几种视图模式不满意，用户还可以直接进行手工选择。单击"视图"右边的下拉菜单，用鼠标拖动小滑块，选择合适的视图模式，如图 4-21 所示。

图 4-20

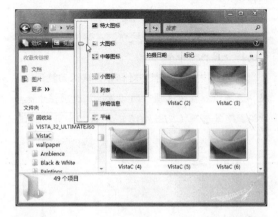

图 4-21

4-13 如何使用文件预览

问：在资源管理器中如何对文件进行预览？

答：对于某些类型的文件，除了可以用视图模式来查看，还可以对文件进行预览。默认情况下预览功能没有开启。预览功能支持的文件类型不多，只有文档、图片、音频和视频（仅限于系统支持的格式）。

启用预览功能的方法如下：

① 在工具栏上单击"组织"按钮。

② 在下拉菜单中选择"布局"命令。

③ 在弹出的子菜单中选择"预览窗格"命令，如图 4-22 所示。

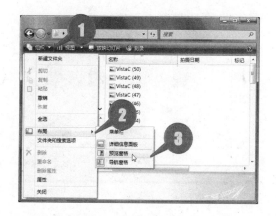

图 4-22

如果打开的文件夹中保存有图片，则在选择图片后，预览窗格中会显示图片的预览，如图 4-23 所示。

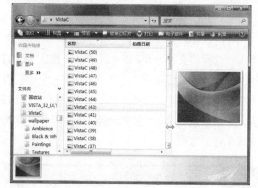

图 4-23

如果选择的是一个文本文件或 Word 文档，则在预览窗格中显示文本的内容，如图 4-24 所示。

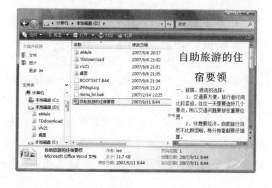

图 4-24

预览功能也可以用于音频和视频文件。选择一个音频或视频文件后，在预览窗格中会显示一个播放器，可进行简单的播放控制，如图 4-25 所示。

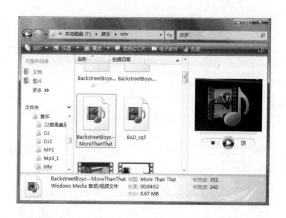

图 4-25

4-14 在资源管理器中如何创建文件或文件夹

问：在资源管理器中如何创建文件或文件夹？

答：要创建文件或文件夹，可以直接在桌面上创建（桌面也是一个文件夹），也可以在资源管理器中打开的文件夹中创建。下面以直接在用户文件夹中创建一个 Word 文档为例，操作方法如下：

第 1 步 打开要在其中创建文件的文件夹，在文件夹内的空白处右击。

① 在弹出的菜单中选择"新建"命令。

② 在展开的子菜单中选择要创建的文件类型，如图 4-26 所示。

图 4-26

第 2 步 选择"Microsoft Office Word 文档"选项，在文件夹中会创建一个新的 Word 文件，并且文件名默认为"新建 Microsoft Office Word 文档"（见图 4-27）。修改文件名后，双击将文件打开进行编辑，完成后退出并保存文件。

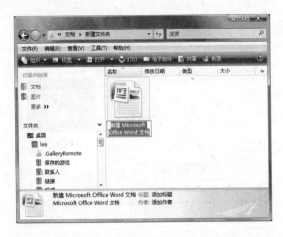

图 4-27

图 4-29

4-15 怎样选择多个连续的文件或文件夹

问： 在资源管理器中怎样选择多个连续的文件或文件夹？

答： 选择在"Windows 资源管理器"的文件列表窗口或"我的电脑"中连续显示的多个文件或文件夹是很容易的。当想选择的文件在"Windows 资源管理器"中相邻列出，并且它们之间没有任何其他文件，就是连续文件。

第 1 步 单击要选择的第一个文件或文件夹。单击文件时，该文件被加亮显示（见图 4-28）。

第 2 步 按住【Shift】键，并单击想选择的最后一个文件或文件夹。第一个选择与最后一个选择之间的所有项目都被加亮显示，即为选中的对象，如图 4-29 所示。

图 4-28

提示 若要取消一组连续文件或文件夹的选择，选择在该组之外的某个文件或文件夹，或在该组之外，单击鼠标即可。选择连续的文件夹的方法与选择连续的文件的方法一样。

有时选择的文件或文件夹是不连续的，由几个不需要选择的文件分开，具体操作为：按住【Ctrl】键不放，并单击想选择的文件或文件夹。单击的每一项都加亮显示，并保持加亮显示直到松开【Ctrl】键。如果需要解除这些项的选择，只需单击任意文件或文件夹即可。

4-16 如何复制文件或文件夹

问： 在资源管理器中如何复制文件或文件夹？

答： 如果要复制某个文件或文件夹，可以参考如下步骤：

第 1 步 首先要打开资源管理器窗口，在其中找到要复制的文件。

① 单击选中要复制的文件或文件夹。

② 在工具栏上单击"组织"按钮，在弹出的菜单中选择"复制"命令，如图 4-30 所示。

第 2 步 仍然是在资源管理器窗口中，找到要用于保存备份的文件夹。在工具栏上单击"组织"按钮，在弹出的菜单中选择"粘贴"命令（见图 4-31）。

提示 复制是将内容复制到系统的剪贴板中。在复制时，还可以直接按【Ctrl+C】组合键完成复制操作。在粘贴时，可以直接使用键盘快捷键【Ctrl+V】组合键来完成粘贴操作。

与复制操作相似，在"组织"下拉菜单下还可以完成文件或文件夹的剪切、删除等操作。

图 4-30

图 4-31

4-17　如何压缩和解压缩文件（zip 文件）

问：压缩文件有何优点？在没有安装压缩软件的情况下，该如何对文件进行压缩和解压缩操作？

答：压缩文件占据较少的存储空间，与未压缩的文件相比，可以更快速地传输到其他计算机。可以采用与使用未压缩的文件和文件夹相同的方式来使用压缩文件和文件夹。

要压缩文件或文件夹，操作如下：

首先找到要压缩的文件或文件夹，右击文件或文件夹，选择"发送到"｜"压缩（zipped）文件夹"（见图 4-32）即可。新的压缩文件夹已经创建。若要重命名该文件夹，请右击文件夹，选择"重命名"命令，然后输入新名称。

图 4-32

要从压缩文件夹中提取文件或文件夹，操作如下：

首先找到要从中提取文件或文件夹的压缩文件夹。若要提取单个文件或文件夹，请双击压缩文件夹将其打开。然后，将要提取的文件或文件夹从压缩文件夹拖动到新位置。若要提取压缩文件夹中的全部内容，请右击文件夹，选择"全部提取"命令（见图 4-33），然后按照说明进行操作。

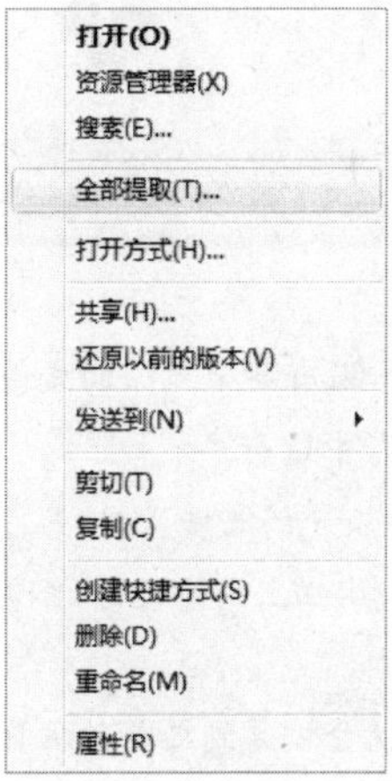

图 4-33

4-18　如何从"回收站"中恢复文件

问：文件被删除到了"回收站"，该如何再从"回收站"中恢复出来？

答：在 Windows Vista 中"回收站"为用户提供了一个安全的删除文件或文件夹的解决方案，用户从硬盘中删除文件或文件夹时，会自动放入"回收站"中，直到用户将其清空或还原到原位置。回收站的两种状态如图 4-34、图 4-35 所示。

图 4-34

图 4-35

要恢复被删除的文件或文件夹，只要在"回收站"中执行还原操作即可。要执行还原操作，需要区分是对"回收站"中内容全部还原，还是只还原某个（些）文件。

第 1 步 要从回收站中恢复文件，需要在桌面上用鼠标双击"回收站"图标。

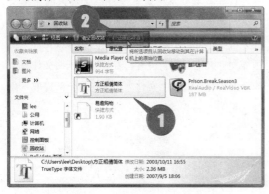

图 4-36

第 2 步 如果有某个删除的文件想恢复，可以在打开的回收站中进行。

① 选中要恢复的文件。

② 单击工具栏上的"还原此项目"按钮（见图 4-36）。

然后文件就会恢复到之前的位置，并从回收站中清除。

图 4-37

提示 如果在回收站中有多个不连续文件需要恢复，用户可以按住【Ctrl】键，用鼠标逐一单击文件，然后再执行还原操作。

有时回收站中的所有文件都要恢复，可以执行还原所有文件的操作。在回收站窗口中，单击空白位置（即不选择任何文件），这时工具栏上"清空回收站"右边的按钮变成"还原所有项目"。直接在工具栏上单击"还原所有项目"按钮（见图 4-37），回收站中的全部文件都被还原到原来的位置。

4-19 如何快速删除文件

问： 删除文件时怎样不移到回收站，而直接删除？

答： "回收站"是各个磁盘分区中保存删除文件的汇总，用户可以配置回收站所占用的磁盘空间的大小及特性。默认情况下，删除文件后，一般都自动将文件移到回收站中，用户可以设置删除文件时直接删除而不移到回收站中。

第 1 步 在桌面上用右击"回收站"图标，在弹出的快捷菜单中选择"属性"命令（见图 4-38），弹出"回收站属性"对话框。

图 4-38

图 4-39

第 2 步 在打开的"回收站属性"对话框中（见图 4-39），可以设置各个磁盘中分配给回收站的空间及回收站的特性。如果用户想在删除文件时，直接将文件删除，而不移到回收站中，可以选中"不将文件移到回收站中。移除文件后立即将其删除"单选按钮。如果取消选中"显示删除确认对话框"复选框，则在进行文件删除时，就不会弹出确认删除提示窗口。另外，如果不进行此项设置，可以先按住【Shift】键不放，再按【Del】键，直接删除文件。

4-20 如何快速实现文件或文件夹共享

问： 如何快速实现文件或文件夹共享？

答： 在 Windows Vista 中，设置文件或文件夹共享时，首先需要通过控制面板进入"网络和共享中心"窗口，确认文件共享功能已开启，如图 4-40 所示。

图 4-40

图 4-41

接下来可通过文件共享向导实现共享设置。此种共享设置用于临时的共享访问需求。设置过程如下：

第 1 步 在资源管理器窗口选中要共享的文件，再单击工具栏中的"共享"按钮 ▨ **共享**（见图 4-41）。或右击需要共享的文件夹，然后从快捷菜单中选择"共享"命令。

第 2 步 在弹出的文件共享向导对话框中，不需要做任何设置，直接单击"共享"按钮即可，如图 4-42 所示。

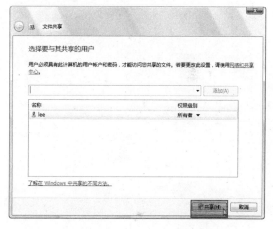

图 4-42

第 3 步 提示文件共享成功，并显示共享文件的地址（见图 4-43）。单击"完成"按钮退出。

图 4-43

Part

2

第 2 部分
系统设置与管理篇

Chapter

5

文字输入与语言
管理

文字输入是操作计算机的基本技能，向计算机
发出指令、上网聊天、文字排版、写文章等都需要
用到，在 Windows Vista 中提供了多种输入法。不
仅如此，以往人与计算机沟通只有通过键盘进行，
现在可用用户最简单直观的手写或语音来进行。

5-1 在 Windows Vista 中自带了哪些输入法

问：在 Windows Vista 中自带了哪些输入法？

答：Windows Vista 自带输入法包括内码输入法和微软拼音输入法。安装 Windows 操作系统后，屏幕右下角的任务栏中会有一个中文输入法状态图标  ，单击此图标会弹出输入法选择菜单，如图 5-1 所示，可以看出 Windows Vista 自带的输入法。

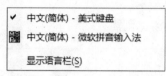

图 5-1

5-2 什么是 Windows Vista 语言栏

问：什么是 Windows Vista 语言栏？

答：语言栏是一种工具栏，添加文本服务时，它会自动出现在桌面上，例如输入语言、键盘布局、手写识别、语言识别或输入法编辑器（IME）。语言栏（见图 5-2）提供了从桌面快速更改输入语言或键盘布局的方法。可以将语言栏移动到屏幕的任何位置，也可以将其最小化到任务栏或隐藏它。

① "输入语言"按钮
② "键盘布局"按钮

图 5-2

语言栏上显示的按钮和选项集根据所安装的文本服务和当前处于活动状态的软件程序而更改。例如，WordPad 支持语音识别，但记事本却不支持。如果两个程序都在运行，则 WordPad 处于活动状态时将显示语音按钮，而记事本处于活动状态时此按钮会消失。

5-3 如何改变 Vista 语言栏位置

问：如何设置 Windows Vista 语言栏的位置和

状态？

答：进入 Windows Vista 操作系统后，系统便自动加载了一个语言栏，语言栏位于任务栏的右边。语言栏提供了从桌面快速更改输入语言或键盘布局的方法。可以将语言栏移动到屏幕的任何位置，也可以将其最小化到任务栏或隐藏它。要设置语言栏的位置和状态，操作如下：

第 1 步 右击"语言栏"，在弹出的菜单中选择"设置"命令，如图 5-3 所示。

图 5-3

第 2 步 打开"文字服务和输入语言"对话框，切换到"语言栏"选项卡（见图 5-4），在这里可以设置语言栏的位置和显示的状态，选中设置项的单选按钮或复选框即可。

图 5-4

第 3 步 设置完毕，单击"确定"按钮。

5-4 如何添加输入法

问：如何在 Windows Vista 系统中添加输入法？

答：添加输入法的具体操作如下。

第 1 步 右击"语言栏"，在弹出的菜单中选择

"设置"命令。打开"文字服务和输入语言"对话框，切换到"常规"选项卡，单击"添加"按钮，如图 5-5 所示。

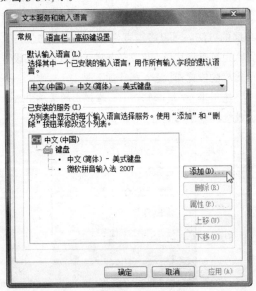

图 5-5

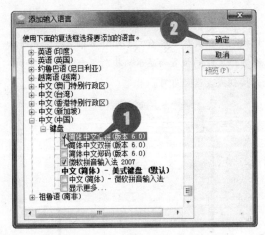

图 5-6

第2步 弹出"添加输入语言"对话框（见图 5-6）。

① 在"中文（中国）"中选中要添加的输入法的复选框。

② 单击"确定"按钮，即可添加选定的输入法。

5-5 如何删除输入法

问：系统自带的输入法中有些我用不到，该如何删除？

答：删除系统自带输入法的操作很简单，打开"文字服务和输入语言"对话框，如图 5-7 所示。

① 切换到"常规"选项卡。

② 选择要删除的输入法。

③ 单击"删除"按钮，即可将该输入法删除。

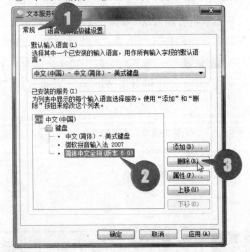

图 5-7

5-6 如何添加输入语言

问：由于工作原因，我经常需要编辑多种语言的文档，在 Windows Vista 中如何添加输入语言？

答：通过更改键入的语言（输入语言），可以读取和编辑多种语言的文档。Windows Vista 包含多种输入语言，但在使用之前，需要将它们添加到语言列表。操作步骤如下：

第 1 步 打开控制面板，切换到经典视图，双击"区域和语言选项"图标，如图 5-8 所示。

图 5-8

第 2 步 弹出"区域和语言选项"对话框（见图 5-9），切换到"键盘和语言"选项卡，然后单击"更改键盘"按钮。

第 3 步 弹出"文本服务和输入语言"对话框，在"已安装的服务"栏下，单击"添加"按钮，如图 5-10 所示。

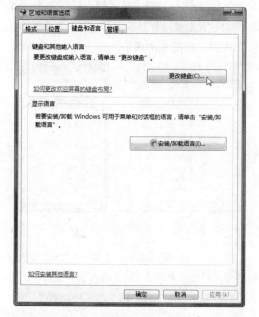

图 5-9

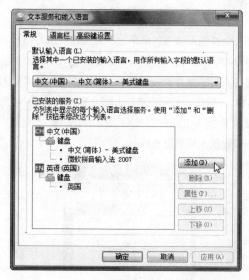

图 5-10

第 4 步 弹出"添加输入语言"对话框（见图 5-11），单击要添加的语言，选择要添加的文本服务，然后单击"确定"按钮即可。

图 5-11

5-7　如何更改输入语言

问：添加了输入语言后，该如何更改输入语言？

答：通过更改键入的语言（输入语言），可以读取和编辑多种语言的文档。

更改输入语言的操作为：单击语言栏上的"输入语言"按钮，然后选择要使用的输入语言即可，如图 5-12 所示。

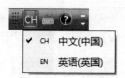

图 5-12

5-8　如何使用全拼输入法

问：Windows Vista 中自带的全拼输入是怎样使用的？

答：全拼输入法是一种音码输入法，直接利用汉字的拼音字母作为汉字代码。只需依次输入汉字的各个拼音字母即可。首先切换输入法到简体中文全拼状态，如图 5-13 所示。

图 5-13

下面以输入单字和词组两种方式来介绍全拼输入法的使用：

1．单字输入

分为完整输入和不完整输入两种。

① 完整输入就是将字的全部拼音都输入。例如，要输入"开"字，键入拼音"kai"，此时提示行显示出"1 开 2 揩 3 凯 4 慨 5 楷 6 垲 7 剀 8 锎 9 铠 0 锴"（见图5-14）。按数字"1"键（选择第一个字时也可以按【space】键），"开"字便输入到当前光标处。

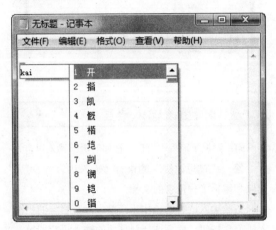

图 5-14

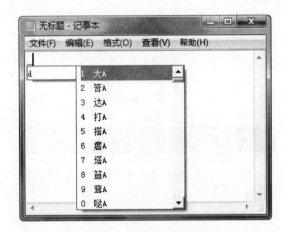

图 5-15

② 不完整输入可以来输入那些使用频率较高的单字。例如"大"字，键入声母"d"，提示行便出现声母为"d"，韵母为"a"的十个字，每个字后面都会特别标注一个"A"字样（见图5-15）。按数字"1"键（或按【Space】键），"大"字就输入到当前光标处。

无论是完整输入还是不完整输入，随着某一个

字使用频率的增加，该字在提示行中的位置会自动前移。

2．词组输入

也分为完整输入和不完整输入两种。完整输入就是将拼音全部打出。例如，要输入"北京"，输入拼音为"beijing"（字与字之间不能有空格，一定要连续），此时提示行显示出"1 北京 2 背景 3 北京大学…"，如图5-16所示。

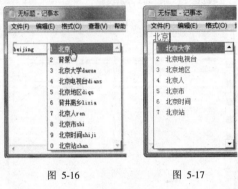

图 5-16　　　　　图 5-17

按数字"1"键或【space】键，"北京"便输入到当前光标处（见图5-17）。输入了"北京"之后，还将联想显示与"北京"相关的常用词组供选择。

> **提示**　若不需要输入联想词组，按下【Esc】键，即可取消输入联想词组。

全拼输入法 6.0 采用的不完整输入法为：首字声母+首字韵母+末字声母。例如，输入"北京"的首字声母、首字韵母和末字声母"beij"时（见图5-18），提示行显示出"1 北极 2 倍加 3 备件 4 北疆 5 被劫 6 北京…"。输入数字"6"键，"北京"一词就输入到当前光标处。

图 5-18

小技巧

翻页：【Page Down】键向后翻页，【Page Up】键向前翻页。

多音字可输入任一种读音，如"差"可以输入"cha"，也可输入"chai"。

5-9　如何使用微软拼音输入法

问：Windows Vista 中自带的微软拼音输入法是怎样使用的？

答：微软拼音输入法 2007 是 Windows Vista 自带的一个汉语拼音语句输入法，用户只需用它连续输入整句话的汉语拼音，系统即可自动选出拼音所对应的最可能的汉字，免去了用户逐字逐词进行同音字（词）选择的麻烦。

微软拼音输入法 2007 特别推出了三种不同的输入风格（见图 5-19），以适应不同用户的输入习惯和操作方式。推荐使用微软拼音新体验。

图 5-19

图 5-20

首先来输入这样一句话"她们的不幸用我们的爱去抚慰"，请连续输入拼音，在输入过程中，用户会看到如图 5-20 所示的记事本窗口中，虚线上的汉字是输入拼音的转换结果，下划线上的字母是正在输入的拼音。可以按左右方向键定位光标来编辑拼音和汉字。

拼音下面是候选窗口，1 号候选用蓝色显示，是微软拼音输入法对当前拼音串转换结果的推测，如果正确，可以按【Space】或者"1"键来选择。其他候选列出了当前拼音可能对应的全部汉字或词组，可以按【PageDown】和【PageUp】键翻页来查看更多的候选。

提示　微软拼音输入法的默认设置支持简拼输入，对一些常用词，可以只用它们的声母来输入。比如在上面的例子中，用"tm"输入"他们"。

在输入状态，可以用加号、减号或者【Page Down】和【PageUp】键来翻页查看更多候选，但不可以用上下方向键来移动光标。

微软拼音输入法的大多数自动转换都是正确的，但错误不能避免。对于那些错误转换，用户可以在输入过程中进行更正，挑选出正确的候选；也可以在输入整句话之后进行修改。

在这个例子中，继续上一步的操作，在完整句子输入完之后，将"他们"修改成"她们"。按左右方向键将光标移到"他"的前面，这时的候选窗口出现了 0 号拼音候选，它是光标右边汉字或词组的拼音。如果一开始输错了拼音，现在可以选 0 号候选重新编辑拼音字母（见图 5-21）。在这个例子中选择 3 号候选。

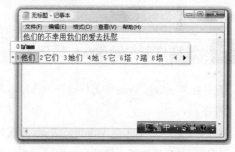

图 5-21

如果组字窗口和拼音窗口中的转换内容全都正确，按【Space】键或者【Enter】键确认。下划线消失，输入的内容传递给了记事本编辑器（见图 5-22）。

提示　按【Enter】键，当前组字窗口和拼音窗口中的所有内容，包括转换后的汉字以及未经转换的拼音全都被确认。

按【Space】键，如果当前光标在组字窗口的最后并且没有拼音窗口，则组字窗口的内容被确认。

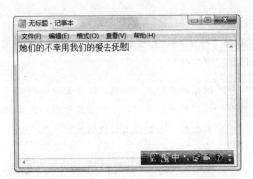

图 5-22

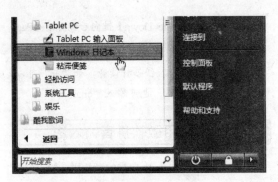

图 5-23

5-10 Vista 支持哪些版本五笔输入法

问:Vista 系统没有五笔输入法,在 Windows XP 中能够运行的 86 或 98 版本的五笔输入法,却不能在 Vista 系统中运行,我应该选择哪些版本的五笔输入法?

答:因为 Vista 与 Windows XP 相比,安全性有所提高,这就造成很多版本的五笔输入法在 Vista 系统不能正常运行。如果确实需要在 Vista 系统中使用五笔输入法,可以从网上下载并安装支持 Vista 的五笔输入法,例如,极品五笔输入法就可以在 Vista 系统中正常运行。

5-11 怎样打开 Windows 日记本

问:在 Windows Vista 中怎样打开 Windows 日记本程序?

答:Windows 日记本是 Windows Vista 附带的应用程序,专为数位板、笔式显示器或平板计算机的使用者所设计。这是一款模仿普通纸质日记本的程序。

打开 Windows 日记本有两种方式:

方法一:单击"开始"菜单,选择"所有程序 | 附件 | Tablet PC | Windows 日记本"命令(见图 5-23),直接新建日志文档。

方法二:在资源管理器中右击,弹出快捷菜单,选择"新建 | 日记本文档"命令(见图 5-24),打开一个日记本文档。

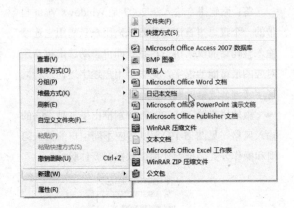

图 5-24

打开 Windows 日记本编辑窗口(见图 5-25)。Windows 日记本随附的工具包括各种笔、标示记号与高亮显示选项,此外还有橡皮擦、选择套索与旗帜工具。

图 5-25

5-12 Windows 日记本有哪些功能

问:Windows Vista 自带的 Windows 日记本有哪些功能?

答：用户可以使用手写笔，或者鼠标（不推荐）在 Windows 日记本上涂画，在写入今日心情的同时，也可以画上最爱的插画。

用户可以直观地了解 Windows 日记本随笔记录的功能和使用方法，其实就像使用普通笔记本一样简单：随意写出想要表达的内容，及时更改、标红，没有格式、字体的限制，真正的随心所欲，如图 5-26 所示。

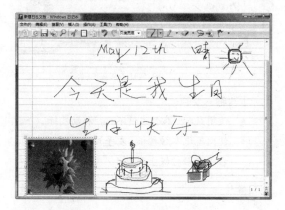

图 5-26

Windows Vista 与博客结合，掀起一股发挥创意、展现自我的热潮。这种日记本文档可以保存为网页格式，还可支持图片插入，记录精彩的回忆。

5-13　智能手写识别是怎样的一种功能

问：Windows Vista 引入的智能手写识别功能是怎样一种功能，它有何优点？

答：Windows Vista 引入智能手写识别功能，以自然的方式弥补键盘输入的不足。这项新的识别技术能迅速、准确地将多种手写风格转换为输入文字。只要是接受打字输入的计算机，都可以利用手写功能迅速输入信息。

许多情况下，用笔手写来补充打字输入更为方便。Vista 以非常巧妙的方式提供此选择。手写笔输入被作为墨水捕获，以高精准的方式被即时识别和搜索，这样一来，用户的手写可随时转换并显示为文字，此外还可以用压感笔直接在现有文档上添加注释，这一系列操作都极为有效和自然。

5-14　怎样启动和退出 Tablet PC 输入面板

问：在 Windows Vista 中怎样启动和退出 Tablet PC 输入面板？

答：启动 Tablet PC 输入面板有以下两种方式：

方法一：单击"开始"菜单，选择"所有程序｜附件｜Tablet PC｜Tablet PC 输入面板"命令（见图 5-27），直接启动 Tablet PC 输入面板。

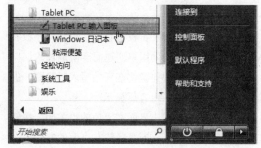

图 5-27

方法二：在"任务栏"空白处右击，在弹出任务栏的快捷菜单中选择"工具栏｜Tablet PC 输入面板"（见图 5-28）。语言栏右侧将显示 图标。单击该图标将启动 Tablet PC 输入面板，如图 5-29 所示。

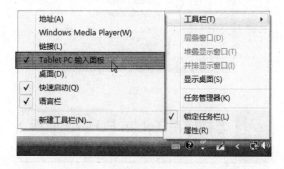

图 5-28

图 5-29

面板左上角有 3 个按钮，表 5-1 介绍了使用输入面板的不同选择。

表 5-1 输入面板按钮的功能

按 钮	功 能
书写板	在书写板中，可以连续书写，就好像在有横线的纸上书写一样
字符板	字符板可以将手写内容转换为输入的文本，一次转换一个字母、数字或符号
屏幕键盘	屏幕键盘与标准键盘类似

其中，书写板和字符板具有数字板、符号板和 Web 快捷键，可以帮助用户快速而准确地输入这些类型的文本。这些快捷键将在开始写入时隐藏，但会在插入或删除写入内容后显示。

需要注意的是单击界面右上角的"关闭"按钮后手写界面不会关闭，而是隐藏在桌面的左侧或者右侧区域，需要移动鼠标到隐藏位置双击恢复，彻底关闭输入法的方法是单击"工具"菜单，选择"退出"命令，如图 5-30 所示。

图 5-30

5-15 怎样使用 Tablet PC 输入面板输入文字

问：启动了 Tablet PC 输入面板，该如何在其中输入文字？

答：使用 Tablet PC 输入面板输入文字的简单操作如下：

① 启动文字编辑程序，如：Word。

② 启动"Tablet PC 输入面板"。用鼠标在手写板上写字就可以了，程序会自动将手写文字转换成计算机可以识别的字符。

③ 单击右下角的"插入"（或按【Enter】键），

文字就自动输入到 Word 中了，如图 5-31 所示。

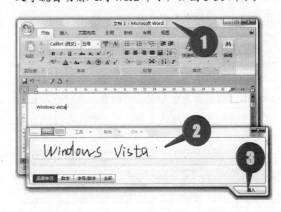

图 5-31

手写输入要领：

- 使用鼠标：按住左键不放，移动鼠标。
- 使用笔记本触控板：左手按住触控板左键，右手在触控板上移动。

小技巧

- 如果识别有误，可以把光标指向这个字，再单击显示的下拉箭头重新选择正确的字符，或者干脆选择"清除"删掉它。
- 默认情况下，Tablet PC 呈"全部"状态，它可以把用户所写的东西识别成相应的文字、数字或英文单词。如果确定自己只输入数字或英文单词，则可以在下面点选相应的"数字"或"英语单词"按钮，这样可以提高识别率和识别速度。
- 与 PDA 等设备上的手写系统一样，Tablet PC 中反向的一横，也表示为删除操作，可以快速清除错误的字符。

5-16 怎样使用粘滞便笺输入文字

问：怎样使用 Windows Vista 的手写便笺功能输入文字？

答：在社会节奏日益加快的今天，无论是工作或生活，事情一多，总是需要备忘录来提醒自己，所以手写便笺纸就流行起来。Windows Vista 的手写便笺功能满足了这一需求，简短随手笔记写在电子便笺纸上，摆在计算机桌面，就不必担心把什么事情遗漏了。

单击"开始"菜单，选择"所有程序｜附件｜Tablet PC｜粘滞便笺"命令（见图 5-32），直接打开粘滞便笺窗口。

图 5-32

打开粘滞便笺窗口，它只有一个简单的界面，就像一张小纸片一样，窗口中设有手写区和录音区，如图 5-33 所示。

图 5-33

当需要在计算机上留言时，可以直接按下鼠标左键，拖动鼠标写下自己的留言，或者用话筒录下自己想说的话，对方只需要打开软件即可听到或者看到留言（见图 5-34）。

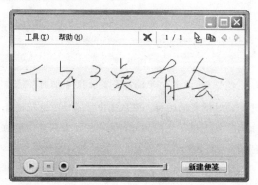

图 5-34

5-17　Windows Vista 中的语音识别有哪些功能

问：Windows Vista 中的语音识别有哪些功能？

答：Windows Vista 是微软第一个内置了语音识别功能的操作系统。之前，语音识别是作为微软 Office XP 或 Office 2003 的一部分，或是通过像 Dragon NaturallySpeaking 这样的第三方软件进行添加。

在开始使用 Windows 语音识别之前，需要有一个麦克风与计算机相连接。设置了麦克风后，即可通过创建计算机识别语音和讲述命令所使用的语音配置文件来提高其理解能力。

设置麦克风和语音配置文件之后，即可使用语音识别执行下列操作：

- 控制计算机。语音识别听取和响应用户的讲述命令。可以使用语音识别运行程序并与 Windows 交互。
- 听写和编辑文本。可以使用语音识别将字词听写到字处理程序（如写字板）中，或填写 Internet Explorer 中的联机表单。也可以使用语音识别在计算机上编辑文本。

5-18　如何配置语音识别向导

问：首次使用语音识别该如何配置语音识别向导？

答：如果是首次使用语音系统的话，首先要启动语音识别。

第 1 步　单击"开始"菜单，选择"所有程序｜附件｜轻松访问｜Windows 语音识别"命令（见图 5-35），即可打开设置语音识别向导。

第 2 步　打开"设置语音识别"向导窗口，单击"下一步"按钮继续。

第 3 步　在能够正常 Windows 语音识别之前，首先要确保拥有一个麦克风和耳机或者扬声器。推荐使用自带麦克风的耳机，因为它的背景噪声相对较少。这里选择"头戴式麦克风"（见图 5-36），并单击"下一步"按钮继续。

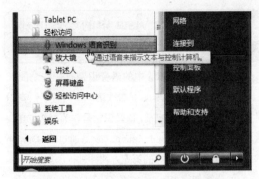

图 5-35

图 5-36

第4步 如图 5-37 所示，设置向导提示用户一些麦克风的摆放位置和注意事项。如将麦克风放置在距离嘴边 2 厘米处；不要直接对着麦克风呼吸；确保没有将静音按钮设置为静音。单击"下一步"按钮继续。

图 5-37

第5步 大声朗读窗口中的斜体文章，声音的

范围最好在绿色区域内波动，这是语音识别系统在采集用户的声音，完成后单击"下一步"按钮。若提示麦克风可以和该计算机一起使用，单击"下一步"按钮继续设置语音识别（见图 5-38）。

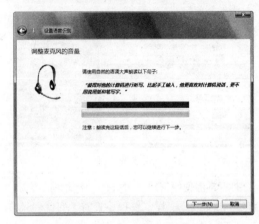

图 5-38

第6步 为了提供语音识别的准确度，用户在下面的选项中还可以来选择"启用文档复查"和让语音识别系统在开始的时候自动运行，以方便用户来使用它。默认选中"启用文档复查"单选按钮（见图 5-39），单击"下一步"按钮继续。

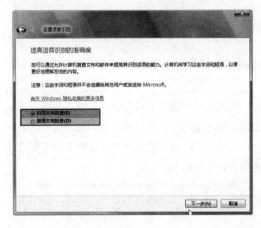

图 5-39

第7步 设置向导询问是否让语音识别系统在开始的时候自动运行。默认选中"启动时运行语音识别"复选框（见图 5-40），单击"下一步"按钮继续。

第8步 全部设定完成之后，设置向导提示用户可以通过声音控制这台计算机了。下面将进入

"语音识别教程"来进行学习，该交互式语音教程能够让用户从浅到深的充分掌握其使用方法和技巧。单击"开始教程"按钮，如图 5-41 所示。

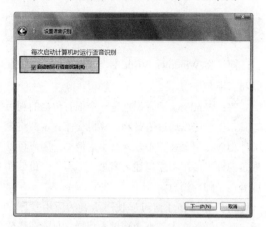

图 5-40

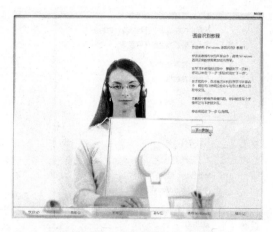

图 5-42

 语音识别是一项前沿技术，在某些方面仍有待改进。

5-19　如何启动和操作语音识别控制台

问： 如何启动和操作语音识别控制台？

答： 当再次运行"启动语音识别"时，语音控制台（见图 5-43）就会出现在屏幕的顶部。同时，一个"语音"图标 就会当语音识别启动时出现在系统托盘处。

图 5-43

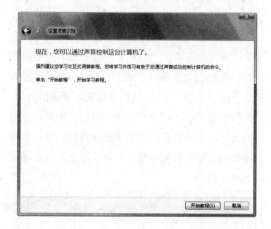

图 5-41

第 9 步 如图 5-42 所示，进入语音识别教程，整个教程分欢迎、基础、听写、命令、使用 Windows 和结论这几个部分，按照提示进行操作就可以了，其中的操作都可以用语音来进行，如要单击"下一步"按钮，只要直接说"下一步"就可以了。

待耐心学完"语音识别教程"，并说出本教程中的短语时，计算机已经了解用户的说话方式，以便更好地识别用户的声音。用户随时可以重新阅读教程，再次学习其中的某些课程。如果用户听写时计算机犯下大量错误，还可以进一步训练计算机。打开"语音识别控制面板"对话框，然后双击链接"训练计算机以提高其理解能力"。

用户可以通过右击控制台上或系统托盘中的图标来选择语音选项。右击系统托盘中的 图标，弹出相关菜单（见图 5-44），菜单中有很多可选项目。

在菜单中，用户可以做如下选择：

- 开：计算机会聆听用户所说的一切，并尝试执行能够识别的命令。
- 休眠：计算机会聆听，但除非用户说"开始聆听"，否则不会做出任何反应。
- 关：计算机将不会聆听用户所说的任何东西。

图 5-44

- 打开语音参考卡: 这是一个便利的简单说明, 关于一些常用的命令以及如何操作的信息。

- 开始语音教程: 这是一个互动的简单视频教程, 它会通过实际操作培训用户如何使用语音识别。

- 帮助: 这将会打开帮助文件, 告诉用户关于设置以及使用语音识别的信息。

- 选项: 在此用户可以选择是否需要语音识别播放声讯反馈、启动时运行、朗读更正对话框中的文本、以及在所有位置启用听写。

- 配置: 在此用户可以设置你的麦克风、提高语音识别, 或是打开语音控制面板。

- 打开语音词典: 用户可以添加新的词到用户的词典中, 特别是可以添加一些名字之类引擎难以识别的词, 或是阻止某些词会被听写出来 (例如一些用户不会听写到的词)。

- 听写主题: 在此仅有一个 "叙述性" 选项。

- Windows 语音识别网站: 访问 Windows 语音识别网站。

- 关于 Windows 语音识别: 这也就是熟悉的 Windows "关于" 对话框, 它能够告诉用户版本号以及许可授予名。

- 打开语音识别。

- 退出: 关闭语音识别, 控制台会从屏幕上消失, 而语音图标也会从系统托盘中消失。

5-20 如何使用语音识别听写文本

问: 在 Windows Vista 中, 如何使用语音识别听写文本?

答: Windows 语音识别是一个很有价值的利用工具, 完全可以通过语音和计算机交流。本节将更关注如何使用语音识别输入文字, 例如, 用户可以通过向许多常用程序口述内容来 "书写" 一份信件或者电子邮件消息。

用户可以在任何可以使用语音的应用程序中通过听写输入文本。不会像过去那样, 只能在微软的 Office 应用程序中才能够使用。例如, 可以在记事本或是写字板中听写文本。

Windows Vista 在转译用户的听写时很可能会产生错误。而值得庆幸的是它们能够很容易地得到纠正。例如, 如果你说 "处理妥当", 而系统输入的是 "出力妥当", 这时用户可以说 "更正出力", 接着就会看到一个清单 (见图 5-45), 里面列有可替换的词, 用户只要在列表中选择替换词语, 并说出需要的项目旁边的编号, 再说 "确定" 就可以完成更正。

图 5-45

如果要更正的错误不在列表中, 只需要再次说出词语, 就会有新的列表出现在其中供用户选择。

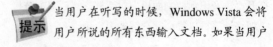当用户在听写的时候, Windows Vista 会将用户所说的所有东西输入文档。如果当用户

在编辑文档时，可能停下来去与同事谈话，之后可能会发现谈话内容也输入了文档。

当用户希望有些话语不被转译到文档中时，可以先说"停止聆听"，再开始说其他内容。

在使用和学习"语音识别"系统的过程中，周围的环境一定要安静，如果有杂声就会影响语音识别的效果，而且在说话的时候，语速不要太快。

在语音识别过程中，如果碰到问题又不知道如果解决的时候，可以对计算机说"我能说什么"，这时就会启动语音识别系统的帮助窗口。

当用户想输入英文时，读出英文发音系统可能会不能识别，可以说"拼写"来将英文单词拼写出来。说"拼写"，弹出"拼写面板"对话框（见图 5-46），清晰地拼出该单词的每个字母，再说"确定"即可。

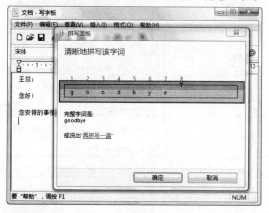

图 5-46

当语音识别处在休眠模式下时，它仅会对"开始聆听"命令做出反应，当用户不使用它时，应该习惯将语音识别完全关闭，而不是仅让它处在休眠模式，并且不要设置它在 Windows 启动时随之运行。

5-21　如何使用语音识别处理文件夹和文件

问：如何使用语音识别对文件夹和文件进行操作？

答：使用语音识别选择并处理文件夹和文件的方法有两种：

- 如果知道正在处理的对象的名称，请说出该名称。如果说出屏幕上任何对象的名称，则 Windows 语音识别会对其应用你的命令。例如，可以说"单击图片"。
- 如果不知道要处理的文件或文件夹的名称，请说"显示号码"，这些编号将显示在屏幕上每个对象的旁边。然后说出所需的对象的编号。例如，可以说"双击 5"以打开具有此编号的对象。

表 5-2 显示了用于处理文件和文件夹的语音识别命令。斜体字表明可以说出许多不同的事物来代替示例字词或短语并得到有效的结果。

表 5-2　处理文件和文件夹的语音识别命令

操　作	说出的内容
选择文件或文件夹	选择；单击*销售报告*
打开选定的文件或文件夹	打开这个；打开*语音识别*；打开*销售报告*
按名称打开程序	打开*写字板*；启动*纸牌*
通过说出其名称单击任意菜单	文件；查看；启动
单击任何项目	单击*回收站*；单击*计算机*；单击*文件*
最小化所有窗口以显示桌面	显示桌面
将编号置于屏幕上每个对象的旁边	显示号码

5-22　如何使用语音识别浏览 Internet

问：如何使用语音识别上网浏览网页？

答：使用 Windows 语音识别，浏览 Internet 意味着了解 Web 浏览器窗口中的对象名称，然后说出与其交互所需的命令。若要输入网站的地址，请说"转到地址"，然后听写要访问的网站地址。如果以前已经输入了地址，则可以说"地址"，然后选择一个以前输入的地址。

表 5-3 显示了用于浏览 Internet 的语音识别命

令。斜体字表明可以说出许多不同的事物来代替示例字词或短语并得到有效的结果。

表 5-3　浏览 Internet 的语音识别命令

操　作	说出的内容
打开 Web 浏览器	打开（如果选中浏览器）；打开 Internet Explorer；打开*浏览器名称*
单击选定的链接	单击；单击这个；单击*文本短语*
右击选定项目	右击；右击这个
通过说出项目名称单击任何项目	*文件；查看；工具；后退；前进；停止；主页；刷新*
单击任何项目	单击*回收站*；单击*计算机*；单击*文件*
使用【Tab】键在页面中导航	按下 Tab；按下制表符；按下制表跳格键
最小化所有窗口以显示桌面	显示桌面

 注意　某些菜单项可能不会显示，除非使用鼠标指向它。若要显示这些项目，请导航到项目并说"悬停这个"。

5-23　如何使用语音识别操作窗口和程序

问：如何使用语音识别操作窗口和程序？

答：可以使用声音来处理窗口和程序。通常，可以仅说出要执行的命令。例如，若要最小化所有打开的窗口，则可以说"显示桌面"。若要查看"系统属性"对话框，则可以说"右击计算机"，然后说"单击属性"。

表 5-4 显示了用于处理窗口和程序的 Windows 语音识别命令。斜体字表明可以说出许多不同的事物来代替示例字词或短语并得到有效的结果。

表 5-4　处理窗口和程序的 Windows 语音识别命令

操　作	说出的内容
单击任何项目	单击*文件*；单击*粗体*；单击*保存*；单击*关闭*
双击任何项目	双击*计算机*；双击*回收站*；双击*文件夹名称*
右击任何项目	右击*计算机*；右击*回收站*；右击*文件夹名称*
最小化所有窗口以显示桌面	显示桌面
单击不知道其名称的对象	显示编号（活动窗口中每个项目的编号将显示在屏幕上。说出与项目对应的编号以单击它。）
单击某个带编号的项目	*19* 确定；*5* 确定
双击某个带编号的项目	双击 *19*；双击 *5*
右击某个带编号的项目	右击 *19*；右击 *5*
打开程序	打开 Word；打开*写字板*；打开*程序名称*
切换到某个打开的程序	切换到 Word；切换到*写字板*；切换到*程序名称*；切换应用程序
关闭程序	关闭这个；关闭 Word；关闭*文档*；关闭 Internet Explorer
还原	还原这个；还原 Word；还原 Internet Explorer
最小化	最小化这个；最小化 Excel；最小化 Internet Explorer
剪切	剪切这个；剪切
复制	复制这个；复制
粘贴	粘贴
删除	删除这个；删除
撤销	撤销这个；擦除这个；撤销
沿一个方向滚动	向上滚动；向下滚动；向左滚动；向右滚动
在页面中滚动确切的距离	向下滚动 2 页；向上滚动 10 页
以其他单位滚动确切的距离	向上滚动 5 次；向下滚动 7 次
转到表单或程序中的某个字段	转到*字段名称*；转到*主题*；转到*地址*；转到*抄送*

5-24 如何使用语音识别单击屏幕的任意位置

问：如何使用语音识别单击屏幕的任意位置？

答：通过在整个屏幕上覆盖 3×3 方块网格，可以使用 Windows 语音识别单击屏幕的任意位置。网格的每个方块均已编号，当用户说出与方块相关的编号时，网格在该方块上放大，而另外一个 3×3 网格即在其区域被覆盖。当要单击的项目位于网格中某个带编号的区域时，可以通过使用此表中列出的命令单击它。

例如，说"鼠标网格"可在屏幕上显示带编号的网格，如图 5-47 所示。

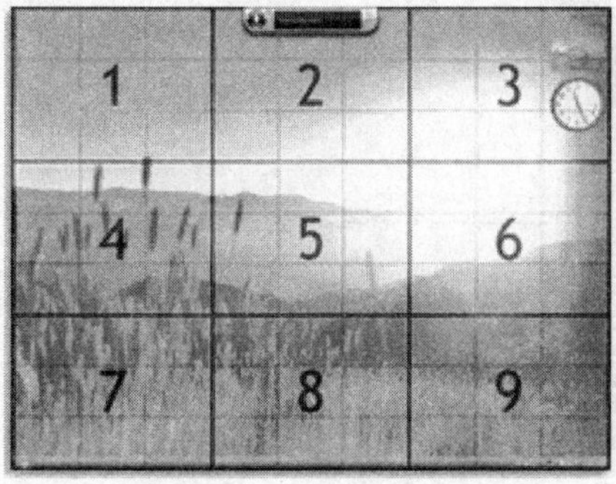

图 5-47

表 5-5 描述了用于单击屏幕任意位置的语音识别命令。斜体字表明可以说出许多不同的事物来代替示例字词或短语并得到有用的结果。

表 5-5 单击屏幕任意位置的语音识别命令

功 能	说出的内容
显示鼠标网格	鼠标网格
单击某个鼠标网格方块	单击*方块的编号*
将鼠标指针移动到任意鼠标网格方块的中心	*方块的编号*；1；7；9
选择要用鼠标网格拖动的项目	*项目显示位置的方块编号*；3、7、9（后面跟随）标记
选择要用鼠标网格拖动项目的区域	*要拖动的方块编号*；4、5、6（后面跟随）单击

5-25 计算机不能识别语音，怎么办

问：使用语音识别时，计算机不能识别我的声音，怎么办？

答：造成此问题的可能原因有以下几个：

- 麦克风距离太远不能接收到用户的声音。请确保麦克风的距离足够近并且用户在直接对着麦克风讲话。

- 麦克风静音。某些麦克风具有外部的静音控件。请确保关闭了静音控件。

- 麦克风输入级别太低。请确保麦克风输入级别设置正确。

- 麦克风连接不正确。确保麦克风电线完好无损。与计算机的连接可能松动，因此请拔出电线并重新连接，从而确保牢固插入。

- 选择了其他的麦克风用于语音识别。如果计算机中安装了多个麦克风，则可能选择了错误的麦克风用于语音识别。确保用户正在使用的是为语音识别选定的麦克风。

5-26 在听写过程中输入了错误的字词怎么办

问：在听写过程中输入了错误的字词怎么办？

答：如果在讲述时语音识别一直输入错误的字词，则可以使用语音词典从听写中排除那些字词。也可以添加语音识别无法识别而您需要频繁使用的字词。若要打开语音词典，请确保语音识别正在运行，说"打开语音词典"，单击或说"添加新字词"，然后按照语音字典向导中的说明添加字词。

Chapter

6

应用程序安装与
管理

与以往的 Windows 操作系统相比，Windows
Vista 在应用程序的安装和管理上更加便捷。本章主
要介绍了在 Windows Vista 系统中如何判断、解决
应用程序的兼容、权限问题，并对程序在安装与配
置管理方面中出现的问题，给予详细的分析和解决
方案。

6-1　什么是程序兼容性

问： 在使用 Windows Vista 时，总是弹出"该程序与系统不兼容"的提示，请问什么是程序兼容性？如何解决此问题？

答： 程序兼容性是 Windows 中的一种模式，可以使用户能够运行为 Windows 早期版本所编写的程序。但一些旧版本的程序可能会在新的 Windows 环境下运行不畅或根本无法运行，如图 6-1 所示。

图 6-1

如果某个旧版本的程序无法正常运行，则可启动程序兼容性向导模拟 Windows 的早期版本，其具体的操作步骤如下：

第 1 步 单击"开始"按钮，选择"控制面板"命令，打开"控制面板"对话框。

第 2 步 单击"程序"图标，打开"程序"对话框，单击"将以前的程序与此版本的 Windows 共同使用"链接，打开"程序兼容性向导"窗口，如图 6-2 所示。

在运行"程序兼容性向导"窗口后，系统自动提示用户需要执行的操作，用户只需按照系统提示执行相应的操作即可解决程序兼容性问题。

图 6-2

6-2　如何确定程序是否在计算机中运行

问： Windows Vista 本身对计算机硬件有一定的要求，如果需要安装某些程序，如何确定该计算机硬件是否满足程序运行的需求呢？

答： Windows Vista 有"计算机体验索引"功能，帮助用户对当前计算机的性能进行评分。通过该评分，Windows Vista 会对系统的某些设置进行适当的修改。因此在购买软件的时候，用户可查看软件的外包装中显示的对系统得分的最低要求，然后和自己系统的得分相比较，判断该软件是否可以在自己的计算机系统中流畅地运行，如图 6-3 所示。

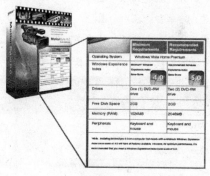

图 6-3

查看计算机系统评分的步骤如下：

第 1 步 在"开始"菜单中，右击"计算机"图标，在其快捷菜单中选择"属性"命令。

第 2 步 在打开的对话框的"系统"栏中单击"Windows 体验索引"链接，打开"Windows 体验索引"窗口，如图 6-4 所示。从窗口中可以看出计算机具有 Windows 体验索引基本分数。此分数大于程序需求的分数时，就表示此程序可以在计算机中正常运行，反之，则不能运行。

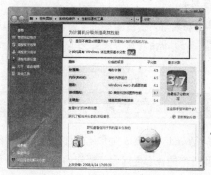

图 6-4

6-3 如何查看计算机正在运行的程序

问：为了更加方便地对系统中正在运行的程序进行管理，则需要查看正在运行的程序。那么如何查看计算机当前运行哪些程序呢？

答：用户可以通过"软件资源管理器"窗口对当前运行的程序、启动程序、网络连接程序以及 WinSock 服务提供程序进行详细查看。打开"软件资源管理器"窗口的具体操作步骤如下：

第 1 步 单击"开始"按钮，选择"控制面板"命令，打开"控制面板"窗口。

第 2 步 单击"程序"图标，打开"程序"对话框，单击"查看当前运行的程序"链接，即可打开"软件资源管理器"窗口，如图 6-5 所示。

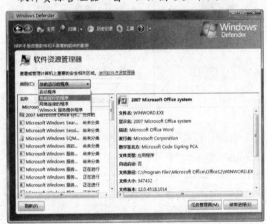

图 6-5

第 3 步 用户可在"类别"下拉列表框中选择程序运行的类别，单击"刷新"按钮即可快速更新运行程序列表。

 提示 如果用户发现某个正在运行的程序可疑，可选中该程序，然后单击"结束进程"按钮，终止该程序的运行。

6-4 如何确定程序是否与系统兼容

问：Windows Vista 对系统硬件的要求直接影响了应用程序的兼容性问题。请问如何确定某个程序和 Windows Vista 系统是否兼容呢？

答：用户在购买软件时可通过软件外包装的标志进行判别。如果该软件的外包装中包括如图 6-6 所示的标志，即说明该软件与 Windows Vista 系统兼容，用户可放心购买和使用。另外，用户还可以通过 Windows Marketplace 网站（http://www.windowsmarketplace.com/）了解不同软件的兼容性问题。

图 6-6

6-5 如何确定程序是否安装补丁程序

问：为了应用程序的完整性和安全性，在安装了某个程序后有必要将该软件进行升级或安装补丁程序，请问如何确定该应用程序是否需要安装补丁程序？

答：如果一个程序发布后发现安全漏洞或功能、设计上的缺陷，该软件的开发商会为该程序发布补丁程序或给出其他解决办法。所以在安装一个程序之前，最好访问该程序的官方网站，了解最新的有关程序补丁的信息，如果发布了最新的补丁程序则需要将该补丁下载到计算机中，然后待程序安装完成后立即安装补丁程序即可。

另外，很多软件提供了升级的功能，在连接互联网的情况下可通过手动或自动方式下载更新程序补丁。

6-6 如何预防捆绑软件

问：当完成一个软件的安装后，发现同时出安装了其他不需要的软件，应该如何解决？

答：现在的很多共享软件存在着捆绑的问题，即软件的作者会在程序中捆绑其他和本程序功能完全不相干的软件以谋取利益。因为捆绑程序具有类似于病毒的特征，即无法安全卸载或在后台运行等问题，所以当程序安装完成且能够正常运行后，还是不能确定该程序是安全的。

通常用户可以使用如下方法防治捆绑软件：

- 在安装软件前，尤其是从网上下载共享软件后，到网上了解其他用户对该软件的评价，然后再作决定。
- 在安装软件的过程中需要注意，因为此时可能会有安装捆绑软件的复选框，用户此时可取消选中捆绑软件前的复选框。
- 如果已经被证实安装了捆绑软件，则可通过专用的卸载工具进行卸载或使用 Windows Vista 自带的 Windows Defender 工具进行清除。
- 使用专用的防病毒软件。

6-7 什么是"设定程序访问和计算机默认值"

问：请问什么是"设定程序访问和计算机默认值"？如何打开"默认程序"？

答：使用"设定程序访问和默认值"的目的是允许 Windows 用户很容易指定第三方浏览器、电子邮件工具、通信软件和媒体程序为默认工具，从而减轻微软对一些来自垄断性商业行为的责任。

Windows Vista 中的"默认程序"与 Windows XP 中的"设定程序访问和默认值"工具相类似。然而，当用户在 Windows Vista 中运行了"默认程序"工具的时候，会发现虽然它不但具备与 Windows XP 相同的功能，还包含了一些新的功能以及其他的特性。

打开"默认程序"的具体操作步骤如下：

第1步 打开"控制面板"窗口，依次单击"程序"｜"设置默认程序"链接，打开"设置默认程序"窗口，如图 6-7 所示。

第2步 在窗口左侧列出了系统自带的程序，选中需要作为默认程序的程序，此时在右侧会显示对该程序的介绍以及与不同文件的关联信息。单击"选择此程序的默认值"按钮，打开"设置程序的关联"窗口，如图 6-8 所示。

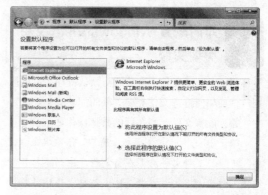

图 6-7

图 6-8

第3步 在该窗口中显示了该程序所支持的所有文件、协议类型，同时还显示了不同项目的描述。选中希望被该程序处理的类型或取消选中不希望被程序处理的类型，单击"保存"按钮即可生效。

6-8 配置文件类型关联与默认程序关联相同吗

问：设置好默认程序后，需要进行默认程序的文件管理配置，请问配置文件类型关联与配置默认程序间的关联相同吗？

答：配置文件类型关联与配置默认程序间的关联有本质的不同。配置文件关联是针对不同类型的文件来决定使用哪些程序运行，而配置默认程序则是决定该程序可以用来打开哪些类型的文件。

6-9 如何配置 Windows Vista 文件类型关联

问：了解了文件类型关联与默认程序关联的区别，请问如何进行文件类型关联的配置呢？

答：配置文件类型关联的具体操作如下：

第1步 打开"控制面板"窗口，依次单击"程序"｜"使某种文件类型在特定程序中始终打开"链接，打开"将文件类型或协议与特定程序关联"窗口，如图 6-9 所示。

图 6-9

第2步 从文件类型列表框中选中需要更改关联的文件类型，单击其右上方的"更改程序"按钮，打开"打开方式"对话框，如图 6-10 所示。

图 6-10

第3步 在该对话框中列出了系统允许打开该文件类型的所有程序，选中用于打开该文件类型的程序，单击"确定"按钮即可。

提示 如果希望用于打开此种文件类型的程序不在列表框中，则可单击"浏览"按钮手动选择运行该文件类型的程序。

6-10 什么是安装程序的"身份验证"

问：以标准用户身份登录 Windows Vista 系统后，安装一些程序时总是弹出"用户账户控制"对话框，请问是什么原因？

答：以标准账户身份登录系统后，该用户只具有标准账户的使用权限。当该用户试图安装应用软件时，运行的安装程序会自动从用户处获得标准用户的权限，而当安装程序需要改变某个关键的系统设置时，系统会自动打开"用户账户控制"对话框（见图 6-11），此时需要当前的标准用户选择已存在系统中管理员账户，并且需要输入正确的密码才可执行安装操作。

图 6-11

6-11 如何以其他用户的身份运行程序

问：对于 Windows Vista 的某个应用程序，如果用户需要以不同的身份来运行，请问如何实现？

答：Windows Vista 系统中主要包括"标准用户"和"管理员"两种账户类型。

如果以"标准用户"身份登录，则用户还可以使用"以管理员身份运行"命令以其他用户身份运行程序。若要执行此操作，则可右击需要运行的程序，在其快捷菜单中选择"以管理员身份运行"命令即可，如图 6-12 所示。

图 6-12

如果以"管理员"身份登录，需要以其他用户身份运行程序时，则需要在"命令提示符"窗口中输入"runas /noprofile /user name 程序名称"命令（如：runas /noprofile /user hsf cmd），按【Enter】键后提示输入用户密码，如图 6-13 所示。

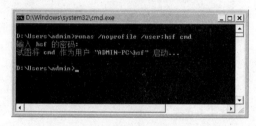

图 6-13

正确输入密码按【Enter】键后即可以"标准用户"身份"hsf"用户运行"命令提示符"窗口，如图 6-14 所示。

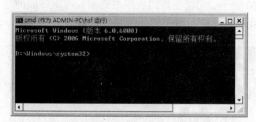

图 6-14

6-12　如何安装或卸载程序

问：使用 Windows Vista 中附带的程序和功能可以执行很多操作，但很多情况下还需要安装或卸载其他的程序，请问在 Windows Vista 系统下如何安装、卸载程序？

答：Windows Vista 系统下如何安装、卸载程序同 Windows XP 的安装、卸载程序相类似。

1. 安装程序

在 Windows Vista 系统下如何安装程序取决于程序的安装文件所处的位置。通常，程序可以从 CD、DVD、Internet 或网络安装。

2. 卸载程序

如果不再使用某个程序，或者如果希望释放硬盘上的空间，则可以从计算机上卸载该程序。通常用户可以使用"程序和功能"窗口卸载程序，或通过添加或删除某些选项来更改程序配置。右击需要卸载的程序，在其快捷菜单中选择"卸载/更改"命令即可卸载该程序，如图 6-15 所示。

图 6-15

提示　除了"卸载"命令外，某些程序还包含"更改"或"修复"命令，但多数程序只提供"卸载"命令。若要更改程序，则可单击"更改"或"修复"命令即可。如果系统提示输入管理员密码或进行确认，请输入密码或提供确认。

6-13　如何隐藏或删除系统自带程序

问：虽然 Windows Vista 系统中预置很多不同用途的程序，但是有些程序还是不及专业的程序功能强大，请问如何隐藏或删除系统自带的程序呢？

答：隐藏或删除系统自带的程序的具体操作如下。

第 1 步 打开"控制面板"窗口，依次单击"程序" | "默认程序" | "设置程序访问和此计算机的默认值"链接，打开"设置程序访问和此计算机的默认值"窗口，如图 6-16 所示。

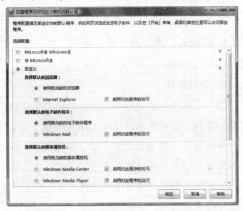

图 6-16

第 2 步 在"选择配置"列表框中包括 3 种选项，在这里用户可以指定某些动作的默认程序，包括浏览器、电子邮件程序、媒体播放器程序、即时消息程序以及 Jave 虚拟机程序。选择"自定义"选项，设置"自定义"界面。

提示

- Microsoft Windows：将包含在 Microsoft Windows 中的程序设置为默认程序，并可启用或删除对自带程序的访问。
- 非 Microsoft：将非 Microsoft 的程序设置为默认程序，系统会隐藏 Windows Vista 自带的几个程序，但是这些程序仍然存在于系统中。
- 自定义：可以对系统自带的程序进行更为详细的配置。用户可自行选择默认运行的程序，如果需要删除该程序，可取消选中"启用对此程序的访问"复选框。

第 3 步 单击"确定"按钮即可保存设置。

6-14 如何添加/删除组件

问： 在 Windows Vista 系统中的很多功能必须通过 Windows 组件才能够实现，请问如何添加或删除 Windows 组件呢？

答： 在 Windows Vista 中如果进行 Windows 组件安装或删除，可参考如下操作。

第 1 步 单击"开始"按钮，选择"控制面板"命令，打开"控制面板"窗口。

第 2 步 继续单击"程序"图标，打开"程序"窗口。在该窗口内单击"打开或关闭 Windows 功能"链接，打开"打开或关闭 Windows 功能"窗口，如图 6-17 所示。

第 3 步 选中需要添加的 Windows 组件，单击"确定"按钮即可添加组件（此过程需要 3~10 分钟），添加完成后，系统会提示重新启动计算机，使添加的组件生效。

图 6-17

如果需要删除组件，则在"打开或关闭 Windows 功能"窗口内取消选中对应组件前的复选框即可。

6-15 怎样停止 Windows 报告程序问题

问： 我们知道微软为了搜集自己系统存在的问题，会利用很长的时间来发送这些报告。如何停止 Windows 报告程序问题，提高工作效率呢？

答： 关闭"Windows 报告程序"功能的具体操作如下。

第 1 步 在控制面板中单击"问题报告和解决方案"图标，打开如图 6-18 所示的窗口。

图 6-18

第 2 步 在窗口左侧单击"更改设置"选项，进入如图 6-19 所示的窗口。

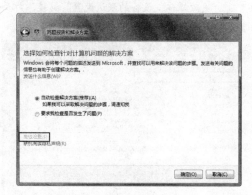

图 6-19

第 3 步 单击"高级设置"链接，进入"问题报告的高级设置"窗口，如图 6-20 所示。

第 4 步 如果需要关闭全部的 Windows Vista 错误报告功能，只需要选中"关闭"单选按钮，单击"确定"按钮即可。

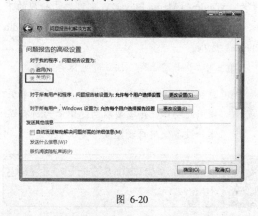

图 6-20

6-16 如何对特定的程序停止报告

问：为了系统的安全，可以有选择地对特定程

序的错误报告功能进行停用吗？

答：在"问题报告的高级设置"窗口中单击"添加"按钮即可打开如图 6-21 所示的对话框，在该对话框中用户可以自定义选择需要进行停止错误报告的程序，单击"打开"按钮即可。

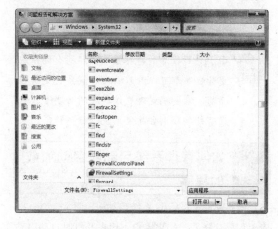

图 6-21

6-17 如何管理已安装的系统更新程序

问：Windows Vista 操作系统的系统更新速度很快，很多更新需要细心的管理。那么如何管理已经安装的系统更新程序呢？

答：用户可参照如下步骤进行系统更新程序的管理：

第 1 步 打开"控制面板"窗口，依次单击"程序" | "查看已安装的更新"链接，进入"卸载更新"窗口，如图 6-22 所示。

图 6-22

第 2 步 在列表框中列出了通过 Windows Update 网站安装的所有更新程序。用户可使用"视图"、"组织"下拉列表框进行系统更新程序的显示状态、排序方法等操作。如果需要卸载某个系统更新程序，可右击需要卸载的系统更新程序，在其快捷菜单中选择"卸载"命令（或单击"卸载"按钮）即可。

> **提示** 由于更新程序的特殊性，并非所有的系统更新程序都可以卸载。在卸载系统更新程序前，需要确定卸载该程序的必要性，如果盲目卸载则会导致系统运行不稳定。

6-18 如何管理系统启动时自动加载的程序

问：Windows Vista 系统启动时，通常会有一些应用程序伴随着。如果用户不想在开机时自动启动某些程序，该如何配置？

答：可通过"系统配置"窗口进行配置，其具体的操作步骤如下：

第 1 步 单击"开始"按钮，选择"附件"｜"运行"命令，打开"运行"对话框。

第 2 步 在该对话框中输入"msconfig"，单击"确定"按钮，打开"系统配置"对话框，如图 6-23 所示。

第 3 步 切换到"启用"选项卡，取消选中不随系统启动的程序，单击"确定"按钮。

图 6-23

第 4 步 系统提示用户重新启动计算机，使所做设置生效。单击"重新启动"按钮即可。

> **提示** 在控制面板中单击"程序"｜"启动时阻止某个运行程序"图标，可以在打开的对话框中快速对启动程序进行管理。

6-19 如何更改自动播放程序设置

问：当用户在光驱内放入音频 CD 或 DVD 影碟后，通常会自动启动光盘内容。请问如何配置 Windows Vista 自动开启播放程序功能呢？

答：现在的自动播放功能不仅仅针对光驱，还可以用于多种不同类型的设备，如移动硬盘、U 盘。

配置 Windows Vista 自动开启播放程序功能的具体操作如下：

第 1 步 打开"控制面板"窗口，依次单击"程序"｜"更改媒体或设备的默认设置"链接，打开如图 6-24 所示的窗口。

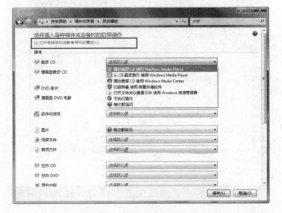

图 6-24

第 2 步 用户可以针对不同类型的设备选择不同的自动播放程序，如设置"音频"的自动播放程序为"Windows Media Player"，则可单击相应的下拉列表框，选择"播放音频 CD 使用 Windows Media Player"选项。

第 3 步 单击"保存"按钮即可保存设置。

> **提示** 自动播放功能是默认启动的，如果不希望使用此功能，则需要取消选中"为所有媒体和设备使用自动播放"复选框。

6-20 为什么 Windows 会关闭正在运行的程序

问：在计算机运行 Windows Vista 系统时，正在运行的程序突然自动关闭，关闭后没有错误报告和其他信息。请问是何原因？

答：引起该问题的原因很多，包括系统、软件冲突、程序不兼容等原因。当系统中的程序发生错误时，Windows Vista 的操作系统就会启用该功能。但是，当一个程序停止响应的时候要等很长的时间，然后再将该问题发送给微软。为了提高工作效率，建议用户关闭此功能。其具体的操作如下：

第1步 单击"开始"按钮，选择"所有程序"｜"附件"｜"运行"命令，打开"运行"对话框。

第2步 输入 regedit 命令，单击"确定"按钮进入"注册表编辑器"窗口，如图 6-25 所示。

第3步 依次展开子项 HKEY_CURRENT_USER\Control Panel\Desktop，将 AutoEndTasks 值设为 1（原设定值为 0）。

第4步 重新启动计算机即可使设置生效。

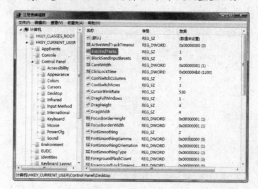

图 6-25

Chapter

7

硬件设备安装与
管理

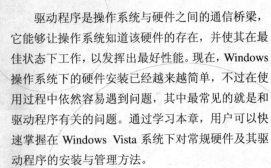

驱动程序是操作系统与硬件之间的通信桥梁，它能够让操作系统知道该硬件的存在，并使其在最佳状态下工作，以发挥出最好性能。现在，Windows操作系统下的硬件安装已经越来越简单，不过在使用过程中依然容易遇到问题，其中最常见的就是和驱动程序有关的问题。通过学习本章，用户可以快速掌握在 Windows Vista 系统下对常规硬件及其驱动程序的安装与管理方法。

7-1 如何安装 USB 设备

问： USB 设备（包括移动硬盘、U 盘）是现在使用最为广泛的设备，如何正确安装 USB 设备？

答： 安装 USB 设备需要使用计算机的 USB 接口，将 USB 设备小心地插入 USB 接口内，设备即可正常使用，如图 7-1 所示。

图 7-1

不能只是简单地认为只要将 USB 设备插入 USB 接口中即可，插入 USB 设备看似简单，但是如果插法不当，轻则导致 USB 设备无法安装成功，严重的时候会烧毁主板。为了尽可能地避免这一现象，当插入 USB 设备时，应做到以下几点：

- 在插入 USB 设备之前，不要用手或身体接触 USB 设备的接口金属部分，因为人体上的静电可能通过 USB 设备的接口金属对计算机的主板芯片产生伤害。
- 尽可能地将 USB 设备插入到计算机机箱后面的 USB 端口中，而不要将 USB 设备连接到机箱前面的 USB 端口中，因为前面的 USB 端口没有和机箱外壳接地，它无法释放静电，这样人体的静电就很容易对主板产生冲击；相反，计算机机箱后面的 USB 端口，与机箱外壳进行了可靠接地，因此该端口可以释放静电。

7-2 如何添加或删除打印机

问： 若要进行打印操作，则需要将打印机连接到计算机，用完之后进行删除。请问如何进行打印机的添加与删除？

答： 以添加与删除本地打印机为例。

1. 添加打印机

在添加打印机之前，用户必须记清所添加的打印机的名称。若要查找打印机名称，可检查此名称是否张贴在打印机本身上，或与打印机所有者或网络管理员联系。添加打印机的具体操作如下：

第 1 步 单击"开始"按钮，选择"控制面板"命令，打开"控制面板"窗口。

第 2 步 在"硬件和声音"区域，单击"打印机"链接，打开如图 7-2 所示窗口。

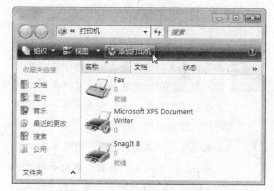

图 7-2

第 3 步 单击"添加打印机"按钮，在打开的"添加打印机"窗口（见图 7-3）中，单击"添加本地打印机"选项，打开"选择打印机端口"对话框。

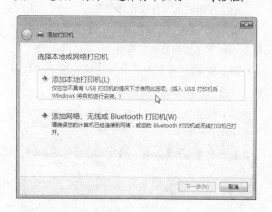

图 7-3

第 4 步 选中"使用现有端口"单选按钮，单击"下一步"按钮继续。

第 5 步 在"安装打印机驱动程序"对话框中（见图 7-4），选择打印机制造商和打印机名称，然后单击"下一步"按钮。

图 7-4

第 6 步 完成向导中的其余步骤，然后单击"完成"按钮即可。

 如果向导未列出需要添加的打印机，并且用户拥有打印机安装光盘，可以单击"从光盘安装"按钮，然后浏览至光盘上存储打印机驱动程序的位置。

如果没有打印机安装光盘，则可单击"Windows Update"按钮，然后等待 Windows 检查任何可用的驱动程序程序包。当显示新的制造商和打印机列表时，可为打印机选择各个列表中的适当项目。

2. 删除打印机

删除打印机的具体操作步骤如下：

第 1 步 单击"开始"按钮，选择"控制面板"命令，打开"控制面板"窗口。

第 2 步 在"硬件和声音"区域，单击"打印机"链接，打开如图 7-5 所示窗口。

图 7-5

第 3 步 单击"添加打印机"按钮后的 ▶▶ 按钮，

选择"删除此打印机"命令即可，如果无法删除打印机，可右击此打印机，在其快捷菜单中选择"以管理员身份运行"命令，然后单击"删除"按钮即可。

 如果打印队列中有项目，则无法删除打印机。如果试图删除打印机时存在等待打印的项目，Windows 将等待直到打印完成，然后删除打印机。如果用户拥有管理打印机上的文档的权限，还可以删除所有的打印作业，然后再次尝试删除打印机。

7-3 为何无法更改打印机属性

问： 在修改某个打印机的属性时，总是提示无法修改打印机属性。请问为什么无法更改打印机属性？

答： 如果无法更改打印机的属性，可能是因为用户没有管理打印机的权限。对于已安装的打印机，系统中的所有具有管理员权限的用户都可执行，即如果拥有了管理员权限就可以正常更改打印机属性。

查看管理打印机权限的方法如下：

第 1 步 打开"控制面板"窗口，在"硬件和声音"区域，单击"打印机"链接，打开"打印机"窗口。

第 2 步 右击需要进行管理的打印机，在其快捷菜单中选择"属性"命令。

第 3 步 切换到"安全"选项卡，依次选中"组或用户名"列表框中的用户或组，在"权限"列表框中显示其具体权限，如图 7-6 所示。

图 7-6

7-4 怎样添加多个监视器

问：Windows Vista 支持多任务运行，听说一台主机可以使用几台监视器。请问如何正确添加多个监视器呢？

答：若要向计算机添加其他监视器，要求确保已安装有一个支持多个监视器的视频卡，或者计算机具备多个视频卡。确定视频卡是否可以支持多个监视器的最简单方法是检查计算机的后面，查看视频卡是否有两个用于连接监视器的视频端口（VGA 和 DVI 端口），如图 7-7 所示。

确保视频卡可以支持其他监视器之后，就可以按照以下步骤添加其他监视器：

第 1 步 关闭计算机和监视器，查找计算机上的视频端口。

图 7-7

第 2 步 将其他监视器连接到未使用的视频端口上，然后将该监视器接上电源并将其打开。

第 3 步 打开原有的监视器，然后启动计算机即可。计算机启动之后，Windows Vista 很快会识别该监视器。

 用户可以访问视频卡制造商的网站以确定该卡是否可以支持多个监视器。一些视频卡可能包括一根特殊的电缆，该电缆将一个连接器分为两个连接器。如果用户的视频卡支持该类拆分器，则用户的计算机中应包含有该拆分器。

7-5 如何禁止安装特定设备

问：随着大容量 U 盘的普及，很多企业面临着泄密的问题，因为员工很可能使用 U 盘甚至 MP3 随身听之类的移动存储设备将公司的机密文件带走。虽然可以通过禁用计算机上的 USB 接口来防范，不过同时也意味着计算机将无法使用其他 USB 接口的设备。有什么好方法来限制某个特定的或某类硬件的安装呢？

答：可以通过组策略来限制某个特定的或某类硬件的安装。在使用组策略禁止安装特定设备之前，需要做以下三项工作：

1. 确认使用系统版本中带有"组策略"功能

① 带有组策略功能的 Windows Vista 版本包括商用版、企业版和旗舰版。

② 不带有组策略功能的 Windows Vista 版本包括家庭普通版和家庭高级版。

2. 获得要禁止安装的设备类型或硬件 ID

其具体的操作步骤如下：

第 1 步 在设备管理器中双击要查看设备类型和硬件 ID 的硬件设备，打开该设备的属性对话框，如图 7-8 所示。

图 7-8

第 2 步 切换到"详细信息"选项卡。单击"属性"下拉列表框，选择"硬件 Id"选项。在下方的"值"列表框中可看到该设备的硬件 ID。

第 3 步 右击"值"列表框中显示的内容，在其快捷菜单中选择"复制"命令。将设备的硬件 ID

复制到系统的粘贴板中。

3. 启用组策略阻止硬件设备安装

在获得某类设备的设备类型或者某个设备的硬件 ID 后，就可以配合 Windows Vista 提供的组策略来对硬件的安装进行限制。具体操作步骤如下：

第 1 步 单击"开始"按钮，在"开始搜索"文本框中输入"gpedit.msc"后按【Enter】键，打开"组策略对象编辑器"窗口，如图 7-9 所示。

第 2 步 在窗口左侧的树形目录中依次单击"计算机配置"｜"管理模板"｜"系统"｜"设备安装→设备安装限制"，双击右侧"阻止安装与下列任何设备 ID 相匹配的设备"策略，打开其对应的属性对话框，如图 7-10 所示。

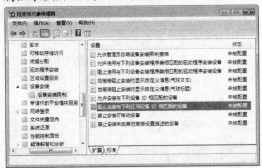

图 7-9

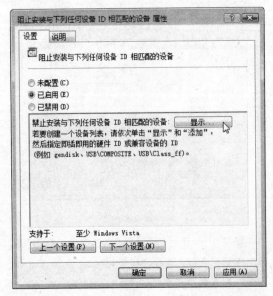

图 7-10

第 3 步 选中"已启用"单选按钮，单击其下

方的"显示"按钮，打开"显示内容"对话框，如图 7-11 所示。

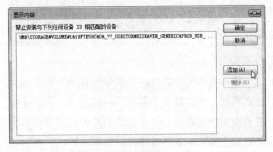

图 7-11

第 4 步 单击"添加"按钮。在弹出的"添加项目"对话框中粘贴之前复制的硬件 ID 并单击"确定"按钮。单击"确定"按钮关闭所有对话框。

至此，该限制策略开始生效。再次连接该类型设备时，系统托盘区将弹出气球图标提示设备安装被策略阻止，如图 7-12 所示。

图 7-12

7-6 如何控制移动存储设备的读/写

问：针对某个设备我们可以采取组策略来限制其安装，可是对于经常使用的可移动存储设备，如果限制其安装则必将对其工作造成影响。如果不限制其安装则会对计算机中的文件安全造成影响。有什么好方法控制可移动存储设备的读写吗？

答：限制任何类型设备的安装，但有时候仅仅这样做是不够的。可能用户需要读取来自可移动存储设备内的文件，但限于保密要求，又不希望把文件从本机写入存储设备，可以采用如下方法：

第 1 步 单击"开始"按钮，在"开始搜索"文本框中输入"gpedit.msc"后按【Enter】键，打开"组策略对象编辑器"窗口，如图 7-13 所示。

第 2 步 在窗口左侧的树形目录中依次单击"计算机配置"｜"管理模板"｜"系统"｜"可移动存储访问"，右侧窗口列出了所有可以设置的可移动存储访问策略。双击"可移动磁盘：拒绝写入权限"策略，打开其属性对话框。

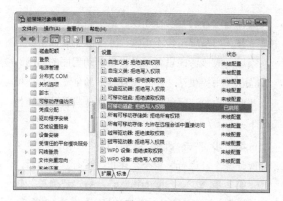

图 7-13

针对某个设备，如果之前已经设置过策略禁止安装该设备，首先应在组策略对象编辑器中禁用所有相关的策略，或者从策略中将设备的硬件 ID 或设备类型删除。

第 3 步 选中 "已启用" 单选按钮，单击 "确定" 按钮保存设置。

再连接可移动存储设备，读取设备内的文件正常，但如果尝试向其中写入文件，就会弹出拒绝对话框，提示访问被拒绝，提示权限不够的错误信息，无法执行操作，如图 7-14 所示。

图 7-14

7-7 某个设备不能正常工作怎么办

问： 在安装完成某个设备后（确定该设备没有损坏），而当使用该设备时总是提示该设备不能正常工作，如何解决此问题？

答： 造成设备不能正常运行的原因很多，如设备与系统相冲突、驱动程序安装不正确或驱动程序过于陈旧、设备与计算机连接不畅等原因。但是大部分原因还是由于驱动程序没有安装或驱动程

序过于陈旧。

在安装设备之前首先应该查看该设备是否与计算机系统发生冲突，如果发生冲突则不可使用。如果确定产生冲突的原因是驱动程序问题，可重新安装驱动程序，或者下载最新的驱动程序。如果设备接口与计算机接口处松动可重新安装，确保连接正常。

7-8 为什么硬件无法正常工作

问： 安装硬件设备完成后，立即运行该设备，发现其运行不正常，检查其接口连接良好、硬件与计算机系统不相冲突。请问是什么原因？如何解决该问题？

答： 主要是因为驱动程序没有安装或安装不正确造成的。一般情况下，当一个硬件设备安装到计算机后，系统会自动搜索其驱动程序，当搜索到正确的驱动程序后会立即进行下载、安装。用户可以通过 "设备管理器" 窗口，查看某个硬件的驱动程序的安装情况，如图 7-15 所示。

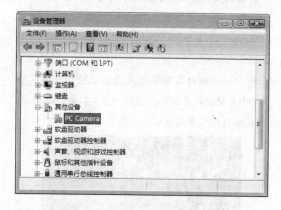

图 7-15

通常，标有黄色感叹号标志的设备表示没有安装驱动程序或驱动程序安装不正确。此时用户可右击该设备，在其快捷菜单中选择 "更新驱动程序" 命令，自动或手动进行驱动程序的安装。

7-9 怎样找回 Windows Vista 的自带驱动

问： 以前将 Windows Vista 系统自带的驱动程序删除，请问是否可以找回删除的 Windows Vista

系统自带的驱动程序？

答： Windows Vista 的自带驱动在 "系统盘:\Windows\System32\DriverStore\FileRepository" 文件夹下，可以把它删除。Windows Vista 为了系统驱动程序安装方便，自带了很多的驱动程序，而很多用户为了节省硬盘空间，将 Windows Vista 自带驱动程序删除了。当安装某个设备时，会给驱动程序的安装过程造成很大影响。

找回 Windows Vista 自带驱动程序的方法很简单，只需将 Windows Vista 光盘放进光驱，然后将 X:\LRMCFRE_CN_DVD\SOURCES\INSTALL.WIM（X:\LRMCFRE_CN_DVD 为光盘路径）解压、复制，在 "系统盘:\Windows\System32\DriverStore\FileRepository" 处粘贴即可。

7-10 什么是驱动程序签名

问： 经过签名的驱动程序提高了系统的稳定性，那么到底什么是驱动程序的数字签名？

答： 驱动程序的签名工作是微软的 WHQL（Windows Hardware Quality Labs，Windows 硬件设备质量实验室）完成的，如图 7-16 所示。硬件开发商将自己的硬件设备和相应的驱动程序交给实验室，由实验室对其进行严格的测试。如果通过测试，WHQL 会给设备的驱动程序添加数字签名。

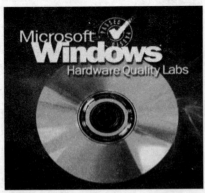

图 7-16

7-11 如何查看没有数字签名的驱动

问： 当系统工作不正常时，首先要考虑的就是系统中是否安装了不带数字签名的驱动程序，如何

确定哪些设备的驱动程序没有数字签名？

答： 当系统工作不正常，并排除了其他可能的原因后，应该考虑设备以及设备驱动程序的问题。Windows 中提供了一个 "文件签名验证" 工具，可以帮助用户验证系统中的驱动程序。其具体的操作如下：

第 1 步 单击 "开始" 按钮，选择 "所有程序" ｜ "附件" ｜ "运行" 命令，弹出 "运行" 对话框。

第 2 步 输入 "sigverif.exe"，单击 "确定" 按钮，打开 "文件签名验证" 对话框，如图 7-17 所示。

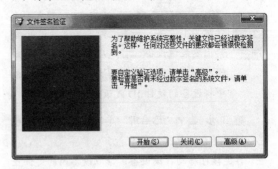

图 7-17

第 3 步 单击 "开始" 按钮，即可检查是否有未经数字签名的系统文件，当检查完成后，系统自动打开 "签名验证结果" 窗口，未经数字签名的驱动文件列表显示在窗口中。如图 7-18 所示。

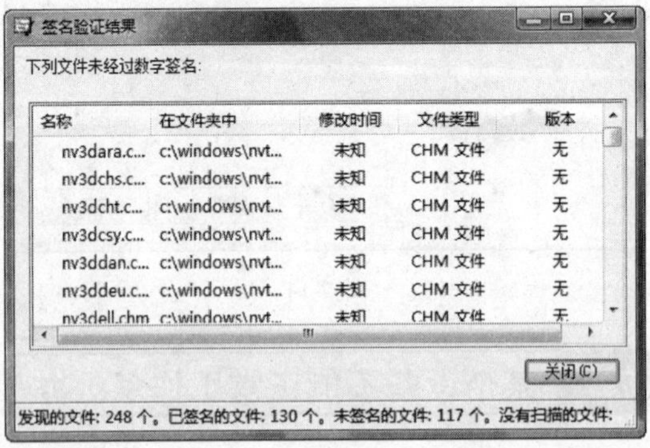

图 7-18

7-12 如何安装不带数字签名的驱动

问： 带有 WHQL 数字签名的驱动程序证明该驱动经过了微软的测试，是安全、稳定、可靠的，那么不带 WHQL 数字签名的驱动程序是否就不能安装？

答： 在安装驱动程序的时候，如果驱动程序已经带有 WHQL 数字签名，那么 Windows 会直接安装。如果要安装的驱动程序不带 WHQL 数字签名，那么 Windows Vista 会显示"Windows 安全"对话框，提示用户 Windows 无法验证此驱动程序软件的发行者，询问用户是否继续安装，如图 7-19 所示。

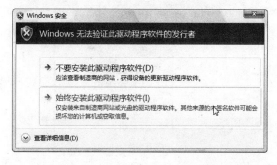

图 7-19

某个设备的驱动程序不带数字签名的原因有很多，比如某个设备，可能因为厂家不重视或者其他原因，没有将自己的产品送交 WHQL 测试，因此只能提供不带数字签名的驱动程序，但不带签名的驱动程序未必就是不可靠的。

在遇到需要安装这种没有数字签名的驱动程序时，如果这个设备很重要，或者寻找替代设备的代价过大，可以先确认正在使用的 Windows Vista 是 32 位版本，如图 7-20 所示。然后，完全可以冒险尝试安装，在弹出的安全提示窗口中单击"始终安装此驱动程序软件"选项开始安装。

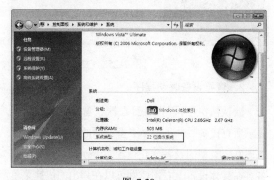

图 7-20

 64 位 Windows Vista 操作系统必须也只能安装带有数字签名的设备驱动程序。

7-13　如何安装其他形式的驱动程序

问：通常在安装完硬件设备后，Windows Vista 系统会自动搜索驱动程序，该形式的驱动程序大部分是以文件的形式存在的。请问如何安装其他形式的驱动程序？

答：通常，用户获得的驱动程序可以分为两种形式：安装程序和驱动文件。对于 Windows Vista 系统自动搜索驱动程序的安装方法都是采用搜索指定驱动文件的方式来实现的。而安装程序形式的驱动程序通常都有一个可执行文件，双击该执行文件即可启动安装，如图 7-21 所示。这里以 WHQL 认证的 NVIDIA GeForce 显卡 ForceWare 驱动程序的安装为例进行说明。

图 7-21

打开 NVIDIA 显卡驱动安装向导对话框（见图 7-22）。同一般安装应用软件的操作类似，选中 I accept the terms in the license agreement 单选按钮接受许可协议，单击 Next 按钮继续。

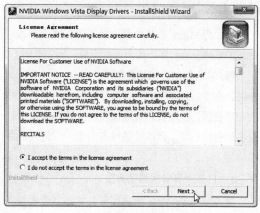

图 7-22

进入选择安装位置对话框（见图 7-23），单击 Change 按钮更改安装位置，建议不做更改，保持默认安装位置，单击 Next 按钮继续。

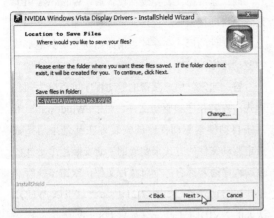

图 7-23

至此，安装前的设置完毕，进入 NVIDIA Windows Vista 显卡驱动程序安装向导欢迎界面。单击"下一步"按钮正式开始自动安装进程，直至安装结束。

当安装结束后，系统提示 NVIDIA Windows Vista 显卡驱动程序安装成功，在使用该程序前，需要重新启动计算机。默认选中"是，立即重新启动计算机"单选按钮，单击"完成"按钮重新启动计算机即可。

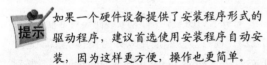

如果一个硬件设备提供了安装程序形式的驱动程序，建议首选使用安装程序自动安装，因为这样更方便，操作也更简单。

7-14 如何查看设备及其驱动状态

问：想知道计算机中都安装了哪些硬件设备、安装了哪些驱动程序，如何进行查看，该怎么做？

答：最简单的办法就是使用 Windows 设备管理器进行查看。设备管理器提供计算机上所安装硬件的图形视图。使用设备管理器可以安装和更新硬件设备的驱动程序、修改这些设备的硬件设置以及解决问题。

1. 打开设备管理器的方法

在 Windows Vista 中使用设备管理器查看设备驱动程序的方法如下：

在桌面右击"计算机"图标（见图 7-24），从弹出的快捷菜单中选择"管理"命令。打开"计算机管理"窗口，在窗口左侧任务树形图中单击"设备管理器"选项，窗口右侧将显示设备管理器。

图 7-24

还可以在桌面右击"计算机"图标，从弹出的快捷菜单中选择"属性"命令。打开"系统"窗口，在左侧任务列表中单击"设备管理器"选项，如图 7-25 所示。

图 7-25

2. 查看设备驱动程序

默认情况下，"设备管理器"窗口将按照类型显示所有设备。单击每一类型前面的加号图标就可以展开该类型的设备，并查看属于该类型的具体设备。在具体设备上右击，则可以在弹出的快捷菜单中直接执行相关命令，双击某个设备就可以打开相应设备的属性对话框，如图 7-26 所示。

切换到"驱动程序"选项卡，可以查看当前设备的名称以及设备驱动程序的开发商、版本等相关信息。有时候，一些设备的驱动程序是由多个文件组成的，需要单击"驱动程序详细信息"按钮，打开"驱动程序文件详细信息"对话框（见图7-27），查看到该设备驱动程序所包含的所有文件以及每个文件的状态。通常，带有数字签名的驱动文件前面都会有一个带有绿色对号的图标。

图 7-26

图 7-27

7-15　如何自动安装硬件驱动程序

问：听说 Windows Vista 在搜索驱动方面功能强大，当安装一个硬件设备后，会自动搜索其驱动程序。请问是否准确？

答： Windows Vista 在驱动安装方面确实功能强大。当系统发现一个新设备后，Windows Vista 首先会自动尝试读取设备的 BIOS 或固件内包含的即插即用标示信息，然后将设备内部包含的硬件 ID 号码和系统自带的驱动程序安装信息文件中包含的 ID 号码进行比对。如果能找到相符的硬件 ID，并且带有数字签名的驱动程序，Windows Vista 就会在不需要用户干涉的前提下安装正确的驱动程序。

当用户将设备安装后，系统自动在系统托盘区显示气球图标，提示正在安装设备驱动程序软件，如图 7-28 所示。

图 7-28

单击气球图标，即可打开"发现新硬件"对话框（见图7-29），单击"查找并安装驱动程序软件"选项，即可快速搜索、安装设备驱动程序，如图7-30所示。

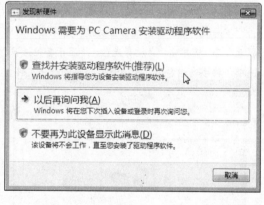

图 7-29

图 7-30

驱动程序安装完成后，系统自动提示用户完成驱动程序的安装，单击"关闭"按钮关闭对话框，如图 7-31 所示。

图 7-31

7-16 如何手动安装硬件驱动程序

问：如果 Windows Vista 在微软的网站中没有搜索到设备的驱动程序，该怎么办？

答：如果找不到驱动程序，或者系统自带的驱动程序无法让设备正常工作，就需要手动安装设备厂商提供的驱动程序。手动安装硬件驱动程序的具体操作步骤如下：

第1步 如果在微软的网站上没有搜索到设备的驱动程序，系统会弹出"找到新的硬件"对话框（见图 7-32），提示用户放入设备自带的光盘，单击"下一步"按钮，系统将自动搜索该光盘以获取驱动程序。若单击"我没有光盘，请显示其他选项"选项，将手动指定保存于硬盘上的驱动程序文件。

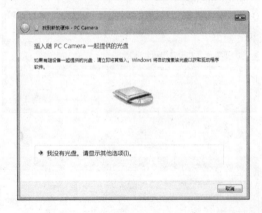

图 7-32

第2步 进入"Windows 无法找到设备的驱动程序软件"对话框，单击"浏览计算机以查找驱动程序软件"选项，如图 7-33 所示。

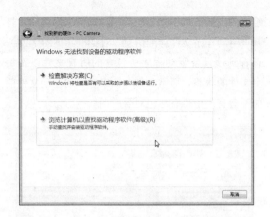

图 7-33

第3步 进入"浏览计算机上的驱动程序文件"对话框，指定保存在硬盘上的驱动程序文件。单击"浏览"按钮，选择保存设备驱动文件的文件夹，选定后单击"下一步"按钮，如图 7-34 所示。

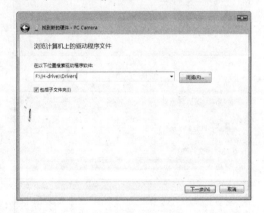

图 7-34

第4步 Windows Vista 开始在指定的文件夹中搜索设备的驱动程序文件，如果找到了合适的驱动文件，会自动完成剩余的安装和配置过程，直至提示成功安装了该设备的软件。单击"关闭"按钮退出新硬件向导，如图 7-35 所示。

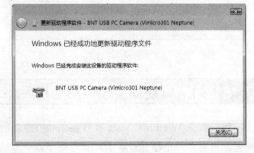

图 7-35

7-17　如何更新驱动程序

问： 为了解决老版本驱动程序中存在的缺陷和漏洞或为了使硬件设备提供更完善的功能，最好的方法莫过于更新硬件驱动程序了。请问如何进行驱动程序的更新呢？

答： 驱动程序和一般应用软件一样，也会经常升级的，这些升级有些是为了解决老版本中存在的缺陷和漏洞，有些则是为了提供更完善的功能。因此，在必要的时候，用户可以为自己的硬件驱动程序升级。更新驱动程序的具体操作如下：

第 1 步 在设备管理器窗口中双击要升级驱动程序的设备，打开设备属性对话框，切换到"驱动程序"选项卡，单击"更新驱动程序"按钮，如图7-36 所示。

图 7-36

第 2 步 打开"更新驱动程序软件"对话框，如图 7-37 所示。该对话框询问如何搜索驱动程序软件，提供了自动搜索更新和手动查找本地计算机两种方式，单击合适的选项根据提示完成更新操作，如单击"自动搜索更新的驱动程序软件"选项，系统会自动在计算机和 Internet 上搜索，以获取设备最新的驱动程序软件。

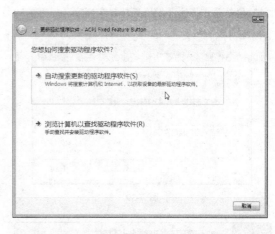

图 7-37

7-18　如何卸载驱动程序

问： 如果不再打算使用某个设备，或者打算升级某个设备的驱动程序，希望在升级之前将老版本的驱动程序完全卸载，则需要卸载驱动程序。请问如何卸载驱动程序？

答： 其实卸载老版本或不用的设备驱动程序很简单，只需在设备管理器中即可完成卸载操作。其具体的操作步骤如下：

第 1 步 在设备管理器窗口中双击要卸载的设备，打开其对应的设备属性对话框，切换到"驱动程序"选项卡下，单击"卸载"按钮，如图 7-38 所示。

图 7-38

第 2 步 打开"确认设备卸载"对话框，选中"删除此设备的驱动程序软件"复选框，再单击"确

定"按钮即可将该设备的驱动程序删除, 如图 7-39
所示。

图 7-39

7-19 如何回滚驱动程序

问: 在 Windows XP 下, 当用户升级硬件驱动
失败后, 可以在设备管理器中通过"返回驱动程序"
功能解决问题。请问在 Windows Vista 系统下是否
可以使用该功能?

答: 在 Windows Vista 系统中, 这一优良功能
被继承下来了, 只不过在这个新操作系统中, 微软
给该功能启用了一个新名字"回滚驱动程序"。

在"设备管理器"窗口中双击要回滚驱动程序
的设备, 打开设备属性对话框, 切换到"驱动程序"
选项卡下, 单击"回滚驱动程序"按钮, 如图 7-40
所示。

图 7-40

弹出回滚驱动程序软件的确认信息, 单击
"是"按钮即可完成驱动程序的回滚操作, 如图
7-41 所示。

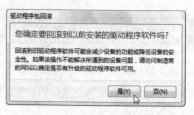

图 7-41

7-20 Windows Vista 在驱动程序方面做了哪些改进

问: Windows Vista 在驱动程序方面与以前的
Windows 操作系统相比, 有哪些改进?

答: 对于老版本的 Windows 操作系统, 硬件设
备的驱动程序是工作在系统内核模式下的, 该设计
包括两点不足, 一是大部分的硬件设备不支持热插
拔, 即安装设备前需要关闭计算机, 然后安装硬件
设备, 在安装驱动程序后需要重新启动计算机; 二
是一旦某个设备的驱动程序发生故障, 则会影响整
个系统。

而在 Windows Vista 系统下, 硬件设备的驱动
程序改变不少, 具体包括以下 3 个方面:

- 硬件设备的驱动程序是工作在用户模式下的。
- 一般非关键硬件设备安装后, 不需要启动
  计算机, 安装后即可生效。
- 即使驱动程序存在设计上的缺陷, 只能导
  致该设备相关的功能失效, 而无法影响到
  整个系统。

用户模式下可方便用户对某个硬件设备完成
以前无法实现的功能。以声卡为例, 可单独针对每
个应用程序来调整音量, 如图 7-42 所示。

图 7-42

7-21 其他系统版本驱动可用于 Windows Vista 吗

问：对于很老的设备，可能没有专门针对 Windows Vista 的驱动程序，如果使用老版本操作系统中的驱动程序可以吗？

答：如果 Windows Vista 自带的驱动程序中没有支持该设备的，而该设备自带的驱动程序也没有针对 Windows Vista 的版本，这时建议访问设备制造商的网站。通常，制造商会自动提供专门的驱动程序如果没有发现最新的驱动程序，可到专业的驱动程序网站中搜索、下载。

对于大部分的设备，针对于 Windows 2000/XP 编写的驱动程序也许可以用于 Windows Vista 系统。而对于 Windows 98/Me/NT 编写的驱动程序则无法用于 Windows Vista 系统。

Chapter

8

用户账户管理

如果计算机是多人使用，不利于个人的隐私保护，就需要对个人账户进行管理。本章针对用户在账户管理方面的疑难进行详细的解析，帮助用户快速掌握 Windows Vista 中全新的账户管理功能，使整个操作系统更加安全高效。

8-1　Windows Vista 用户账户有哪些类型

问：在使用 Windows Vista 系统运行某个程序时，不同的用户账户类型与运行所得结果会有所差异，所以在设置用户账户之前需要先清楚 Windows Vista 系统里包含的几种账户类型。请问 Windows Vista 有哪些类型的用户账户？

答：在 Windows Vista 中，用户账户分为 3 种类型，即管理员账户、标准用户账户和来宾账户。

1. 管理员账户

此类账户拥有对全系统的控制权，能改变系统设置，可以安装、删除程序、访问计算机上所有的文件。除此之外，此账户还可创建和删除计算机上的用户账户，可以更改其他用户的账户名、图片、密码和账户类型。

2. 标准用户账户

标准用户账户允许用户使用计算机的大多数功能，但是如果要进行的更改会影响计算机的其他用户或系统安全，则需要管理员的许可认证。标准用户账户可以使用计算机上安装的大多数程序，但是无法安装或卸载软件和硬件，也无法删除计算机运行所必需的文件或者更改计算机上会影响其他用户的设置。

3. 来宾账户

来宾账户属于临时性的账户类型，主要是方便一些在计算机上没有用户账户的人使用。此类账户的操作权限最小，它允许人们使用计算机，但没有访问个人文件的权限。无法使用来宾账户的人无法安装软件或硬件，无法更改设置或者创建密码。默认情况下来宾账户是没有激活的，因此必须激活后才能使用。

在 Windows Vista 系统中至少要有一个计算机管理员账户。在只有一个计算机管理员账户的情况下，该账户不能将自己改成标准账户。每种账户类型为用户提供不同的计算机控制级别。用户可根据需要自行设置用户账户的管理类型。

8-2　怎样创建用户账户

问：创建一个用户账号，就意味着允许该用户具有管理和访问该计算机上文件的权限，所以在创建用户账号时应十分注意账号的权限问题。请问如何创建一个用户账户？

答：如果需要在 Windows Vista 系统中创建一个新账户，可按如下步骤进行：

第 1 步 打开"控制面板"窗口，在"用户账户和家庭安全"选项下单击"添加或删除用户账户"链接，打开"选择希望更改的账户"窗口，如图 8-1 所示。

图 8-1

第 2 步 用户在该对话框中可以看到系统已创建了一个管理员账户和一个来宾账户；单击下方的"创建一个新账户"链接，进入"创建新账户"窗口，如图 8-2 所示。

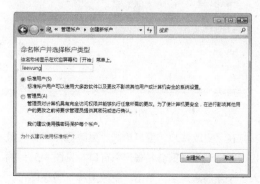

图 8-2

第 3 步 给账户设定一个登录名称（如 "leewung"）。默认选中的账户类型为"标准用户"，单击"创建账户"按钮。返回管理账户窗口后，即可看到新创建的用户账户名，如图 8-3 所示。

图 8-3

> **提示** 通常情况下选择"标准用户"即可。而一个操作系统中，建议只创建一个管理员账户。

8-3 怎样更改账户名称

问：如果用户感觉自己创建的账户名称不合适，是否可以进行更改？如何进行更改？

答：在管理账户窗口中单击选择希望更改的账户，即可进入该用户的更改账户窗口（见图 8-4），在这里可以进行更改账户名称、创建密码、更改图片、更改账户类型、删除账户等操作。

图 8-4

在"更改账户"窗口单击"更改账户名称"链接，即可进入"重命名账户"窗口（见图 8-5）。输入一个新的账户名，单击"更改名称"按钮即可。

图 8-5

8-4 如何更改账户密码

问：如果用户在创建用户账户时设置了比较简单的密码或空密码，则对系统的安全造成一定的影响，如何更改重新设置密码呢？

答：创建密码将保证用户账户的安全，如果没有密码，或是密码设置过于简单，都会使自己保存在计算机中的信息失去保护。在管理账户窗口中单击选择希望更改的账户，即可进入该用户的更改账户窗口，单击"创建密码"链接进入创建密码窗口，如图 8-6 所示。输入账户密码并确认，单击"创建密码"按钮即可更改账户密码。

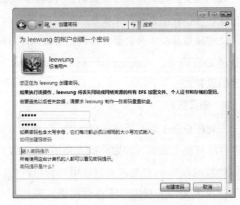

图 8-6

8-5 如何更改账户图片

问：在创建用户账户时系统自动分配了一张用户账户图片，如果用户需要更改该图片，则应该如何进行修改？

答：更改图片可以修改显示在"开始"菜单顶部和欢迎屏幕上的账户图片。在管理账户窗口中单击选择希望更改的账户，即可进入该用户的更改账户窗口，单击"更改图片"链接即可进入选择图片窗口，为账户选择一个图片并单击选中，然后单击"更改图片"按钮即可，如图 8-7 所示。

图 8-7

8-6　如何更改账户类型

问：在账户使用一段时间后，可能会提出请求，要求更改使用权限。请问如何进行账户类型的修改？

答：如果觉得这个账户的使用是有安全保证的，可以将其从标准用户提升为管理员账户（不能将管理员账户改成标准用户）。在管理账户窗口中单击选择希望更改的账户，即可进入该用户的更改账户窗口，单击"更改账户类型"链接，即可进入更改账户类型窗口，选中"管理员"单选按钮，单击"更改账户类型"按钮即可，如图 8-8 所示。

图 8-8

8-7　如何删除用户账户

问：如果想要删除某个用户，该怎么办？

答：如果不需要某个账户，可以将其删除以确保系统安全。在管理账户窗口中单击选择希望更改的账户，即可进入该用户的更改账户窗口，单击"删除账户"链接，即可进入提示是否保留账户文件的窗口，如图 8-9 所示。

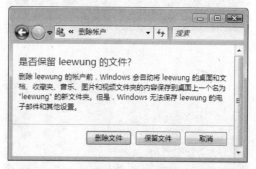

图 8-9

单击"删除文件"按钮进入提示是否删除该用户账户的窗口，如图 8-10 所示，单击"删除账户"按钮即可删除该账户。

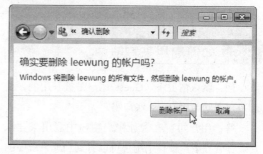

图 8-10

8-8　如何切换用户账户

问：当某类操作需要在管理员账户和普通账户之间来回操作时，就需要切换用户账户。请问如何进行各用户账户的切换？

答：在 Windows Vista 系统中，账户的切换可以通过按下键盘上的【Ctrl+Alt+Del】组合键后，在出现的操作界面中单击"切换用户"按钮（见图 8-11），然后在出现的账户登录界面下，选择账户并重新输入账户登录密码即可，如图 8-12 所示。

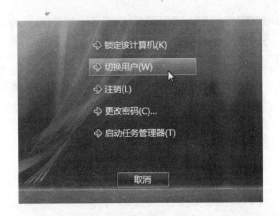

图 8-11

图 8-12

8-9 如何启用来宾账户

问：默认情况下，Guest 账户是被禁用的，请问可以手动启用 Guest 账户吗？

答：用户可以在管理账户窗口中启用来宾账户。在管理账户窗口中用户可以看到当前系统中的用户账户列表，如图 8-13 所示。

图 8-13

单击"Guest"图标按钮，进入"打开来宾账户"窗口，询问是否启用来宾账户，单击"开"按钮即可启用来宾账户，如图 8-14 所示。

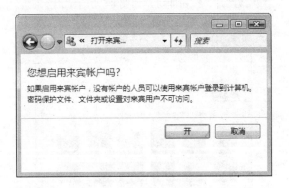

图 8-14

8-10 如何设置密码规则

问：在进行用户账户的安全的管理的同时，为用户账户的密码设置一个切实可靠的规则，成为很多管理员的管理用户账号的方法。能否介绍一下如何设置密码规则？

答：设置密码规则可在"计算机管理"窗口中进行，如图 8-15 所示。

图 8-15

在"本地用户和组"管理单元左侧的控制台树中单击"用户"分支，在右侧的窗格中双击所需设置的用户账户，打开账户属性对话框。在"常规"选项卡下，可以通过"用户下次登录时须更改密码"、"用户不能更改密码"、"密码永不过期"复选框设置密码规则，如图 8-16 所示。

图 8-16

8-11 如何启用/禁用账户

问：对于一些平时不经常使用，但是却非常重要的用户账户。能否采取一定的方法将其禁用，而在需要使用的时候启用？

答：右击"计算机"图标，在其快捷菜单中选择"管理"命令，在左侧窗口中依次展开"计算机管理（本地）"|"管理工具"|"本地用户和组"|"用户"。在右侧的窗格中双击所需设置的用户账户，打开账户属性对话框，如图 8-17 所示。

图 8-17

如果选中"账户已禁用"复选框则禁用该用户

账户；如果取消选中该选项，则启用该用户账户。

8-12 如何更改用户组关系

问：用户组主要管理不同类别的用户账户，那么如何实现将一个用户账户向另一个用户账户的转移呢？

答：如果要想设置该账户属于其他的用户组，可以使用"本地用户和组"管理单元。其具体的操作步骤如下：

第1步 右击桌面的"计算机"图标，在其快捷菜单中选择"管理"命令，打开"计算机管理"窗口。

第2步 在"本地用户和组"管理单元左侧的控制台树中单击"用户"分支，在右侧的详细窗格中双击所需设置的用户账户，打开账户属性对话框，如图 8-18 所示。

图 8-18

第3步 切换到"隶属于"选项卡，单击"添加"按钮，打开"选择组"对话框，单击"高级"按钮，如图 8-19 所示。

图 8-19

第 4 步 展开"选择组"对话框,单击"立即查找"按钮。在"搜索结果"列表中,选择所需加入的用户组,单击"确定"按钮即可,如图 8-20 所示。

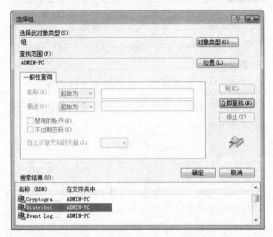

图 8-20

8-13 如何设置账户密码策略

问:为了保护各个用户账户的密码安全,可以采取哪些切实有效的密码策略呢?

答:在 Windows Vista 中,可以通过"本地安全策略"管理单元来设置账户策略,以便更好地保护用户账户密码的安全。在开始菜单的"开始搜索"框中输入"本地安全策略"(或 secpol.msc),按【Enter】键即可打开"本地安全策略"窗口,如图8-21 所示。

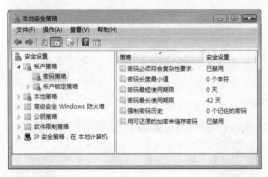

图 8-21

在打开的"本地安全策略"窗口左侧的控制台树中展开"账户策略"|"密码策略"即可在右侧详细窗格中查看可用的密码策略。

1. 密码必须符合复杂性要求

启用此策略,密码必须符合下列最低要求。

- 不能包含用户名或者用户全名中超过两个连续字符的部分。
- 至少有 6 个字符长。
- 包含以下 4 类字符中的 3 类字符:
  - ◆ 英文大写字母(A~Z)。
  - ◆ 英文小写字母(a~z)。
  - ◆ 10 个基本数字(0~9)。
  - ◆ 非字母字符(例如!、$、#、%)。

推荐启用该策略,双击该策略项,在打开的属性对话框中,选中"已启用"单选按钮,单击"确定"按钮保存即可。

2. 密码长度最小值

此安全设置确定用户账户密码包含的最少字符数。可以将值设置为介于 1 和 14 个字符之间,或者将字符数设置为 0 以确定不需要密码。要启用该策略,双击该策略项,在打开的属性对话框内输入合适的密码长度数值,单击"确定"按钮保存即可。

3. 密码最短使用期限

此安全设置确定在用户更改某个密码之前必须使用该密码一段时间(以天为单位)。可以设置一个介于 1 和 998 天之间的值,或者将天数设置为 0,允许立即更改密码。要启用该策略,双击该策略项,在打开的属性对话框内输入合适的天数,单击"确定"按钮保存即可。

4. 密码最长使用期限

此安全设置确定在系统要求用户更改某个密码之前可以使用该密码的期间(以天为单位)。可以将密码设置为在某些天数(介于 1~999 之间)后到期,或者将天数设置为 0,指定密码永不过期。要启用该策略,双击该策略项,在打开的属性对话框内输入合适的天数,单击"确定"按钮保存即可。

5. 强制密码历史

该策略可以确保旧的密码不会被重新启用,从而提升账户安全性。要启用该策略,双击该策略项,在打开的属性对话框内输入所记忆的旧密码的个数,单击"确定"按钮保存即可。

6. 用户可还原的密码来存储密码

该策略项会把密码以明文的形式保存,而不是加密保存,这样会严重损害账户密码的安全性,除非是某些重要的应用程序需要访问明文的密码,否则应该确保禁用该策略项。

8-14　如何设置账户锁定策略

问: 如果用户为 Windows Vista 设置了不够"强壮"的密码,则非法用户很容易通过多次重试"猜"出用户密码而登录系统,存在很大的数据风险。如何设置安全的账户策略?

答: 建议设置账户锁定策略。Windows Vista 的账户锁定策略即当某一用户尝试登录系统时,如果 Windows Vista 检测到其输入错误密码的次数达到一定阈值,比如说 10 次,即自动将该账户锁定,在账户锁定期满之前,该用户将不可使用,除非管理员手动解除锁定,大大提高了系统的安全。设置用户账户锁定策略的操作步骤如下:

第 1 步 单击"开始"按钮,在"开始搜索"栏中输入 Secpol.msc,按【Enter】键打开"本地安全策略编辑器"窗口。

第 2 步 在左侧窗口依次展开"账户策略"|"账户锁定策略"选项。右击"账户锁定阈值"选项,在其快捷菜单中选择"属性"命令,打开其属性对话框,如图 8-22 所示。

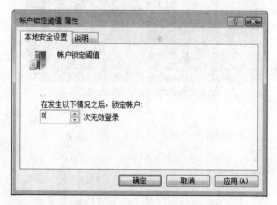

图 8-22

第 3 步 设置触发用户账户被锁定的登录尝试

失败的次数,如"8"。

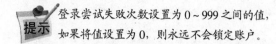
提示 登录尝试失败次数设置为 0 ~ 999 之间的值,如果将值设置为 0,则永远不会锁定账户。

第 4 步 单击"确定"按钮,系统自动为用户设置账户锁定时间与复位账户锁定计数器的时间间隔,如图 8-23 所示。

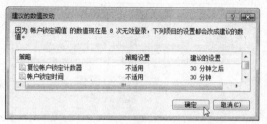

图 8-23

第 5 步 单击"确定"按钮即可完成设置。

8-15　如何实现 Windows Vista 自动登录

问: 在使用 Windows Vista 实现系统登录时,需要输入登录账户名和正确的密码信息,这可以防止系统被其他用户使用,在一定程度上提高系统的安全性。不过,对于那些非多人共用的计算机用户而言,有时候可能会厌烦这样每次都要登录的方式,而希望让 Vista 启动后自动以默认用户的身份登录系统,请问如何实现 Windows Vista 的自动登录?

答: 要实现 Windows Vista 的自动登录,有很多种方式可以实现,如通过组策略编辑器等,但大都非常烦琐,往往要求用户有一定的操作水平,下面介绍两种实现自动登录的方法:

方法一:

按【Win+R】组合键,在打开的"运行"对话框内输入 rundll32 netplwiz.dll,UsersRunDll(注意区分大小写),单击"确定"按钮或按【Enter】键,打开"用户账户"对话框(见图 8-24),选中进行自动登录的账户名称,然后取消选中"要使用本机,用户必须输入用户名密码"复选框,单击"确定"按钮,打开"自动登录"对话框(见图 8-25),在该对话框内输入以自动登录方式登录的用户名、密码，单击"确定"按钮即可。

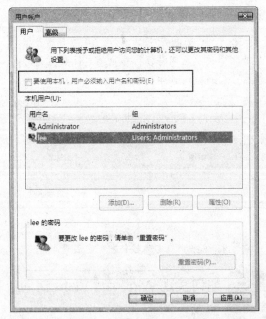

图 8-24

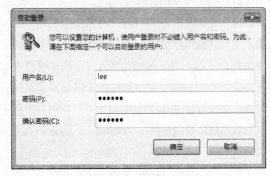

图 8-25

方法二：

进入"注册表编辑器"窗口，依次展开如下目录 HKLM \ Software \ Microsoft \ Windows NT\ Current Version\Winlogon，找到 AutoAdminLogon，设置其键值为"1"，然后新建两个字符串值：DefaultUser Name 和 DefaultPassword，将上面两个字符串值的键值设置为想自动登录的用户名和密码，Windows Vista 自动登录功能即可实现，如图 8-26 所示。

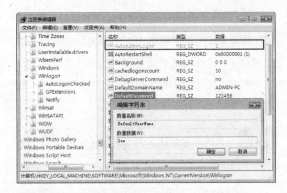

图 8-26

8-16 如何使用 net user 命令添加/删除账户

问：如果想要在命令行状态下创建用户账户，则如何实现？

答：单击"开始"按钮，选择"所有程序"｜"附件"｜"命令提示符"命令，打开"命令提示符"窗口。如果需要在 Windows Vista 命令提示符状态下添加或删除用户账户可参照如下方法。

1．添加用户账户

在"命令提示符"窗口中输入"net user 用户账户名 密码 /add"命令（如 net user hsf 123456 /add），按【Enter】键即可创建一个账户名为"hsf"且密码为"123456"的标准用户账户，如图 8-27 所示。

图 8-27

2．删除用户账户

如果需要删除某个用户账户则需要在"命令提示符"窗口中输入"net user 用户账户名 /del"命令（如"net user hsf /del"），按【Enter】键即可删除名为"hsf"的账户。

通常用户创建的密码比较简单，为了增强系统的安全性，建议使用系统随机创建的强密码，如图 8-28 所示。

图 8-28

8-17　如何在欢迎屏幕上隐藏某个用户账户

问：我们创建的用户账户（激活的账户），都可以在欢迎屏幕上显示。如果想将某个用户账户在欢迎屏幕中隐藏，应该如何操作？

答：在欢迎屏幕上隐藏某个用户账户的具体操作如下：

第 1 步 单击"开始"菜单，在"开始搜索"文本框中输入"regedit"，按【Enter】键，打开"注册表编辑器"窗口，如图 8-29 所示。

图 8-29

第 2 步 在窗口左侧的树型目录中依次展开 HKEY_LOCAL_MACHINE\SOFTWARE\Microsoft\Windows NT\CurrentVersion\Winlogon 子项。

第 3 步 新建一个 SpecialAccounts 子项，并且在新建的 SpecialAccounts 子项下新建一个 Userlist 子项。

第 4 步 选中 Userlist 子项，右击右侧窗口，在其快捷菜单中选择"新建"|"DWORD（32 位）值"命令，修改其名称为所隐藏的用户账户名称（如

"leewung"）。

第 4 步 右击所隐藏的用户账户名称，在其快捷菜单中选择"修改"命令，确保其数值数据为"0"。

重新启动计算机，则在欢迎屏幕中用户账户"leewung"被隐藏，并且在"用户管理"窗口中也无法显示。

 如果需要使用隐藏的账户登录系统，则需要在注册表中将上述第 4 步中的数值数据改为"1"。

8-18　找回系统登录密码的方法有哪些

问：在安全问题逐渐被人们重视的情况下，人们想方设法提高 Windows Vista 系统安全保护级别，例如设置复杂密码等。但是当用户忘记密码时，如何找回自己的系统登录密码？

答：找回自己的系统登录密码的方法包括以下几种：

1. 密码提示问题

当安装 Windows Vista 系统设置密码时，用户还需要添加一个名为"密码提示问题"的参数。用户可通过"密码提示问题"提示用户输入先前设置的答案，当回答正确后，这个信息可以帮助用户找回自己忘记的密码。

"密码提示问题"并不会在每次登录系统时显示，只有在输入密码错误的时候才会显示出来。

2. 密码重置盘

"密码提示问题"功能只能够给予用户回忆密码一定的帮助，并不能够彻底地解决密码遗忘的问题。另外如果密码提示问题设置得太过明显，那么很有可能密码被非法用户猜测出来，从而带来了更大的危害。另外，Windows Vista 系统中还为普通用户提供了一个"密码重置"功能，用户可以在进入系统后创建一个"密码重置盘"，这样通过这个密码重设 U 盘，随时更改用户密码，不用再担心忘记密码问题的发生。

8-19 如何创建密码重置盘

问：虽然使用密码重置盘比"密码提示问题"功能更加安全、方便，但是设置密码重置盘的步骤较为烦琐，是否可以介绍一下？

答：用户可以利用"本地用户和组"管理单元重设密码，但是会导致无法访问账户原有私有信息，具有一定的局限性。因此推荐为每个用户创建相应的密码重置盘。其具体的操作步骤如下：

第 1 步 打开"控制面板"窗口，单击"更改密码"链接进入"用户账户"窗口，在窗口左侧的任务列表中单击"创建密码重设盘"链接。如图 8-30 所示。

图 8-30

第 2 步 启动忘记密码向导，在"欢迎使用忘记密码向导"对话框中单击"下一步"按钮，进入"创建密码重置盘"对话框，向导提示选择移动磁盘或软盘，以便保存账户的密码信息。这里以"可移动磁盘"为例，选择"可移动磁盘"选项，单击"下一步"按钮，如图 8-31 所示。

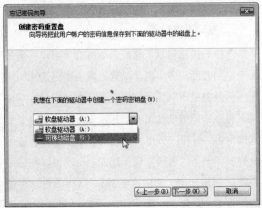

图 8-31

第 3 步 进入"当前用户账户密码"对话框，向导提示输入当前登录账户的密码，在"当前用户账户密码"文本框中输入当前登录账户的密码。单击"下一步"按钮即可创建密码重置盘，如图 8-32 所示。

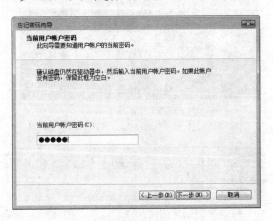

图 8-32

第 4 步 在向导窗口中显示创建的进度，待创建完毕，单击"下一步"按钮，如图 8-33 所示。

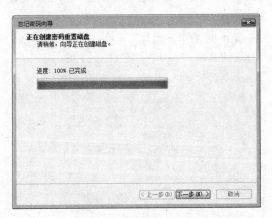

图 8-33

第 5 步 打开"完成密码向导"对话框，单击"完成"按钮，即可结束本次向导。取出新创建的密码恢复磁盘，妥善保存即可。

8-20 如何使用密码重置盘

问：密码重置盘设置好以后，如果丢失密码，则如何使用密码重置盘找回遗忘的密码呢？

答：如果忘记密码，在登录时可在欢迎屏幕上输入错误的密码，系统会提示密码错误，返回重新录入时，会出现"重设密码的提示"，如图 8-34 所示。

图 8-34

单击"重设密码"链接，弹出"重置密码向导"对话框，提示欢迎使用密码重置向导，单击"下一步"按钮，打开"插入密码重置盘"对话框，插入先前为该账户创建的密码重设盘并选中，单击"下一步"按钮，如图 8-35 所示。

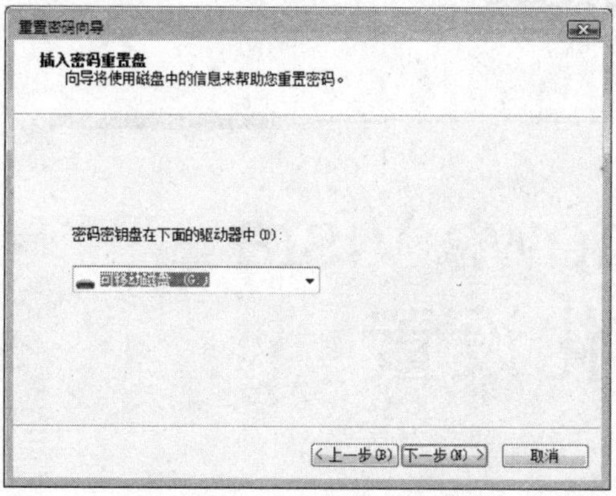

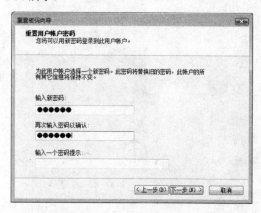

图 8-36

打开"重置用户账户密码"对话框，输入新密码并再次输入确认后，单击"下一步"按钮，如图 8-36 所示。

重置密码向导提示正在完成密码重置向导。单击"完成"按钮结束本次向导，然后用新的账户密码登录即可。

图 8-35

Chapter

9

Windows Vista
个性化设置

　　每个用户都想体现自己与众不同的个性魅力，
对工作环境的个性化设置更是不可忽视的问题。本
章将介绍如何个性化 Windows Vista 的工作环境。
对 Windows Vista 进行个性化设置可以体现自己独
特的个性特点，更重要的是可以使 Windows Vista
更符合个人的工作习惯，提高工作效率。

9-1 如何修改启动画面

问：我们自使用 Windows 系统以来，系统启动都有 Windows 的系统启动画面，但是 Windows Vista 却没有启动画面，这是为什么？

答：Windows Vista 启动时只有滚动条的画面，就是启动初始屏幕，如果觉得枯燥，可以设置启动时不显示 Windows 初始屏幕。

第 1 步 在开始菜单中的"开始搜索"文本框中输入 msconfig 后按【Enter】键，打开"系统配置"对话框，如图 9-1 所示。

图 9-1

第 2 步 切换到"启动"选项卡，在"启动选项"选项区域中选中"无 GUI 启动"复选框。

第 3 步 单击"确定"按钮，重新启动就能看到不一样的启动画面。

9-2 怎样启用经典登录模式

问：习惯了使用 Windows 2000 与 Windows XP 的经典登录方式（登录时需要输入用户名与密码），总感觉 Windows Vista 中使用欢迎屏幕登录的方式有点别扭，是否可以使 Windows Vista 使用经典登录模式？

答：在 Windows Vista 中用户默认只能使用欢迎屏幕登录。用户可以通过修改本地安全策略来让 Windows Vista 使用经典登录方式。

第 1 步 在"控制面板"窗口中单击"系统与维护"｜"管理工具"｜"本地安全策略"按钮，启动本地安全策略编辑器。

第 2 步 在左侧栏中展开"本地策略"分支，打开其中的"安全选项"选项，在右侧栏中双击"交互式登录：不显示最后的用户名"选项，如图 9-2 所示。

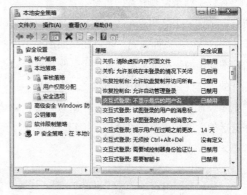

图 9-2

第 3 步 在弹出的对话框中选中"已启用"单选按钮，如图 9-3 所示。

图 9-3

第 4 步 同样地，双击"交互式登录：无须按【Ctrl+Alt+Del】组合键，在弹出的对话框中选中"已禁用"单选按钮。

第 5 步 关闭本地安全策略编辑器，重新启动。会发现登录时需要按下【Ctrl+Alt+Del】组合键，并且登录窗口变成了需要输入用户名与密码的经典方式了。

9-3 怎样设置桌面主题

问：如何更改 Windows Vista 的桌面主题？

答：主题是可视元素的集合，它会影响窗口、图标、字体、颜色和声音（有时）的样式。要更改 Windows Vista 桌面主题，可以在桌面的空白处右击，在弹出的快捷菜单中选择"个性化"命令，在打开的"个性化"窗口中单击"主题"选项，打开"主题设置"对话框，在"主题"下拉列表框中选择合适的主题，再单击"确定"按钮，如图 9-4 所示。

图 9-4

 首先必须安装某个主题，才能在可用主题列表中看到它。

9-4 怎样设置窗口边框颜色

问：怎样更改 Windows Vista 窗口边框颜色？

答：要更改窗口边框颜色，可以右击桌面选择"个性化"命令，在打开的"个性化"窗口中单击"Windows 颜色和外观"链接。打开"Windows 颜色和外观"窗口（见图 9-5），在颜色列表中选择所需的颜色，然后单击"确定"按钮即可。

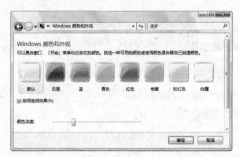

图 9-5

 如果看到的是"外观设置"对话框，而不是"Windows 颜色和外观"窗口，则主题可能未设为 Windows Vista，配色方案可能未设为 Windows Aero，或计算机不符合运行 Windows Aero 的最低硬件要求。

9-5 怎样设置桌面背景

问：怎样设置 Windows Vista 桌面背景？

答：在桌面上，除了桌面上的图标以外，影响美观的就是桌面背景了。在 Windows Vista 中，用户可以选择 Windows 自带的背景之一，也可以从自己的收藏中选择喜欢的图片，或者使用纯色背景。

第1步 在桌面空白处右击，在弹出的快捷菜单中选择"个性化"命令，打开个性化设置窗口。在右侧"个性化外观和声音"窗格中单击"桌面背景"链接，如图 9-6 所示。

图 9-6

第2步 打开"桌面背景"窗口，如图 9-7 所示。

① 在"图片位置"下拉列表框中选择桌面背景类型，或单击"浏览"按钮选择图片所在的位置。

② 选择一个墙纸图片并设定图片定位的方式。

③ 最后单击"确定"按钮完成桌面背景设置。

图 9-7

小知识

在"桌面背景"窗口下面列举了图片在桌面上的 3 种显示方式。

- 适应屏幕：使图片的大小与屏幕大小相匹配。
- 平铺：将图片以平铺的形式放在桌面上。
- 居中：将图片以上下和左右居中的形式放在桌面上。

9-6 怎样使用梦幻桌面背景

问：什么是梦幻桌面？我该如何使用梦幻桌面背景？

答：梦幻桌面（DreamScene）是微软专门为旗舰版用户开发的一套动态桌面程序。能够用一段动态视频来替代原本枯燥的桌面壁纸。Windows Vista Ultimate 版的用户可以通过自动更新下载 DreamScene 梦幻桌面，享受顶级版本 Vista 的专有特性。用户也可以直接下载 DeskScapes 软件实现该功能，并使用同样免费的 DreamMaker 软件来制作自己的梦幻桌面，这些软件同样必须安装在 Vista Ultimate 版下。

由于 DreamScene 是专为旗舰版用户所定制，因此 Ultimate 版的用户必须确认已经开启自动更新并且下载安装了 Windows DreamScene 内容包，查看更新的历史记录，如图 9-8 所示。

图 9-8

如果已经安装了 Windows DreamScene 内容包，还需要进入"选择桌面背景"窗口，在"位置"下拉列表框中选择"Windows DreamScene 内容"（见图 9-9），然后在下方的预览窗口选择合适的梦幻桌面，再单击"确定"按钮即可享受动态桌面的视觉盛宴了。

图 9-9

9-7 怎样提取梦幻桌面文件

问：从网上下载了一些梦幻桌面.dream 文件，发现并不能直接用于设置桌面背景，该如何提取这类文件并设置成桌面背景呢？

答：Windows Vista 梦幻桌面中有一类格式为

dream 的视频文件。用户可以使用 DeskScapes 把它提取成 mpg 或 wmv 文件，这样一来可以很方便地在没安装 DeskScapes 的计算机上播放或设置成桌面背景。

安装 DeskScapes 后双击.dream 文件，再打开计算机资源管理器，进入"系统盘"|"ProgramData"|"Stardock"|"DeskScapes"|"ExtractedData"即可看到以.dream 文件名命名的文件夹（见图 9-10），里面就有 mpg 或 wmv 文件。这些文件可以直接设为桌面背景了。

图 9-10

 提示 DeskScapes 软件可以在随书赠送的光盘中找到，同时光盘还收藏了一些精美的梦幻桌面 dream 文件供用户使用。

9-8 如何设置屏幕保护

问：在 Windows Vista 中，如何设置屏幕保护？

答：Windows Vista 提供了屏幕保护功能，在一段时间用户没有进行操作的前提下，屏幕保护程序会自动启动，显示较暗的或者活动的画面，从而保护显示器屏幕。

设置屏幕保护程序的操作步骤如下：

第 1 步 在桌面上空白处右击，在弹出的快捷菜单中选择"个性化"命令，打开"个性化"设置窗口。在右侧"个性化外观和声音"窗格中单击"屏幕保护程序"链接，如图 9-11 所示。

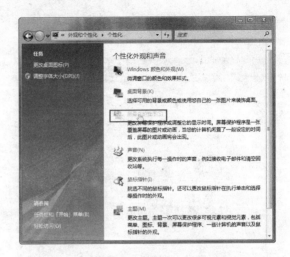

图 9-11

第 2 步 打开"屏幕保护程序设置"对话框。

① 在"屏幕保护程序"下拉列表框中选择一种屏幕保护程序，如图 9-12 所示。

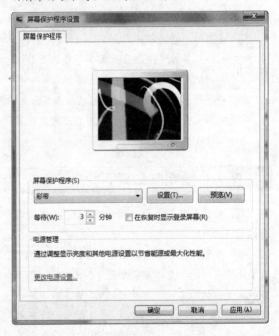

图 9-12

② 在"等待"文本框中设置需要等待的时间。

③ 单击"确定"按钮。

提示 如果希望用密码保护屏幕保护程序，还可以选中"在恢复时显示登录屏幕"复选框。

9-9 怎样设置分辨率和刷新率

问： 怎样修改 Windows Vista 显示分辨率和刷新率？

答： 显示分辨率是指显示器上显示的像素数量，分辨率越高，显示器显示的像素就越多，屏幕区域就越大，可以显示的内容就越多，反之则越少。显示颜色是指显示器可以显示的颜色数量，颜色数量越高，显示的图像色彩就越逼真，颜色越少，显示的图像色彩就越失真。

可以通过如下方式设定显示分辨率与颜色。

第 1 步 在桌面上空白处右击，在弹出的快捷菜单中选择"个性化"命令，打开个性化设置窗口。在右侧"个性化外观和声音"窗格中单击"显示设置"链接。

第 2 步 在随后弹出的如图 9-13 所示的"显示设置"对话框中，用户可以设置显示分辨率和显卡的颜色位数。

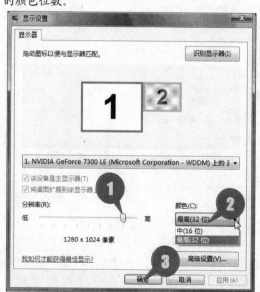

图 9-13

① 拖动"分辨率"滑块，可以调整屏幕分辨率。

② 在"颜色"下拉列表框中选择颜色位数。

③ 设置完毕，可单击"确定"按钮使设置生效。

图 9-14

 注意 一台计算机显示器可以使用的分辨率和颜色数是受到硬件指标制约的，通常情况 Windows Vista 具有自动检测硬件的能力，并不会给出超出硬件能力的设定值。但是也有部分显示设备无法被 Windows Vista 正确识别，用户在设定的时候要注意不能超越硬件极限值，否则会引起显示不正常。

如果用户使用的显示器支持多种刷新频率，则可以自行设置一个合适的刷新率。要设置屏幕刷新率，可以在"显示设置"窗口中单击"高级设置"按钮，打开显示器属性设置窗口。切换到"监视器"选项卡，单击"屏幕刷新率"下拉列表框（见图 9-14），选择一个合适的刷新率，再单击"确定"按钮返回。设置刷新率的目的是避免屏幕闪动，从而保护视力。

9-10 如何调整屏幕字体大小

问： 对我来说，Windows Vista 屏幕字体较小，看不清楚，该如何调整其大小？

答： 默认情况下，窗口中的菜单及文字都是 9 号字体。如果觉得这些字体较小，看不太清楚，用户也可以自行定义桌面上显示的字体大小。

调整屏幕字体大小可以参考以下步骤：

第 1 步 在桌面上空白处右击，在弹出的快捷菜单中选择"个性化"命令，打开个性化设置窗口。在左侧窗格中单击"调整字体大小"链接。

第 2 步 在打开的"DPI 缩放比例"对话框中，用户可以设定更大的显示字体。选中"更大比例（120DPI）-使文本更容易辨认"单选按钮，单击"确定"返回，如图 9-15 所示。

如果用户对默认的字体大小及 120DPI 的大小都不满意，还可以自行定义一个 DPI 值。

第 3 步 在"DPI 缩放比例"窗口中单击"自定义 DPI"按钮，可以打开"自定义 DPI 设置"对话框（见图 9-16）。用鼠标手动设置比例标尺或直接手工输入一个比例，设置完毕，单击"确定"按钮返回。

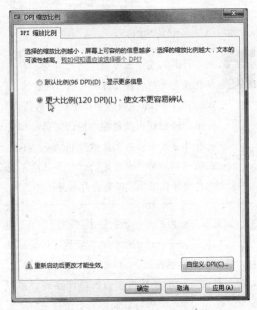

图 9-15

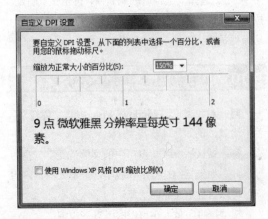

图 9-16

提示 设置好字体后显示预览，如果觉得合适，就保存设置，重启后可以看到效果。

9-11 怎样更改系统声音

问：是否可以更改 Windows Vista 启动和关闭时的声音？

答：可以更改接收电子邮件、启动 Windows Vista 或关闭计算机时计算机发出的声音。打开控制面板，切换到经典视图，双击"声音"图标，打开"声音"对话框，切换到"声音"选项卡，然后在"声音方案"下拉列表框下，选择要使用的声音方案，如图 9-17 所示。

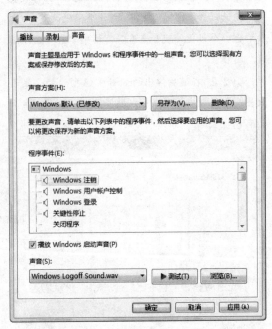

图 9-17

还可以为某个程序事件指定声音，在"声音"选项卡下的"程序事件"列表框中，选择要更改声音的事件，然后在"声音"下拉列表框下，选择要与该事件关联的声音。如果要使用的声音没有列出，则单击"浏览"按钮进行查找。

提示 若要预听"声音"列表中的声音，可单击"播放"按钮。

9-12 如何自定义"开始"菜单的右窗格

问：是否可以自定义"开始"菜单右侧的项目？该如何定制？

答：可以添加或删除出现在"开始"菜单右侧的项目，如计算机、控制面板和图片。还可以更改一些项目，以使它们的显示效果像链接或菜单的模式。

第 1 步 右击任务栏空白处，在弹出菜单中选择"属性"命令，打开"任务栏和「开始」菜单属性"对话框。

第 2 步 切换到"开始菜单"选项卡，然后单击"自定义"按钮，打开"自定义「开始」菜单"对话框，如图 9-18 所示。

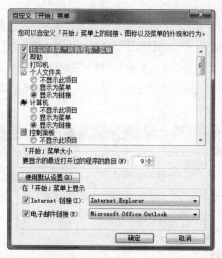

图 9-18

第 3 步 在对话框中选择所需选项，自定义开始菜单上的链接、图标以及菜单的外观和行为，然后单击"确定"按钮。

9-13 如何自定义任务栏的大小和位置

问：如何自定义任务栏的大小和位置？

答：默认情况下，任务栏位于屏幕的最下面，并且其高度也只能放置一排按钮。而实际上，任务栏可以随意的调整大小和位置。

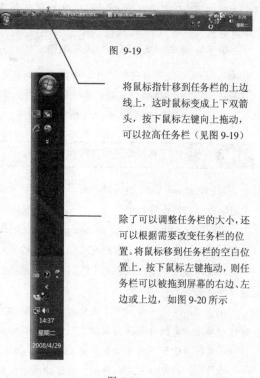

图 9-19

将鼠标指针移到任务栏的上边线上，这时鼠标变成上下双箭头，按下鼠标左键向上拖动，可以拉高任务栏（见图 9-19）

除了可以调整任务栏的大小，还可以根据需要改变任务栏的位置。将鼠标移到任务栏的空白位置上，按下鼠标左键拖动，则任务栏可以被拖到屏幕的右边、左边或上边，如图 9-20 所示

图 9-20

9-14 怎样更改用户账户图片

问：怎样更改 Windows Vista 用户账户图片？

答：用户账户图片有助于标识计算机上的账户。该图片显示在欢迎屏幕和"开始"菜单上。可以将用户账户图片更改为 Windows 附带的图片之一，也可以使用自己的图片。

第 1 步 打开控制面板，选择"用户账户和家庭安全"｜"更改账户图片"命令，打开"更改图片"窗口，如图 9-21 所示。

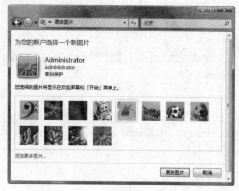

图 9-21

第2步 在"更改图片"窗口中为账户选择图片。

第3步 单击"更改图片"按钮即可。

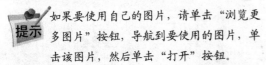 **提示** 如果要使用自己的图片，请单击"浏览更多图片"按钮，导航到要使用的图片，单击该图片，然后单击"打开"按钮。

9-15 如何同时显示多个时区

问：Windows Vista 的时钟是否可以同时显示多个时区，该如何设置？

答：可以。默认情况下，Windows Vista 的时钟只显示当前设置的时区，用户还可以设置时钟显示多个时区。要为显示在任务栏上的时钟添加新的时区，操作如下：

第1步 单击任务栏右下角的时钟，在显示的窗口中单击"更改日期和时间设置"链接。或右击时钟，在弹出菜单中选择"调整日期/时间"命令。

第2步 打开"日期和时间"对话框，切换到"附加时钟"选项卡。选中"显示此时钟"复选框，然后选择相应的时区，并输入显示名称，如图9-22所示。

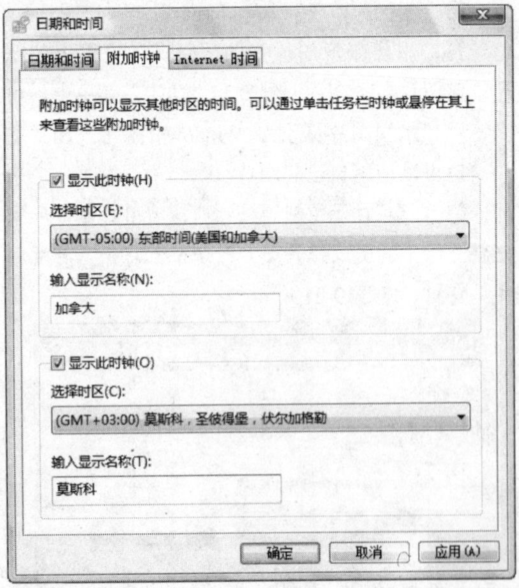

图 9-22

第3步 单击"确定"按钮保存设置。

现在，将鼠标移到状态栏中的时钟上，便会看到几个时区的时间同时显示出来，如图9-23所示。

图 9-23

9-16 如何将边栏移动到其他监视器

问：我使用双显示器，该如何将 Windows 边栏放到另外一个显示器上？

答：在边栏的空白处右击，选择"属性"命令，可以打开"Windows 边栏属性"对话框，在这里可以对整个边栏的属性进行设置。如果计算机连接了多个显示器，可以单击"在以下监视器上显示边栏"下拉列表框，选择在哪个显示器上显示边栏，如图9-24所示。

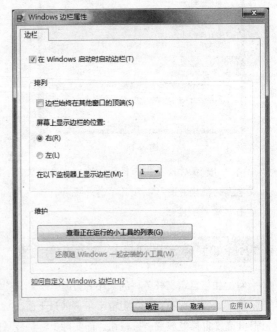

图 9-24

提示 如果想更改边栏在显示屏幕的位置，可以选中"右"或"左"单选按钮来决定边栏显示在屏幕左侧还是右侧。

9-17 如何设置边栏属性

问：如何自定义 Windows 边栏小工具属性，让其更具个性化？

答：用户还可以调整特定小工具的透明度或者设置和这个小工具的有关的选项，方法如下：

将鼠标移动到边栏的某个工具上方，右击，选择工具图标透明度，如图 9-25 所示。

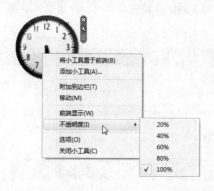

图 9-25

对某些复杂的工具，还能通过右键菜单的"选项"命令对工具参数调节。以时钟工具为例，在其选项对话框（见图 9-26）中可以更改时钟样式，设定时钟名称和修改时区、更改计算机日期和时间。设置完毕后，单击"确定"按钮保存设定。

图 9-26

9-18 如何自定义键盘属性

问：在 Windows Vista 中如何自定义键盘属性？

答：调整键盘属性的操作步骤如下。

第 1 步 打开"控制面板"，切换到经典视图，双击"键盘"图标，如图 9-27 所示。

图 9-27

第 2 步 弹出"键盘属性"对话框（见图 9-28），在"速度"选项卡中的"字符重复"选项栏中，拖动"重复延迟"滑块，可调整在键盘上按住一个键需要多长时间才开始重复输入该键；拖动"重复速度"滑块，可调整输入重复字符的速率；在"光标闪烁频率"选项栏中，拖动滑块，可调整光标的闪烁频率。

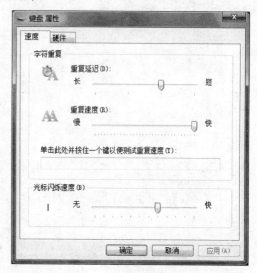

图 9-28

第 3 步 单击"应用"按钮，即可应用所选设置。

9-19 如何设置左手操纵鼠标

问：我是"左撇子"用户，习惯使用左手操纵鼠标，在 Windows Vista 种如何设置使用左手操纵鼠标？

答：此时需要将鼠标左键和右键的功能互换，从而满足这种左手习惯的要求。操作如下：

第 1 步 打开控制面板，切换到经典视图，双击"鼠标"图标，如图 9-29 所示。

图 9-29

第 2 步 在"鼠标属性"对话框中，选中"切换主要和次要的按钮"复选框（见图 9-30），此时，鼠标的左右键功能已经互换。

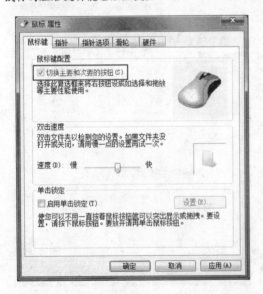

图 9-30

第 3 步 单击"确定"按钮保存设置。

提示 此时，如果要取消选中"切换主要和次要的按钮"复选框，就得使用右键，最后单击"确定"按钮。

9-20 怎样自定义鼠标指针

问：我觉得 Windows Vista 的默认鼠标指针过于单调，而且不够显眼，如何调整鼠标指针方案？

答：对鼠标指针方案进行设定的操作如下。

第 1 步 打开控制面板，切换到经典视图，双击"鼠标"图标，打开"鼠标属性"对话框。

第 2 步 切换到"指针"选项卡，单击"方案"下拉列表框，选择新的鼠标指针方案，如图 9-31 所示。

图 9-31

第 3 步 单击"确定"按钮保存设置。

提示 鼠标指针事实上是一个小图片，文件扩展名为.ani 或.cur。可以通过图像软件自行制作，可以通过"浏览"按钮导入到自己的方案中。

9-21 鼠标指针移动速度太快怎么办

问：如果鼠标指针移动的速度太快，手一晃指针就不知道跑到哪里去了。如果鼠标移动太慢，又会耽误了时间。这种情况该怎么办？

答：通过调整鼠标指针可以解决这些问题。

第 1 步 打开控制面板，切换到经典视图，双击"鼠标"图标，打开"鼠标属性"对话框。

第 2 步 在"鼠标属性"对话框中切换到"指针选项"选项卡，如图 9-32 所示。通过拖动"移动"滑块调整鼠标指针的移动速度即可。如果选中"显示指针轨迹"复选框。鼠标指针移动就会产生残影，方便用户跟踪指针的移动。

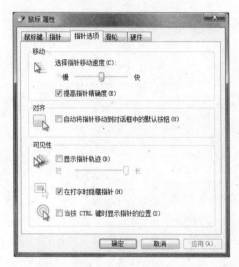

图 9-32

第 3 步 设置完毕，单击"确定"按钮。

9-22　**在 Windows Vista 中如何安装个性化字体**

问：在 Windows Vista 中如何安装个性化字体？

答：Windows Vista 操作系统中，字体的管理与 Windows XP 相似，每一种字体都是由一个字体文件来描述的，系统中安装有哪些字体文件，用户就可以使用哪些字体。如果需要更多的字体，可以通过安装字体的方式为 Windows Vista 增加字体类型，下面以安装"方正粗倩体"为例，演示安装字体的

操作。

第 1 步 单击"开始"按钮，在弹出的开始菜单中选择"控制面板"选项，打开控制面板。在控制面板中双击"字体"选项，即可打开"字体"窗口。

第 2 步 在"字体"窗口中右击，在弹出的快捷菜单中选择"安装新字体"命令，如图 9-33 所示。

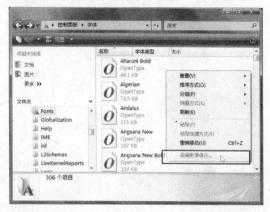

图 9-33

第 3 步 弹出"添加字体"对话框（见图 9-34），在"文件夹"列表框中选择要安装字体的文件路径，然后单击"安装"按钮即可。

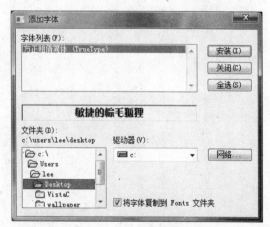

图 9-34

提示 字体文件可以通过在互联网上查找并下载获取，通常是以.ttf 和.ttc 为后缀的文件。

Part

3

第 3 部分
多媒体与娱乐篇

Chapter

10

多媒体播放与管理

Windows Media Player 是一款非常好的多媒体播放和管理软件，Windows Vista 中的 Windows Media Player 为第 11 版，WMP 11（本章中 Windows Media Player 适时缩写成 WMP）的功能已经不仅仅限于音频和视频文件的播放，而是成了一个多媒体处理平台。

10-1　如何使用 WMP 播放媒体库中的文件

问：在 Windows Media Player 11 中如何播放媒体库中的文件？

答：单击"媒体库"选项卡，然后浏览或搜索要播放的项目。如果媒体库未显示所查找的媒体类型（例如，显示了音乐，而用户希望查看视频），则在地址栏中单击"选择类别"按钮🎵▶，然后选择其他类别，如图 10-1 所示。

图 10-1

除了双击媒体库中的文件即可播放外，还有以下两种方法播放媒体库中的文件。

方法一：将项目拖动到列表窗格。

可将单个项目（例如：一首或多首歌曲）或项目集合（例如：一个或多个唱片集、艺术家、流派、年代或者分级）拖动到列表窗格。

方法二：使用右击显示在媒体库中的文件，在弹出的快捷菜单中选择"播放"或"添加到播放列表"命令，如图 10-2 所示。

图 10-2

10-2　如何使用 WMP 播放不在媒体库中的文件

问：如果要播放的媒体文件不在媒体库中，该如何使用 Windows Media Player 11 播放？

答：如果要播放的媒体文件不在媒体库中，可以参考以下两种方法：

方法一：在主窗口下方右击，在弹出的快捷菜单中选择"文件"｜"打开"命令，如图 10-3 所示。

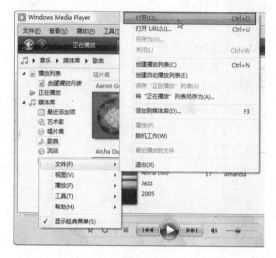

图 10-3

方法二：在主窗口上方单击"文件"菜单，在下拉菜单中选择"打开"命令，如图 10-4 所示。

图 10-4

提示 若没有菜单栏，可以在方法一的右键菜单中选择"显示经典菜单"命令，将显示传统菜单栏。

在弹出的"打开"对话框中选择要播放的媒体文件，然后单击"打开"按钮，即可调入该媒体文件播放。

10-3 如何使用 WMP 播放 Internet 上的文件

问： 如何使用 Windows Media Player 11 播放 Internet 上的媒体文件？

答： 若播放网页上的文件可以直接在网页中单击链接。若通过输入文件的 URL 播放 Internet 上的文件可以在 WMP 窗口单击"文件"菜单，选择"打开 URL"命令，弹出"打开 URL"对话框，输入文件的 URL，然后单击"确定"按钮，如图 10-5 所示。

图 10-5

10-4 如何使用 WMP 播放 CD 或 DVD

问： 如何使用 Windows Media Player 11 播放 CD 或 DVD 光盘？

答： 播放 CD 或 DVD 的步骤如下：

第 1 步 启动 WMP 并将要播放的 CD 或 DVD 插入驱动器。通常情况下，光盘将开始自动播放。

第 2 步 如果没有自动播放，或者用户要选择已经插入的光盘，单击"正在播放"选项卡下的箭头，然后单击光盘所在的驱动器，如图 10-6 所示。

第 3 步 对于 DVD 或 VCD，还可以选择要播放的章节。单击"正在播放"选项卡下的箭头，然后在下拉菜单中选择"显示列表窗格"命令，在右

侧将显示文件列表（见图 10-7）。

图 10-6

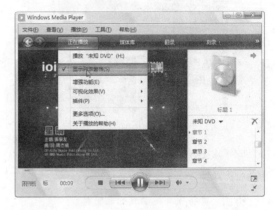

图 10-7

第 4 步 双击标题或章节名即可播放该章节。

注意 若要播放 DVD，计算机中必须已安装 DVD 驱动器和兼容的 DVD 解码器。如果遇到一条错误消息，指示缺少 DVD 解码器，请单击错误消息对话框中的"Web 帮助"按钮以确定如何获取一个 DVD 解码器。

10-5 如何为 DVD 设置分级限制

问： 如何使用家长控制来设置 DVD 分级，来阻止受限账户查看评定为某个级别的 DVD？

答： 使用家长控制的第一步是通过相应的 Windows 用户账户和密码来保护计算机。一旦执行此操作，就可以在播放机中指派家长分级。并非所有 DVD 都支持此功能。

第 1 步 若要更改家长控制设置，必须以管理

员或 Administrators 组成员的身份登录。

　　第 2 步 用管理员账户登录计算机，然后为所有管理员账户指派密码。

　　第 3 步 为希望对其应用家长控制设置的每一个人创建受限的用户账户。

　　第 4 步 启动 Windows Media Player，单击"正在播放"选项卡下的箭头，选择"更多选项"命令，打开"选项"对话框，如图 10-8 所示。

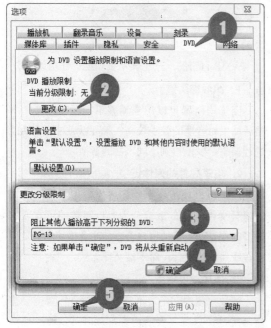

图 10-8

　　在"选项"对话框中执行下列操作。

　　① 切换到"DVD"选项卡。

　　② 单击"更改"按钮。

　　③ 弹出"更改分级限制"对话框，选择合适的级别。

　　④ 单击"确定"按钮退出"更改分级限制"对话框。

　　⑤ 单击"确定"按钮，设置生效。

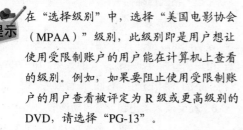

　　提示　在"选择级别"中，选择"美国电影协会（MPAA）"级别，此级别即是用户想让使用受限制账户的用户能在计算机上查看的级别。例如，如果要阻止使用受限制账户的用户查看被评定为 R 级或更高级别的 DVD，请选择"PG-13"。

10-6　使用 WMP 播放 DVD 时如何返回根菜单

　　问： 在使用 Windows Media Player 11 播放 DVD 时如何返回根菜单？

　　答： 在播放 DVD 的过程中，可能需要返回根菜单目录操作为：在播放窗口中右击，在弹出的快捷菜单中选择"DVD 功能"|"根菜单"命令（见图 10-9），将停止当前的播放而返回根菜单。

图 10-10

　　若再选择"DVD 功能"|"关闭菜单（继续）"命令，则退出根菜单继续播放。

　　 注意　并非所有 DVD 都支持此功能。

　　根据正在播放的 DVD 的编写方式，此过程可能有所不同。例如，单击"DVD"按钮后，用户可能需要选择"标题菜单"命令而不是"根菜单"命令。

10-7　为什么有些 DVD 光盘无法播放

　　问： 为什么有些 DVD 光盘无法播放，该如何解决这类问题？

　　答： DVD 可能因为一种或多种原因而无法播放。以下是可能的原因列表以及尝试解决此问题时可以采取的一些步骤：

　　● 计算机上安装了其他 DVD 播放机应用程序，导致 Windows Media Player 无法播放 DVD。请尝试关闭或卸载其他 DVD 播放机应用程序。

- DVD 驱动器已禁用。请检查是否启用了 DVD-ROM 驱动器。
- 显示器分辨率或连接类型不支持播放该 DVD 所需的复制保护技术。可能需要将显示器分辨率更改为 640×480 像素或 720×480 像素。或者，可以将显示器和计算机之间的电缆连接更改为使用 DVI 或 VGA 电缆。
- DVD-ROM 驱动器无法播放该类型的 DVD。例如，某些 DVD-ROM 驱动器仅能够读取 DVD+R 或 DVD-R 光盘。如果将视频 DVD 刻录到 DVD-ROM 驱动器不支持的可写入 DVD 类型，则将无法播放该 DVD。

10-8　如何打开 WMP 自带的增强功能

问：Windows Media Player 11 自带了那些增强功能？如何启动这些增强功能？

答：WMP 自带的一些功能可以给用户带来更好的播放效果，这就是增强功能。默认情况下，增强功能没有打开，启动的操作如下：

选择"正在播放""增强功能" | "显示增强功能"命令。或者直接在"增强功能"菜单下单击其中一个功能的名称，打开该功能的设置界面，如图 10-11 所示。

打开增强功能后，WMP 会显示一个增强功能面板（见图 10-12），里面列出了每个增强功能可以设置选项。该面板左上角有两个按钮，单击按钮后可以在不同的功能之间切换，单击关闭按钮，可以关闭增强功能面板。

图 10-11

图 10-12

WMP 自带的一些主要增强功能的作用如下：

1．图形均衡器

图形均衡器可以用于调整不同频率声音的增益。如果对音质的要求较高，就可以通过这个功能进行调整，以便得到不同风格的音质。

2．电子邮件的媒体链接

用户可以使用这个功能将当前正在播放的在线媒体文件的全部或部分内容以链接的形式通过电子邮件发送给其他用户分享。注意该功能只是用于在线播放的文件，对本地文件无效。

3．播放速度设置

假如视频中有用户不需要的内容，需要把这些内容跳过，只听需要的内容，此时可以通过拖动该功能的面板上的滑块来减慢或加快播放速度。这样用户就可以加快速度跳过不关注的内容，感兴趣的内容可以切换到正常速度，甚至减慢速度仔细欣赏了。

4．安静模式

启用该功能，WMP 会自动调整音频文件中最高音和最低音之间的差别。该功能只是用于使用"Windows Media Audio Pro"和"Windows Media 音频无损"格式压缩的音频文件。

5．SRS WOW 效果

该功能可以提升音频文件的播放效果。SRS 可以让用户的音响发出更加立体的效果，而 WOW 可以在很小的音响上产生增强的低音效果。

6．交叉淡入淡出和音量自动调节

在听歌的时候，两首歌之间往往有几秒钟的

空白，如果不希望有空白，则可以打开“交叉淡入淡出”功能。打开该功能置换，当第一首歌播放到结尾的时候声音会渐渐由大到小淡出，同时下一首歌的声音会渐渐由小到大淡入，直到完成两首歌的切换。

打开“音量自动调节”功能后，如果当前正在播放的几首歌曲默认声音有大有小，那么 WMP 就会在播放的时候使用统一大小的音量，避免了在同样的系统音量设置下，有的歌曲音量很大，而声音太小而听不清。

10-9　WMP 的媒体库有什么功能

问： 什么是 Windows Media Player 的媒体库，它有何功能？

答： WMP 的媒体库可以理解为一个保存了媒体信息的数据库。在用户将音频、视频甚至图形文件导入媒体库的时候，WMP 会自动对所有导入的媒体文件进行分析，从中获得文件的详细信息。如音频文件的保存路径、歌曲名称、歌手名称、歌曲的流派等信息。媒体库保存了这些信息后，用户就可以通过 WMP 直接调用了。

10-10　什么是媒体库自动监视

问： Windows Media Player 11 的媒体库会自动监视哪些文件夹和文件类型？

答： WMP 会自动监视某些特定的文件夹，如果发现文件夹中有没有导入到媒体库的文件，就会自动将其导入。

默认情况下，WMP 只能监视当前用户的私人文件夹（例如当前登录用户自己的“音乐”、“视频”、“图片”等文件夹），以及系统中所有的公用文件夹。对于硬盘上其他位置保存的媒体文件，即使当前登录用户拥有合适的访问权限，WMP 也不会主动监视他们。

WMP 可以播放和监视多种不同类型的文件，一般有下列几种：asf、wma、wmv、avi、mpg、mpeg、mp3、mid、midi、wav 等。

10-11　如何添加 WMP 媒体库

问： 我没有在自己的个人文件夹中保存媒体文件，而是将所有媒体义件都保存在了其他位置，该怎么办？

答： 可以手动添加到 WMP 的监视列表。添加文件夹位置到监视列表的操作如下：

第 1 步 在 WMP 11 窗口黑色工具栏空白处右击，在弹出的快捷菜单中选择“工具”｜“选项”命令。

第 2 步 弹出“选项”对话框，切换到“媒体库”选项卡，单击“监视文件夹”按钮，如图 10-13 所示。

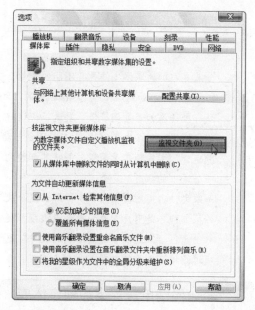

图 10-13

第 3 步 打开“添加到媒体库”对话框，单击“高级选项”按钮展开对话框，如图 10-14 所示。

① 选中“我的文件夹以及我可以访问的其他用户的文件夹”单选按钮。

② 单击“添加”按钮。

③ 弹出“添加文件夹”对话框，选择添加用于保存媒体文件的文件夹。

④ 单击“确定”按钮。

如果不再需要监视某个文件夹，在“添加到媒体库”对话框中选中这些文件夹，然后单击“删除”按钮，将其从监视列表中删除即可。

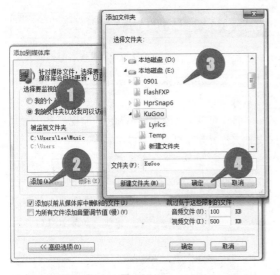

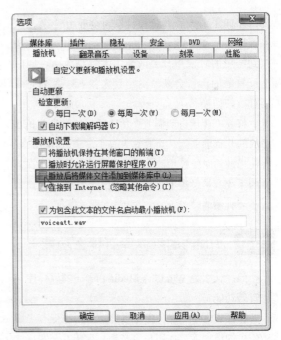

图 10-14

图 10-15

提示 如果要添加的媒体文件具有不同的音量，可以选中"添加到媒体库"对话框中的"为所有文件添加音量调节值"复选框，这样将文件导入到媒体库的时候，WMP 会自动判断音乐文件的音量等级，并将其调整到一个适中的状态。

如果文件占用磁盘空间很少，那么这个文件很可能不是用户需要的歌曲或视频，还可以通过"跳过低于这些限制的文件"选项过滤掉不需要的内容。

10-12 如何禁用自动添加到媒体库功能

问： 每当第一次播放一个新的文件时，WMP都会将文件的信息记录到媒体库中，而不管这个文件是否保存在被监视的位置，甚至位于互联网上，如何禁用这一功能？

答： WMP 将偶尔播放的文件添加到媒体库中可能不是用户希望的，可以取消这一功能。

在 WMP11 窗口黑色工具栏空白处右击，选择"工具"｜"选项"命令，打开"选项"对话框，如图 10-15 所示。

在"选项"对话框中切换到"播放机"选项卡。取消选中"播放后将媒体文件添加到媒体库中"复选框，再单击"确定"按钮保存设置。

10-13 实现媒体库共享需要哪些条件

问： 媒体库共享有哪些优点？要实现媒体库共享需要哪些条件？

答： 通过共享功能，用户可以让安装了Windows Vista 的计算机成为一台多媒体文件服务器，而其他所有的计算机甚至兼容设备都可以成为一台专门的多媒体文件播放机。

媒体库共享的条件并不高，首先要有一台运行了Windows Vista 的作为文件服务器来使用，因为用户必须通过 Windows Media Player 11 实现媒体库的共享。

另外，准备访问共享媒体库的计算机同样必须使用 Windows Vista，否则将无法访问网络上其他计算机上的媒体库，对于支持 UpNP 功能的 Windows防火墙，不需要额外的配置就可以直接使用，如果使用了第三方的防火墙软件，那么必须针对本地子网打开 UDP 协议的 1900、10280～10284 端口，以及 TCP 协议的 2869 和 10243 端口。

除了计算机，还可以使用专用的播放设备，不过它们仅能够当作接收器使用，也就是说只能查看其他计算机上的共享，而无法共享自己的媒体库。

遗憾的是目前支持媒体库共享的设备还很少，而且价格不菲，相信随着 Windows Vista 的普及，会有越来越多的设备支持媒体库共享。

10-14　媒体库共享功能支持哪些格式

问：媒体库共享功能支持哪些格式文件？

答：目前支持媒体库共享的文件格式如下：

- 音频：.wma、.mp、.wav，无法共享音频CD
- 视频：.wmv、.avi、.mpeg、.mpg，无法共享视频 DVD
- 图片：.jpg、.png
- 播放列表：.wpl、.m3u

10-15　怎样共享媒体库

问：该怎么设置才能实现媒体库共享？

答：现在以两台都安装了 Windows Vista 旗舰版本的计算机进行演示，现在希望让计算机 A 能够播放计算机 B 中的媒体库内容。

1. 设置计算机 B

默认设置下，媒体库共享的功能是被关闭的。首先在计算机 B 上打开媒体库共享功能。

第 1 步 从控制面板进入"网络和共享中心"窗口，在"共享和发现"选项上单击"媒体共享"右下角的"更改"按钮，如图 10-16 所示。

第 2 步 弹出"媒体共享"对话框（见图 10-17），选中"共享媒体"复选框，再单击"确定"按钮。

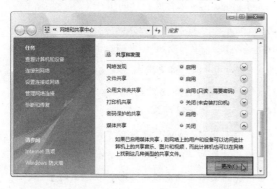

图 10-16

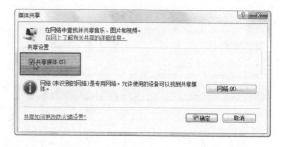

图 10-17

第 3 步 进入"媒体共享"对话框，这里会显示目前在网络上找到所有支持媒体共享功能的计算机，如图 10-18 所示。

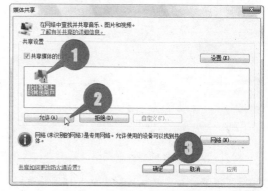

图 10-18

① 单击选中"此计算机上的其他用户"。

② 单击"允许"按钮。

③ 单击"确定"按钮。

至此，计算机 B 的设置完毕。

2. 设置计算机 A

第 1 步 在计算机 A 上运行 WMP11，切换到"媒体库"选项卡，此时系统托盘区会显示气球图标，如图 10-19 所示。

图 10-19

第 2 步 与此同时，计算机 B 的系统托盘区也会显示气球图标，表示已经发现新的可以访问共享媒体库的设备，如图 10-20 所示。

图 10-20

第3步 单击气球图标，弹出"Windows Media Player 媒体库共享"窗口，列出了在网络上发现的新设备，单击"允许"按钮即可同意计算机 A 的访问，如图 10-21 所示。

图 10-21

至此，两台计算机都设置完毕。

 提示 如果对在计算机 A 弹出的气球图标进行同样的允许设置，即可实现计算机 A 和计算机 B 的互访。由于这里初衷是实现计算机 A 播放计算机 B 中的媒体库，故不作设置。

3. 共享媒体库

完成了两台计算机的相关设置后，现在用户就可以开始共享媒体库的各项操作了。用户在计算机 A 中运行 WMP11 时，可以看到媒体库选项卡下的窗口左侧的树形结构中增加了一个新的节点"lee，在 lee-pc 上"（见图 10-22），这里显示了计算机 B 共享的媒体库信息，用户可以像操作本地计算机媒体库那样浏览、播放、搜索。

提示 计算机 B 上的媒体库共享功能是通过后台服务的形式加以实现，因此即使计算机 B 不运行 WMP11，用户没有登录只要计算机 B 处于开机状态，其他设备也可以通过网络访问台式机上的共享媒体库。

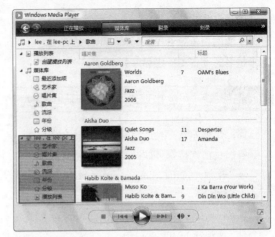

图 10-22

10-16 实现媒体库同步有何意义

问： 实现媒体库同步有何意义？

答： 同步功能可以使文件及其他信息在计算机和移动设备、网络文件夹和兼容程序之间保持同步，例如便携式音乐播放机、数码照相机、个人数字助理（PDA）、移动电话以及许多其他类型的手持设备。

如果用户拥有 MP3、MP4 等便携式播放设备，那么可以通过 WMP11 进行同步操作，这比起手工复制要方便多了。注意，初次使用时必须设置新的同步合作关系，否则无法进行同步操作。

10-17 如何自动同步媒体库

问： 如何将手中的 MP3 播放器与 Windows Media Player 11 媒体库自动同步？

答： 要实现便携式播放设备与 Windows Media Player 11 媒体库自动同步，请参考如下操作：

第1步 首先将便携式播放设备连接到计算机，系统将自动弹出命名对话框（默认命名为"新加卷"），这里将播放设备暂时命名为"便携播放器"。

第2步 在 WMP 11 窗口中，切换到"同步"选项卡，单击"同步"按钮下方的三角按钮，在随后出现的菜单中指向设备名称，在弹出的子菜单中选择"设置同步"命令，如图 10-23 所示。

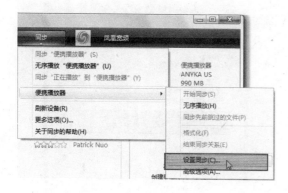

图 10-23

第 3 步 弹出 "设备安装程序" 对话框，如图 10-24 所示。

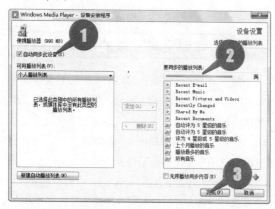

图 10-24

① 选中 "自动同步此设备" 复选框。

② 从 "可用播放列表" 列表中选择一个播放列表，双击将其添加右侧的 "要同步的播放列表" 列表框中。

③ 单击 "完成" 按钮。

> **提示** 如果现有的播放列表不能满足需要，也可以单击 "新建自动播放列表" 按钮，然后根据实际需要创建新的列表。

以后每当此设备连接到计算机时，WMP 11 都会自动开始同步操作。如果觉得上述操作比较麻烦，则可以在将设备连接到计算机之后打开 WMP 的同步选项卡，直接单击窗口右侧同步面板中的 "无序播放音乐" 链接，这样 WMP 就会自动将随机挑选的媒体文件同步到播放器中。

10-18　如何设置特定文件实现同步媒体库

问： 如果我只是希望同步某位歌手演唱的歌曲，如何通过手动设置来实现？

答： 在 WMP11 窗口中切换到 "同步" 选项卡，右击媒体库中希望同步的文件，选择 "添加到 '同步列表'" 命令（见图 10-25），或直接手动拖曳文件到右侧的 "同步列表"，随着添加文件数量的增加，设备图标下方将会同步显示尚剩余的可用空间。

图 10-25

添加完成后，最后单击 "开始同步" 按钮，WMP 11 会开始进行同步工作（见图 10-26）。整个同步和压缩的过程将会在后台执行，如果用户临时需要运行其他程序，那么转换程序将会被自动暂停，直至系统空闲后才会继续转换。

图 10-26

10-19　在连接到设备时如何阻止播放机开始同步

问： 在连接到设备时，是否可以阻止播放机开始同步？该如何操作？

答：可以。如果用户的设备自动同步，则播放机在每次将设备连接到计算机时开始同步。如果要选择开始同步的时间，可通过执行下列操作来关闭此选项：

在 WMP11 窗口中切换到"同步"选项卡，单击"同步"选项卡下的箭头，指向设备，然后单击"高级选项"。打开设备的属性对话框，在"同步"选项卡中，取消选中"设备连接时开始同步"复选框，如图 10-27 所示。

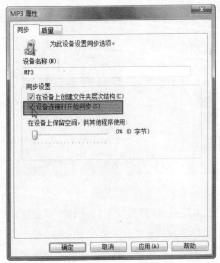

图 10-27

下次要进行同步时，可将设备连接到计算机，选择"同步"选项卡，然后单击"开始同步"按钮。

10-20 如何设置播放机的保留空间

问：我担心媒体库同步会将我的 MP3 播放器剩余空间填满，是否可以阻止它？

答：可以。如果用户的设备容纳了不同类型的文件，则可以通过下列操作控制向设备中填充的数字媒体文件的数量。

在 WMP 11 窗口中切换到"同步"选项卡，单击"同步"选项卡下的箭头，指向设备，然后单击"高级选项"按钮。打开设备的属性对话框，在"同步"选项卡中，移动滑块以选择要为其他文件保留的空间量，如图 10-28 所示。

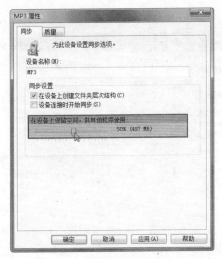

图 10-28

10-21 如何设置默认的媒体播放器

问：计算机中的一些媒体文件我不希望使用 Windows Media Player 11 播放，如何选择使用其他的播放器播放？

答：在安装新音乐或视频播放机之后，可能会发现自己的音乐和视频会在新程序中打开，而不是之前常用的程序。可以在 Windows 中修改设置，以便音乐和视频会在用户习惯使用的播放机中打开。

打开包含要更改的文件的文件夹。右击要更改的文件，选择"打开方式"，弹出如图 10-29 所示的"打开方式"对话框。

图 10-29

① 单击选中要用来自动打开此文件的程序。

② 选中"始终使用选择的程序打开这种文件"复选框。

③ 单击"确定"按钮即可。

10-22　播放视频时如何关闭屏保

问：在播放视频时，经常时间一久就会自动启动屏幕保护程序，而我又不想关闭屏幕保护，该怎么解决这一问题？

答：可对 Windows Media Player 进行配置，以在观看电影、较长的视频或可视化效果时阻止屏幕保护程序出现。单击"正在播放"选项卡下的箭头，然后选择"更多选项"命令。弹出"选项"对话框，切换到"播放机"选项卡，取消选中"播放时允许运行屏幕保护程序"复选框，如图 10-30 所示。

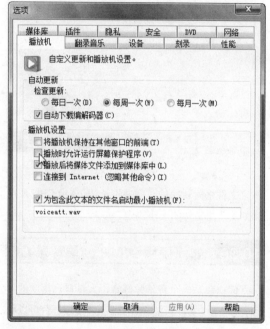

图 10-30

10-23　为什么要把 CD 翻录成音乐文件

问：把 CD 翻录成音乐文件有何好处？

答：如果用户手头上有大量音乐 CD，这些 CD 的保管和播放都将成为问题。这时候最好的办法就是将 CD 全部翻录到计算机中，保存为数码格式的音乐文件。这样就能随时播放自己的收藏，而且不用担心每次听 CD 时对 CD 和驱动器造成的磨损。

10-24　翻录 CD 时一般选择压缩成何种格式

问：翻录音乐 CD 时，应该选择压缩成哪一种格式？

答：一般音乐 CD 的容量在 640MB 左右，如果音乐 CD 的数量大，翻录时最好选择有损压缩格式，例如常见的 wma 格式或 MP3 格式等。

在 WMP 11 窗口黑色工具栏空白处右击，选择"工具"｜"选项"命令，打开"选项"对话框。切换到"翻录音乐"选项卡，如图 10-31 所示，在"格式"下拉列表框中选择翻录的压缩格式。设置完毕，单击"确定"按钮就可以开始翻录了。

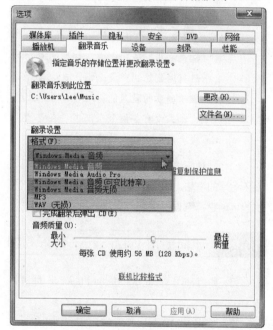

图 10-31

各种压缩格式的性能对比如表 10-1 所示。

表 10-1　压缩格式的性能对比

压缩格式	比特率范围/(kbit/s)	压缩方式	文件体积	播放质量
Windows Media 音频	48~192	有损	小	一般
Windows Media Audio Pro	32~192	有损	小	一般

续表

压缩格式	比特率范围/(kbit/s)	压缩方式	文件体积	播放质量
Windows Media 音频（可变比特率）	40~355，动态	有损	中等	较好
Windows Media 音频无损	470~940 不可调整	有损	大	好
MP3	120~320	有损	中等	一般
WAV（无损）	不可用	无损	最大	最好

提示 压缩格式可以根据自己的需要来选择。一般来说，如果硬盘容量比较大，而且输出设备质量较好，可以选择使用"Windows Media 音频（可变比特率）"。

在"翻录音乐"选项卡中，如果选中"对音乐进行复制保护"复选框，在这台计算机上翻录的歌曲就只能在这台计算机上播放了，如果没有备份个人证书，在重装操作系统之后，这些文件将无法播放。

选择一种压缩格式后，该选项卡下方会出现调整压缩率的滑块。根据选择的压缩格式的不同，滑块的可调整范围也不同。

10-25 如何使用 WMP 翻录音乐 CD

问：如何使用 Windows Media Player 11 翻录音乐 CD？

答：使用 WMP 翻录音乐 CD 的操作如下：

第 1 步 将音乐 CD 插入光驱，Windows Media Player 自动搜索 CD 上的音轨，并显示在列表中。在歌曲唱片集上右击，选择"更新唱片集信息"（见图 10-32）。Windows Media Player 连接网络，直接查找唱片的相关信息，并完成对歌曲信息的更新。

第 2 步 获得了歌曲的 ID3 信息，就可以开始转录歌曲。

① 选中要转录的歌曲。

② 单击右下方的"开始翻录"按钮翻录音乐 CD（见图 10-33）。

图 10-32

图 10-33

文件格式转换的时间并不长，具体由 CPU 速度和 CD 歌曲文件的大小决定。

10-26 如何使用 WMP 刻录音乐 CD

问：我是一个音乐爱好者，大量自己喜欢的各种音乐 MP3 文件只能在计算机上播放，是否可以将这些音乐文件刻录成音乐 CD？

答：可以。如果用户手头有一个刻录机，可以使用 WMP 将 MP3 文件刻录到 CD-R 光盘中，这样就可以轻松的拿到 CD 随身听，或者是 CD Player 上播放了。

第 1 步 在 WMP 11 主界面选择"刻录"|"音频 CD"命令，如图 10-34 所示。

第 2 步 打开刻录窗口（见图 10-35）。按照提示将一张空白 CD 刻录盘放入刻录机，然后将歌曲从媒体库列表中拖拽到刻录列表，最后单击"刻录"按钮开始刻录。

图 10-34

图 10-35

注意 该功能仅支持 CD-R 和 CD-RW 光盘，无法刻录 DVD 光盘。

11

媒体视频与电子相册制作

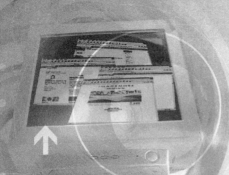

Windows Vista 的娱乐功能不仅体现在欣赏多媒体，一些增强功能能让用户通过简单的操作创建出自己的多媒体内容。Windows Vista 中的 Windows Movie Maker 和 Windows DVD Maker 是这方面的好帮手，前者可以编辑数码摄像机拍摄的视频，并创建出自己的电影。后者可以将数码相片转换成视频，并可录成视频 DVD。

11-1　如何启动 Windows Movie Maker

问：在 Windows Vista 中如何启动 Windows Movie Maker？

答：Windows Movie Maker 6 是 Windows Vista 中的一个进行多媒体的录制、组织、编辑等操作的应用程序。使用该应用程序，用户可以自己当导演，制作出具有个人风格的多媒体，并且可以将自己制作的多媒体通过网络传给朋友共同分享。

要打开 Windows Movie Maker 应用程序，操作为：单击"开始"按钮，选择"所有程序"｜"Windows Movie Maker"命令（见图 11-1），即可打开 Windows Movie Maker 程序。

图 11-1

11-2　Windows Movie Maker 主窗口由哪些部分组成

问：Windows Movie Maker 主窗口由哪些部分组成？

答：在 Windows Movie Maker 主窗口中包含了 4 个面板，"任务"面板、"预览"面板、"收藏"面板、"编辑"面板。如图 11-2 所示。

- **"任务"面板**提供了对程序的一些主要功能以及常用功能的快速访问。单击"显示或隐藏任务"按钮可以显示或者隐藏"任务"面板。

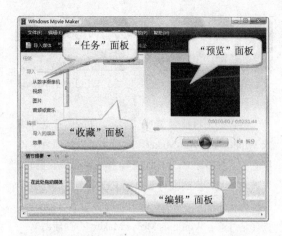

图 11-2

- **"收藏"面板**显示了每个剪辑的缩略图或详细信息，收藏是指包含了剪辑以及可以被用作电影中的剪辑。单击"显示或隐藏收藏"按钮可以显示或者隐藏"任务"面板。
- **"预览"面板**实际上是一个简化的 Media Player，可以用来播放选中的剪辑（不管被选择的剪辑是声音还是视频）或者播放各个剪辑综合到一起之后的效果。
- **"编辑"面板**中可以对剪辑进行编辑，以便使它们成为一个电影，单击"情节提要"按钮可以选择切换显示"时间线"还是显示"情节提要"。

11-3　视频编辑需要怎样的硬件配置

问：使用计算机进行视频编辑需要怎样的硬件配置？

答：视频编辑需要大量运算和存储资源，因此建议用于视频处理的计算机处理器主频不要低于 2GHz，内存容量最好能超过 1GB，同时需要容量尽可能大、速度尽可能快的硬盘空间。

如果准备从数码摄像机导入视频，那么应该准备 IEEE1394 适配器以及连线。如果准备从模拟摄像机或 VHS 录像带上导入视频，还需要有模拟导入设备。

11-4 为何要将文件导入 Windows Movie Maker

问：为何要将文件导入 Windows Movie Maker？

答：必须将视频文件、音频文件或图片文件导入 Windows Movie Maker，然后才可以在项目中使用它们。在项目中，可以选择、排列并且编辑剪辑、过渡和效果，直到拥有要自定义已发布电影的所有条件为止。

请注意，Windows Movie Maker 不存储源文件的实际副本，相反，将创建对原始源文件的一个引用，该引用作为剪辑显示在 Windows Movie Maker 中，因此，在 Windows Movie Maker 中所做的任何编辑都不会影响原始源文件。可以在 Windows Movie Maker 中编辑音频剪辑、视频剪辑或图片，并且确信原始音频、视频或图片源文件保持不变。

11-5 Windows Movie Maker 支持哪些文件格式

问：Windows Movie Maker 支持的文件格式有哪些？

答：Windows Movie Maker 支持的文件格式如表 11-1 所示。

表 11-1　Windows Movie Maker 支持的文件格式

媒体类型	支持的扩展名
音频	.aif、.aifc、.aiff、.au、.mp2、.mp3、.mpa、.snd、.wav、.wma
静态图像	.bmp、.dib、.emf、.gif、.jiff、.jpe、.jpeg、.jpg、.png、.tif、.tiff、.wmff
视频	.asf、.avi、.mlv、.mp2、.mp2v、mpe、.mpeg、.mpg、.mpv2、.wm、.wmv

11-6 怎样导入媒体文件到 Windows Movie Maker

问：怎样将媒体文件导入到 Windows Movie Maker？

答：用户可以将多媒体文件导入到 Windows

Movie Maker 中使用，操作为：打开 Windows Movie Maker 窗口，单击"文件"菜单，在下拉菜单中选择合适的导入方式，如图 11-3 所示。

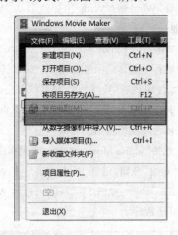

图 11-3

有两种方法可以把视频、图像及音频素材导入 Windows Movie Maker：可以把视频设备（例如摄像机）连接到计算机后导入视频，或者可以从现有文件中导入视频或其他类型的材料。

> **提示** 导入媒体文件也可以单击工具栏"导入媒体"按钮，弹出"导入媒体项目"对话框，选择将现有的声音、图形及视频文件变成 Windows Movie Maker 剪辑。或在"任务"窗格中分别单击"视频"、"图片"、"音频或音乐"按钮。

11-7 在 Windows Movie Maker 中如何拆分视频剪辑

问：在 Windows Movie Maker 中，怎样把一个视频剪辑拆分成两个？

答：要把一个剪辑拆分成两个，可以按照下面的步骤操作。

第 1 步 在"收藏"面板中双击该剪辑（或者将剪辑文件直接拖到"预览"面板）就可以在预览窗口中预览这个剪辑。

第 2 步 如图 11-4 所示，待播放到希望拆分的地方时单击"预览"面板上的"暂停"按钮⏸，再单击"拆分"按钮▦，即可根据原剪辑名称自动新命名新剪辑。

图 11-4

11-8　在 Windows Movie Maker 中如何合并剪辑片段

问： 在 Windows Movie Maker 中如何把剪辑的片段合并起来？

答： 要把剪辑的片段合并到一起，操作为：在"收藏"面板中选中要合并的剪辑，然后单击"剪辑"菜单，选择"合并"命令，如图 11-5 所示。

图 11-5

 提示 可以使用【Ctrl】和【Shift】键选择多个文件，一次合并尽可能多的剪辑，只要它们在源文件中描绘的是同一个场景。

合并后的剪辑会使用面板上被选中的多个剪辑中排在第一的剪辑名称为自己命名。

注意 音频剪辑是不能被合并的。

11-9　如何丢弃剪辑的开头或结尾部分

问： 在"时间线"面板上进行裁减剪辑时，如何丢弃剪辑的开头或结尾部分？

答： 有很多操作需要在"时间线"面板上进行，而不能在"情节提要"面板上进行，其中之一就是裁减剪辑。如果要丢弃任何一个剪辑的开头或结尾部分，首先单击剪辑内的任何位置，然后将鼠标指针移向剪辑的左或右边沿（具体方向取决于想要裁减的内容的位置）。以裁减剪辑开头部分为例。

第 1 步 将鼠标指针移向剪辑的左边沿，当看到裁减剪辑的标志（双向的红箭头）时（见图 11-6），就可以开始进行裁减操作了。

图 11-6

第 2 步 向右拖动鼠标，移动剪辑上蓝色标记竖条到裁减结束的位置，释放鼠标即可完成裁减剪辑，如图 11-7 所示。

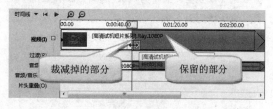

图 11-7

在释放鼠标前，随着蓝色竖条标记的移动，将保留的部分会以深色显示（见图 11-7），用以区分将要裁减掉的部分。

提示 若要丢弃剪辑的结尾部分，则应从剪辑的右边沿向左方向拖动鼠标，同理，剪辑中裁减标志未到达的左侧部分将为保留的部分，以深颜色显示。
如果在裁减后发现裁减掉的内容不合适，需要重新调整，只需单击工具栏中的撤销按钮即可恢复。

11-10 剪辑之间的过渡生硬怎么办

问：在裁剪剪辑时觉得从一个剪辑变到下一个剪辑很生硬，怎么办？

答：如果觉得从一个剪辑变到下一个剪辑很生硬，可以从 Windows Movie Maker 自带的几十个视频过渡中选择合适的过渡效果来用。

第1步 单击"收藏"面板中的"显示或隐藏收藏"按钮，在左侧收藏栏树形图中单击"过渡"按钮（或单击"显示或隐藏收藏"按钮右边的下拉菜单，选择"过渡"选项），将列表显示过渡效果，如图 11-8 所示。

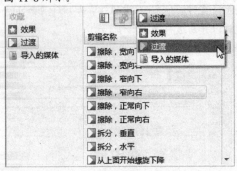

图 11-8

第2步 在"剪辑名称"列表框中右击合适的过渡效果（以多星，五角为例），选择"添加至情节提要"命令（见图 11-9），或直接将该过渡效果拖放到"情节提要"面板，即可完成过渡效果的添加。

第3步 如图 11-9 所示，在"情节提要"面板可以显示添加的过渡效果预览。

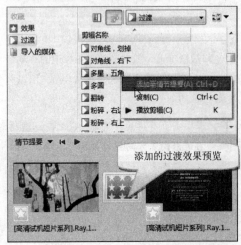

图 11-9

11-11 如何调整特定过渡持续的时间

问：如何调整特定过度持续的时间？

答：默认情况下，每个过渡将会持续 1.25s。如果想要延长或缩短某一特定过渡持续的时间，可以打开"时间线"面板。

第1步 调整时间刻度（单击放大时间线按钮和缩小时间线按钮），这样在过渡轨道上显示的过渡就变得比较显眼，而且易于设置。

第2步 然后选择目标过渡，向左或向右拖动裁减手柄，如图 11-10 所示。

图 11-10

如果想要更改所有过渡默认持续时间，可以选择"工具"｜"选项"命令，弹出"选项"对话框，切换到"高级"选项卡，调整"过渡持续时间"，如图 11-11 所示。

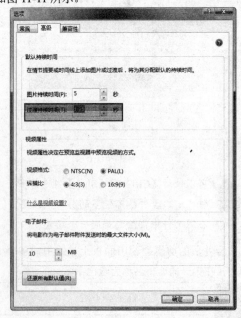

图 11-11

11-12　如何用 Windows Movie Maker 添加视频效果

问：在 Windows Movie Maker 如何给剪辑添加视频效果？

答：除了使用过渡效果外，还可以添加其他视频效果来改变视频剪辑的外观，而不仅仅是剪辑的开头和结尾。如增加和降低剪辑的亮度、加快或减慢播放速度、翻转或旋转画面、添加颗粒效果或老式电影效果等。

第 1 步 在收藏树形图中单击"效果"按钮，即可看到 Windows Movie Maker 自带的各种效果。单击"视图"按钮，选择"缩略图"选项，可以以缩略图形式查看各种效果，如图 11-12 所示。

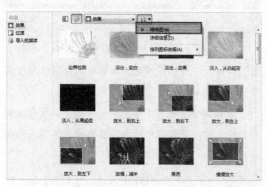

图 11-12

第 2 步 要向剪辑中加入效果，右击要添加的效果，选择"添加至情节提要"命令（或直接将其拖放到目标剪辑上），如图 11-13 所示。

Windows Movie Maker 会把"情节提要"面板上的五角星颜色变深，以便提示用户效果已经被应用了；而在时间线上，则会在同一位置显示一个五角星。

提示 和视频过渡不同，视频效果是可以联合使用的。例如，通过同时添加亮度降低和胶片颗粒效果，用户可以让剪辑看起来暗淡并有颗粒感。对于同一个剪辑，最多可使用 6 种不同的效果，而对同一个剪辑重复使用同一个效果，则可以把最终的效果加强。

不过也要注意，使用某些效果可能会导致另一些效果不可用。例如，缓慢放大效果就不能和缓慢缩小效果同时使用。

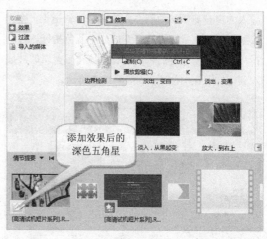

添加效果后的深色五角星

图 11-13

11-13　怎样一次添加多个视频效果

问：在 Windows Movie Maker 中怎样一次添加多个视频效果？

答：要想一次添加多个效果，还可以用右击目标剪辑，然后在快捷菜单中选择"效果"命令，弹出"添加或删除效果"对话框，如图 11-14 所示。

图 11-14

在"可用效果"列表中选择要添加的效果后，单击"添加"按钮即可完成添加效果操作。

提示 这也是查看当前编辑被应用了多少视频效果的简便方法。

11-14　如何向剪辑中添加音乐或其他背景声音

问：如何向剪辑中添加音乐或其他背景声音？

答：要向项目中添加音乐，首先要确定想添加的音乐已经被导入成 Windows Movie Maker 的剪辑。然后打开"时间线"面板，从收藏面板中拖动导入的声音剪辑移动到"音频/音乐"轨道上，在释放鼠标之前，鼠标指针会变成一个蓝色指针，移动指针到合适的位置后释放鼠标，该音乐剪辑即被插入到指针所在的位置，如图 11-15 所示。

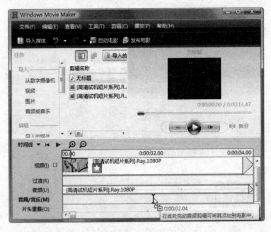

图 11-15

如果要准确地拖放到期望的位置，可以从时间线上播放视频，当到达期望插入音乐的位置时，单击"暂停"按钮，这时时间线上的绿色播放指针就指向了可以插入音乐的准确位置。还可以利用"上一帧"和"下一帧"按钮准确定位，实现插入位置更加精确。

 在"音频/音乐"轨道上的声音剪及和"视频"剪辑对齐了，并不意味着该声音剪辑就和视频剪辑捆绑到了一起。如果视频剪辑移动了，那么用户就需要重新对齐声音和视频剪辑。要避免这些麻烦，请首先将所有视频剪辑都安排到位，然后再插入声音。

11-15 如何向剪辑中添加或录制旁白

问：如何在 Windows Movie Maker 中向剪辑中添加或录制旁白？

答：如果计算机上连接了麦克风，那么就可以在播放全部或者部分项目的时候根据看到内容录制旁白，操作步骤如下：

① 打开"时间线"面板，确保"音频/音乐"轨道可见。

② 把播放指针（贯穿所有轨道的绿色线条）停在希望插入旁白的位置。

③ 单击"工具"菜单，选择"旁白时间线"命令（见图 11-16）。

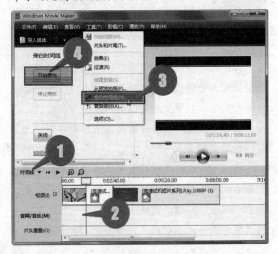

图 11-16

④ 出现"旁白时间线"面板，单击"开始旁白"按钮，即可根据预览画面播放的内容录制所需的旁白。

录制完毕，单击"停止旁白"按钮，保存录制的旁白文件，并将其自动导入成剪辑，并插入当前项目。

提示 对着麦克风讲话，如果输入级别在讲话的时候进入了红色的区域或者没有任何反应，则需要调整输入级别设置、音量级别或者麦克风的位置。

11-16 编辑完成的剪辑如何自动生成电影

问：使用 Windows Movie Maker 编辑完成的剪辑如何自动生成电影？

答：使用 Windows Movie Maker 的自动生成电影功能，可以按照预定的样式方便地将用户编辑完成的剪辑发布为电影。操作步骤如下：

第 1 步 单击工具栏上的"自动电影"按钮 **自动电影** 或者选择"工具"菜单下的"自动电影"命令，打开"选择自动电影编辑样式"面板，如图 11-17 所示。

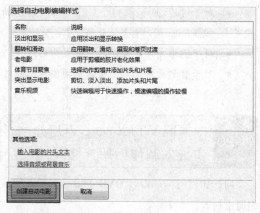

图 11-17

第 2 步 从 6 个可用的电影样式中选择一个，然后单击面板下方的链接，指定片头文本和背景音乐。

第 3 步 单击"创建自动电影"按钮即可开始自动生成电影。

11-17　Windows Movie Maker 导出电影有哪几种方式

问：Windows Movie Maker 导出电影有哪几种方式？

答：单击工具栏中的"发布电影"按钮 发布电影 ，打开"发布电影"对话框。可以看到 Windows Movie Maker 列出了 5 种发布形式，分别为发布到本计算机、DVD、可录制 CD、电子邮件、数字摄像机，选择合适的输出形式，然后单击"下一步"按钮，如图 11-18 所示。

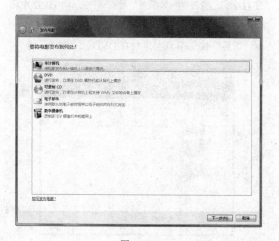

图 11-18

1．发布到本计算机

选择将电影发布到本计算机即将电影保存到本地计算机上，这样用户就可以直接在计算机上观看发布的电影。

2．发布到 DVD

该功能可以将电影以 DVD 的方式刻录到 DVD 刻录盘上，用户可以使用一般的家用 DVD 播放机或计算机（已安装 DVD 驱动器）播放。

3．发布到可录制 CD

这个功能可以将电影以文件的形式刻录到 CD 刻录盘上，而且刻录的光盘只能在计算机上播放。

4．发布为电子邮件

该功能可以将电影作为附件附加到电子邮件中，并把电子邮件发送给其他人。

5．发布到数字摄像机

该功能可以将电影重新导入到数字摄像机中。在导入之前，确保摄像机已经打开，并且设定到播放（VCR）模式，同时还需要使用 IEEE1394 或 USB 端口连接到计算机。

11-18　如何将剪辑作为电影发布到本地计算机

问：在 Windows Movie Maker 中，如何将剪辑作为电影发布到本地计算机？

答：在 Windows Movie Maker 中，要将剪辑作为电影发布到本地计算机，操作步骤如下：

第 1 步 在"发布电影"向导窗口选择"本计算机"，单击"下一步"按钮，进入"命名正在发布的电影"向导窗口。

第 2 步 在"文件名"文本框中输入文件名，在"发布到"下拉列表框中指定保存路径，单击"下一步"按钮，如图 11-19 所示。

第 3 步 进入"为电影选择设置"向导窗口（见图 11-20），设置并确认电影的质量和文件大小后，单击"发布"按钮开始发布电影。

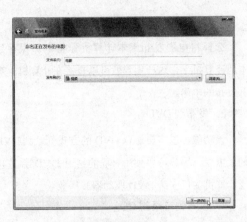

图 11-19

图 11-20

 电影的发布是一个非常占用处理器和内存资源的任务，而且所需的时间和最终生成的电影的播放时间一样长，有时甚至会更长。因此一定要有耐心。在发布过程中，最好不要使用计算机进行其他操作。

第 4 步 电影发布成功后，单击"完成"按钮。

11-19　Windows DVD Maker 支持哪些类型的素材文件

问：使用 Windows DVD Maker 倒入文件时，支持哪些类型的素材文件？

答：Windows DVD Maker 支持各种类型的素材，视频、音频以及图形文件都可以导入。

虽然 Windows DVD Maker 支持导入影音、图形文件，不过对待这些文件的方式上却有一些区别：

- 对于视频文件，录制后可直接形成 DVD 的视频画面，同时自动播放视频中包含的声音。
- 对于图形文件，录制后只能成为幻灯片。
- 对于音频文件，只能被添加为图片幻灯片的背景音乐。

11-20　如何向 Windows DVD Maker 中导入制作相册素材

问：如何向 Windows DVD Maker 中导入制作相册素材？

答：向 Windows DVD Maker 中导入制作相册素材的操作步骤如下：

第 1 步 启动 Windows DVD Maker 引导界面，单击"选择照片和视频"按钮开始向 DVD 添加图片和视频，如图 11-21 所示。

图 11-21

第 2 步 进入"向 DVD 添加图片和视频"窗口（见图 11-22）。单击"添加项目"按钮 可以向 DVD 中添加素材，添加多个素材后可以通过单击"上移"按钮 和"下移"按钮 调整素材在 DVD 上的排列顺序。

图 11-22

第3步 素材添加完毕，单击"下一步"按钮。

11-21　在 Windows DVD Maker 中如何自定义相册菜单

问： 在 Windows DVD Maker 中如何自定义相册菜单？

答： 在导入素材完成之后，Windows DVD Maker 还可以在自己创建的 DVD 中添加功能强大而且美观的菜单。

第1步　选择菜单样式

进入"准备好刻录光盘"对话框，用户首先要设置菜单的样式。Windows DVD Maker 内置了 20 种风格各异菜单样式，这些模版都相当精美，完全不必担心最后生成的视频不够吸引人。在右边的"菜单样式"列表框中单击合适的样式，稍候即可在预览区显示效果，如图 11-23 所示。

图 11-23

第2步　设置菜单文本

如果需要调整菜单的文字，可以单击界面上方的"菜单文本"按钮 **A 菜单文本**，进入"更改 DVD 菜单文本"窗口。在窗口左侧，用户可以调整菜单文字的字体、效果，以及文字内容。随着用户的调整，右侧就会预览出调整后的效果，满意后直接单击"更改文本"按钮即可返回，如图 11-24 所示。

第3步　定义菜单样式

如果需要对菜单的内容进行调整，可以单击"准备好刻录光盘"对话框中的"自定义菜单"按钮 **自定义菜单**，进入"自定义光盘菜单样式"对

话框，如图 11-25 所示。

图 11-24

图 11-25

设置选项包括"字体"、"前景视频"、"背景视频"、"菜单音频"、"场景按钮样式"。设置完毕，上方的预览图显示的是主菜单的内容，下方的预览图显示的是场景选择界面的内容。

更改满意后，单击"更改样式"按钮，保存设置并返回。或单击"保存为新样式"按钮，将样式保存起来供以后使用。

提示　"自定义光盘菜单样式"界面中的选项作用如下：

- **字体：** 用于调整菜单上显示文字的字体和效果。
- **前景视频：** 用于指定在显示菜单文字之前播放的视频。
- **背景视频：** 用于指定在显示菜单文字时背景播放的视频。
- **菜单音频：** 用于指定在显示菜单过程中播放的背景音乐。

- 场景按钮样式：用于指定场景选择界面上的按钮的样式。

11-22 在 Windows DVD Maker 中如何设置幻灯片的放映方式

问：在 Windows DVD Maker 中如何设置幻灯片的放映方式？

答：如果用户添加了图形文件，那么还可以在"准备好刻录光盘"对话框中单击"放映幻灯片按钮"按钮，进入"更改幻灯片的放映设置"窗口，如图 11-26 所示。

图 11-26

单击"添加音乐"按钮添加幻灯片放映的音乐；选中"更改幻灯片放映长度以与音乐长度匹配"复选框，系统会自动调整每张幻灯片的显示时间，以便配合音乐的播放。还可以单击"过渡"下拉菜单选择照片之间的过渡效果。设置完毕单击"更改幻

灯片放映"按钮返回。

11-23 使用 Windows DVD Maker 是否可以预览相册光盘

问：使用 Windows DVD Maker 是否可以预览相册光盘？

答：可以。要查看最终创建的 DVD 到底是什么效果，可以单击窗口顶部的预览按钮 ▶ 预览，开始预览图像，而且还可以像操作 DVD 光盘那样使用所有的互动功能，如图 11-27 所示。

图 11-27

Windows DVD Maker 为用户提供了一个模拟真实 DVD 环境的交互式预览场景，有视频播放、暂停控制，有上下方向控制，同真正的 DVD 播放器没有什么两样，用户完全可以对最终生成的视频做到心中有数。预览结束后单击"确定"按钮退出预览。

Chapter

12

光盘刻录

光盘具有容量大、携带方便、便于数据长期保存等优点，从而成为计算机转存数据的首选设备。在计算机上，配上个刻录机已经是很普通的事情。而操作系统附带刻录光盘功能，可以让用户随意刻录各种类型的光盘。

12-1 刻录前要做哪些准备工作

问： 在 Windows Vista 中刻录光盘前要做好哪些准备？

答： 按照以下三步准备

第 1 步 将一个空白的可写入光盘放入刻录机中，系统的自动播放功能检测到空白光盘，并弹出的"自动播放"窗口，单击"将文件刻录到光盘"选项，如图 12-1 所示。

图 12-1

第 2 步 接下来要进行光盘的初始化工作。在弹出的"准备此空白光盘"窗口中，输入光盘的标题，然后单击"显示格式选项"，在展开的窗口中选中"Mastered"单选按钮（见图 12-2），单击"下一步"按钮继续。

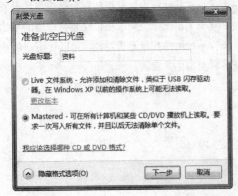

图 12-2

第 3 步 在初始化完成后，会在资源管理器中打开光盘。要将文件记录到光盘中，可以直接往光盘中拖入文件，如图 12-3 所示。

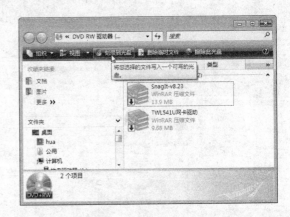

图 12-3

12-2 如何将文件添加到空白光盘

问： 在 Windows Vista 中如何将文件添加到准备好的空白光盘中？

答： 将文件添加到准备好的空白光盘中的方法有两种：

方法一：选中刻录法。

使用资源管理器打开要刻录到光盘的文件所在的文件夹。选中要刻录的文件，然后在工具栏上单击"刻录"按钮，如图 12-4 所示。

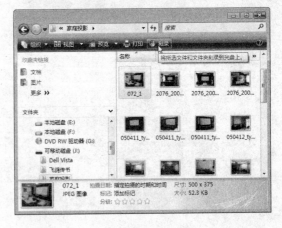

图 12-4

通过这个方法，依次将要刻录的文件添加到光盘中，还可以一次选中多个文件。

方法二：直接拖动法。

从资源管理器中，拖动要刻录的文件到光盘中（见图 12-5），相当于是执行复制操作。只不过在没有进行刻录前，文件是暂时保存在系统的临时文件夹中。

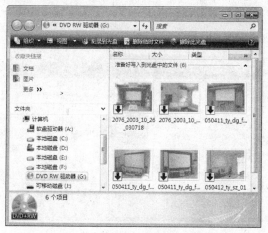

图 12-5

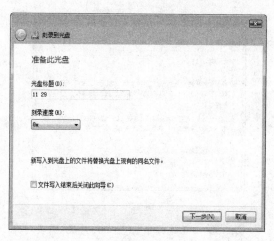

图 12-7

每当向光盘中添加了文件，在任务栏通知区域就会弹出提示，如图 12-6 所示。

图 12-6

12-3 文件添加完成怎样开始刻录

问：文件添加完毕后，怎样开始进行光盘刻录？

答：添加文件完毕后，开始进行刻录的操作为：

第 1 步 在资源管理器中打开光盘，在工具栏上单击"刻录到光盘"按钮 🔘 刻录到光盘。

第 2 步 启动光盘刻录向导，设定光盘的标题及刻录速度后，单击"下一步"按钮，如图 12-7 所示。

第 3 步 开始光盘的刻录操作。其间经过两个过程，一个是将要刻录的文件添加到光盘映像中，然后才是将映像刻录到光盘中。当刻录完成后，会提示成功写入光盘（见图 12-8）。单击"完成"按钮，结束刻录任务。

第 4 步 光盘刻录好后，会自动从刻录机中弹出。为了检测刻录的效果，用户可以再次将刻录好的光盘插入，用资源管理器打开光盘，查看其中的文件，如果能正常打开，则说明刻录是成功的。

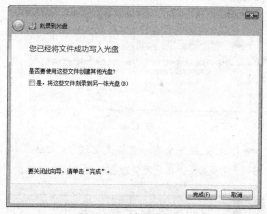

图 12-8

12-4 怎样格式化光盘

问：如果准备使用追加刻录方式来刻录光盘，该如何准备？

答：由于一次性使用光盘刻录，有时放入光盘中的文件较少，不能用掉光盘的全部内容。如果光盘只是用来交换文件，则这些未用掉的空间，就是浪费了。而通过另一种刻录模式，可以让一张光盘进行多次追加刻录，将未用的空间充分利用。

第 1 步 将一张空白光盘放入刻录机中，在弹出的"自动播放"窗口中选择"将文件刻录到光盘"选项。

第 2 步 弹出如图 12-9 所示的"准备此空白光盘"窗口，输入光盘的标题，然后选中"Live 文件系统"单选按钮，再单击"下一步"按钮继续。

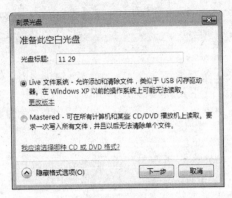

图 12-9

第 3 步 由于选择了 Live 文件系统，需要对光盘进行格式化。弹出确认对话框（见图 12-10），单击"是"按钮，确认进行格式化。

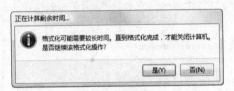

图 12-10

第 4 步 接下来有一个格式化过程，但速度相当快。完成后，会在资源管理器中打开空白的光盘。

12-5 如何向光盘中追加文件

问：追加刻录时如何向光盘中添加文件？

答：在追加刻录时，向光盘中复制文件的操作仍然很简单，只需在资源管理器中找到要刻录到光盘的文件，然后单击工具栏上的"刻录"按钮即可，如图 12-11 所示。

图 12-11

该文件即被添加到光盘中（见图 12-12）。按这

种方式向光盘中添加文件，不再需要执行刻录操作，因为在复制的同时，文件已经刻录到光盘中。

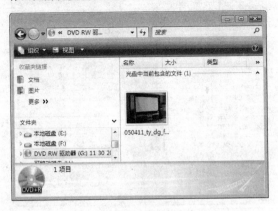

图 12-12

12-6 如何删除光盘文件

问：追加刻录时，是否可以将文件从光盘中删除？该如何删除？

答：使用了 Live 文件系统，不但可以快速的向光盘中复制文件，还可以将文件从光盘中删除。

第 1 步 在资源管理器中打开光盘，用右击要删除的文件，在弹出的菜单中选择"删除"命令，如图 12-13 所示。

图 12-13

第 2 步 弹出像普通删除文件一样的确认提示，单击"是"按钮，确认从光盘中删除文件，如图 12-14 所示。

之后开始从光盘中删除文件，其操作相当于是修改光盘上的文件索引表。并且此操作是不可逆的。

图 12-14

12-7　"Live 文件系统"和"Mastered" 格式有哪些区别

问：在刻录前的选择光盘格式中，提示从"Live 文件系统"和"Mastered"光盘格式中选择，它们之间有哪些区别？

答：Windows Vista 提供了一种全新的格式，称为"Live 文件系统"。使用"Live 文件系统"格式的光盘通常更便于使用，因为用户可以立即复制选定的文件而且复制的频率不受限制，这种光盘就类似于软盘或 USB 闪存驱动器。另一方面，并非所有计算机和设备中都可以使用"Live 文件系统"光盘。

1. 使用"Live 文件系统"选项格式化的光盘

使用起来就像 USB 闪存驱动器或软盘，意味着用户可以将文件直接复制到光盘而不必刻录这些文件。如果希望将光盘保留在刻录驱动器中，则在需要时即可复制文件，这样非常方便。只与 Windows XP 以及 Windows Vista 兼容。

2. 使用"Mastered"选项格式化的光盘

不能立即复制文件，意味着用户需要选择要复制到光盘的整个文件集合，然后一次性刻录全部文件。如果希望刻录大量文件的集合，如音乐 CD，则使用这种格式的光盘将非常方便。与旧版本的计算机以及设备（例如 CD 播放机和 DVD 播放机）兼容。

12-8　各种 CD 和 DVD 光盘之间有什么区别

问：现在市面上各种 CD 和 DVD 光盘让人

眼花缭乱，它们之间有什么区别？

答：要了解不同种类的 CD 和 DVD 光盘的区别，可以参考下表，表 12-1 描述了不同种类的 CD 和 DVD，并提供了有关其正确用途的信息。

表 12-1　不同种类的 CD 和 DVD 区别

光盘	常规信息	容量	兼容性
CD-ROM	称为"只读"光盘，通常用于存储商业程序和数据。不能在 CD-ROM 上添加或删除信息	650 MB	与大多数计算机和设备高度兼容
CD-R	可以多次将文件刻录到 CD-R（每次称为一个"会话"），但是不能从光盘中删除文件。每次刻录都是永久性的	650 MB 或 700 MB	要在不同的计算机中读取该光盘，必须先关闭会话。与大多数计算机和设备高度兼容
CD-RW	可以多次将文件刻录到 CD-RW。也可以从光盘上删除不需要的文件，以便回收空间以及添加其他文件。CD-RW 可以多次刻录和擦除	650 MB	与许多计算机和设备兼容
DVD-ROM	称为"只读"光盘，通常用于存储商业程序和数据。不能在 DVD-ROM 上添加或删除信息	4.7 GB	与大多数计算机和设备高度兼容
DVD-R	可以多次将文件刻录到 DVD-R（每次称为一个"会话"），但是不能从光盘中删除文件。每次刻录都是永久性的	4.7 GB	要在不同的计算机中读取该光盘，必须先关闭会话。与大多数计算机和设备高度兼容

续表

光盘	常规信息	容量	兼容性
DVD+R	可以多次将文件刻录到 DVD+R（每一次称为一个"会话"），但是不能从光盘中删除文件。每次刻录都是永久性的	4.7 GB	要在不同的计算机中读取该光盘，必须先关闭会话。与许多计算机和设备兼容
DVD-RW	可以多次将文件刻录到 DVD-RW（每次称为一个"会话"）。也可以从光盘上删除不需要的文件，以便回收空间以及添加其他文件。DVD-RW 可以多次刻录和擦除	4.7 GB	无须关闭会话便可以在另一台计算机上读取该光盘。与许多计算机和设备兼容
DVD+RW	可以多次将文件刻录到 DVD+RW（每次称为一个"会话"）。也可以从光盘上删除不需要的文件，以便回收空间以及添加其他文件。DVD+RW 可以多次刻录和擦除	4.7 GB	无须关闭会话便可以在另一台计算机上读取该光盘。与许多计算机和设备兼容
DVD-RAM	可以多次将文件刻录到 DVD-RAM。也可以从光盘上删除不需要的文件，以便回收空间以及添加其他文件。DVD-RAM 可以多次刻录和擦除	2.6 GB 4.7 GB 5.2 GB 9.4 GB	DVD-RAM 光盘通常只能在 DVD-RAM 驱动器中使用，DVD 播放机以及其他设备可能无法读取这种光盘

12-9 如何选择使用不同的 CD 或 DVD 格式

问：在众多的 CD 和 DVD 格式中，应该如何选择合适自己的格式？

答：选择使用的格式由用来阅读所保存信息的计算机确定。在表 12-2 中找到最能描述用户的使用情况的示例。然后在准备刻录光盘时插入建议的光盘并选择合适的格式。

表 12-2　CD 或 DVD 刻录情况及建议

目　　的	请　使　用
刻录任何类型的文件，刻录的光盘可以在装有 Windows XP 或更高版本的计算机上使用	光盘：光盘刻录机支持的任何种类的光盘。如果使用 CD-RW 驱动器，则可以用 CD-R 或 CD-RW 介质。如果使用 DVD 刻录机，则应当查看手册，看看该刻录机支持哪种光盘 格式：Live 文件系统
将光盘保留在计算机的刻录机中，在方便时将文件复制到光盘，例如进行例行备份时	光盘：光盘刻录机支持的任何种类的光盘。如果使用 CD-RW 驱动器，则可以用 CD-R 或 CD-RW 介质。如果使用 DVD 刻录机，则应当查看手册，看看该刻录机支持哪种光盘 格式：Live 文件系统
能够反复添加和擦除文件，就好像这种光盘是软盘或 USB 闪存驱动器	光盘：CD-R、CD+R、CD-RW、DVD-R、DVD+R、DVD-RW、DVD+RW 或 DVD-RAM 格式：Live 文件系统
刻录任何类型的文件，刻录的光盘可以在任何计算机中使用，包括安装以前的 Windows 版本（比 Windows XP 版本低）的计算机	光盘：光盘刻录机支持的任何类型的光盘。如果使用 CD-RW 驱动器，则可以使用 CD-R 或 CD-RW 介质。如果使用 DVD 刻录机，则应当查看手册，看看刻录机支持哪种光盘 格式：Mastered
刻录音乐或图片，刻录的光盘能够在任何计算机中使用，包括使用以前的 Windows 版本（比 Windows XP 版本低）的计算机，而且能够在播放 MP3 和数码照片的普通 CD 或 DVD 播放机上使用	光盘：CD-R、DVD-R 或 DVD+R 格式：Mastered

12-10　格式化光盘时如何选择合适的光盘

问：格式化光盘时如何选择合适的光盘？

答：可写光盘有许多种，并非所有可写光盘都能以相同的方式进行格式化。有关光盘格式化的详细信息，如表 12-3 所示。

表 12-3　光盘类型及格式化信息

光盘类型	可以进行格式化
CD-R、DVD-R 或 DVD+R	仅一次。不能从此类光盘中删除信息
CD-RW、DVD-RW 或 DVD+RW	多次。如果光盘已至少格式化过一次，则在以后格式化时可以使用"快速格式化"选项，以便更快地完成格式化
DVD-RAM	多次。在第一次使用光盘时或者在以后进行格式化时，都可以使用"快速格式化"选项快速格式化光盘

12-11　如何擦除可擦写光盘

问：使用可擦写光盘时如何擦除光盘？

答：可擦写光盘最大的优点，就是可以重复多次使用。当一个可擦写光盘使用过后，用户还可以将其中的内容全部擦除。

第 1 步　将用过的可擦写光盘放入刻录机中，然后在资源管理器中打开光盘。用鼠标在工具栏上单击"擦除此光盘"按钮 ![擦除此光盘]。

第 2 步　接下来会启动向导工具。进入"准备擦除光盘"页面，单击"下一步"按钮继续，如图 12-15 所示。

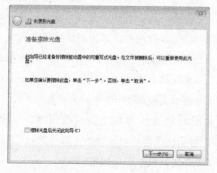

图 12-15

第 3 步　接下来开始对光盘进行擦除操作，这一过程将花费一定的时间，会将光盘中的全部数据清除，使之恢复到初始空白光盘状态。完成擦除提示"擦除成功完成"（见图 12-16），单击"完成"按钮。

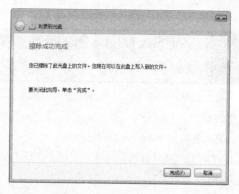

图 12-16

12-12　如何格式化可擦写光盘

问：对于可擦写的光盘如何进行格式化？

答：可擦写光盘可以像普通刻录光盘一样使用，但其还有另外一种使用方式，就是像磁盘一样使用。也就是可以随意地进行文件的复制和删除操作，而不必时时进行光盘擦除。

第 1 步　在光盘初始化时选择"Live 文件系统"单选按钮，单击"下一步"按钮继续，如图 12-17 所示。

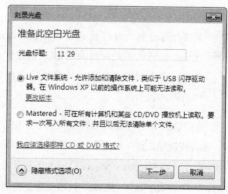

图 12-17

第 2 步　接下来要对光盘进行格式化操作。在弹出的确认提示对话框中单击"是"按钮（见图

12-18），确认对光盘进行格式化。

正在计算剩余时间...

格式化可能需要较长时间，直到格式化完成，才能关闭计算机。
是否继续流格式化操作？

是(Y)   否(N)

图 12-18

12-13 Windows Media Player 可以刻录哪些类型 CD

问：在 Windows Media Player 中可以刻录哪些类型的 CD？

答：若要在 Windows Media Center 中刻录 CD 或 DVD，必须在计算机上连接并安装 CD 或 DVD 刻录机。

可以使用 CD-R 或 CD-RW 空白光盘在 Windows Media Center 中刻录 CD。使用的可录制 CD 类型取决于 CD 刻录机支持的可录制 CD 类型以及用户喜欢的光盘类型。在刻录 CD 时，应该知道并非所有 CD 播放机都可以播放 CD-RW 光盘。可以使用 Windows Media Center 刻录下列类型的 CD：

① 音频 CD。刻录音频 CD 时，Windows Media Center 会将数字音频文件转换为标准 CD 播放机可以识别和播放的音频格式。大多数计算机以及能够播放 CD-R 和/或 CD-RW 光盘的家用和车载 CD 播放机都可以播放音频 CD。可以按 Windows Media Audio（WMA）、MP3 或 WAV 音频文件格式刻录音频 CD。

> **提示** 某些数字音频文件可能会受到保护，因此也许无法将这些文件刻录到 CD，这要视内容提供商或所有者分配给特定数字音频文件的许可证而定。

② 数据 CD。数据 CD 可以存储大约 700 MB 的音乐、图片或视频文件。如果要备份数据文件，数据 CD 也很有用。在 Windows Media Center 中刻录数据 CD 时，不会将数字媒体文件从一种格式转换为另一种格式，而只是将这些文件复制到 CD 上。但请切记，有些 CD 播放机和计算机不能播放数据 CD 或一些可以刻录到数据 CD 中的文件类型。

12-14 Windows Media Center 可以刻录哪些类型 DVD

问：在 Windows Media Center 中可以刻录哪些类型的 DVD？

答：使用的可录制 DVD 光盘类型取决于 DVD 刻录机。特定的 DVD 刻录机只能刻录特定类型的可录制 DVD。例如，使用某些 DVD 刻录机时，只能对 DVD+R 或 DVD+RW 进行录制，或者对 DVD-R 或 DVD-RW 进行录制。但是，其他 DVD 刻录机可以对所有这些可录制 DVD 类型进行刻录。若要确定用户的 DVD 刻录机可以刻录什么类型的 DVD，请参阅 DVD 刻录机附随的手册。

只要用户的 DVD 刻录机支持对这些类型的光盘进行刻录，就可以使用以下可录制或可重新录制的 DVD 类型之一在 Windows Media Center 中刻录 DVD：DVD+R、DVD+RW、DVD-R 和 DVD-RW。

在 Windows Media Center 中，可以刻录以下类型的 DVD：

- 视频 DVD。刻录视频 DVD 时，Windows Media Center 会将所有选中的视频文件转换为标准 DVD 播放机可以识别和播放的视频格式。此外，在许多情况下，也可以使用 Windows Media Center 在计算机上播放视频 DVD。

- 数据 DVD。在 Windows Media Center 中刻录数据 DVD 时，不会将数字媒体文件从一种格式转换为另一种格式，而只是将这些文件复制到 DVD 上。如果要备份数字媒体文件，数据 DVD 将很有用，一张单面 DVD 光盘可以存储大约 4.7GB 的音乐、图片或视频文件。例如，用户可能希望备份计算机上存储的所有不同的数字照片以及音乐和视频文件。但请切记，有些 DVD 播放机和计算机不能播放数据 DVD 或一些可以刻录到数据 DVD 中的文件类型。

以后只能在计算机上访问数据 CD 或数据 DVD，而无法在客户电子设备（如独立的 CD 播放机和 DVD 播放机）上访问它们。

某些数字媒体文件或内容可能会受到保护，将其存档到 CD 或 DVD 时,可能无法在其他计算机上播放它们。媒体使用权限可以指定如何使用该文件以及该媒体使用权限是否过期。例如,媒体使用权限可以指定是否能够将该文件复制到便携式设备或者在其他计算机上播放该文件。

某些录制的电视节目或视频文件可能会受到保护。可能无法将受保护的视频文件刻录到 DVD,这要视内容所有者、制作者或广播者分配给该视频文件的权限而定。

- 幻灯片放映 DVD。在 Windows Media Center 中刻录幻灯片放映 DVD 时,选中的图片编码为 MPEG-2 视频文件,并且所有选中的音频文件编码为 Dolby 数字音频。对于幻灯片放映 DVD,显示图片时会播放音乐。幻灯片放映 DVD 可以在标准 DVD 播放机中播放,也可以在计算机上的 Windows Media Center 中播放。

12-15 刻录音频 CD 时为什么询问是否跳过某个文件

问:刻录音频 CD 时为什么询问是否跳过某个文件?

答:在刻录开始之前,Windows Media Center 将会对刻录列表中的文件执行初始检查。在某些情况下,文件可能出现错误,这将使文件不能刻录;或者文件可能受到媒体使用权限的保护,该权限禁止将其刻录到音频 CD,或限制文件刻录到音频 CD 的次数。

如果 Windows Media Center 在初始检查过程中遇到一个或多个文件出现问题,则会通知用户选择跳过这些文件并继续刻录列表中的其他文件,还是选择停止刻录过程以便尝试解决该问题。如果 Windows Media Center 在初始检查之后发现任何其他文件出现问题,则必须在解决该问题或者从刻录列表中删除这些文件后才能继续刻录。

12-16 如何设置光盘刻录的默认驱动器

问:如果具有多个可写驱动器,如何将其中一个设置为刻录光盘默认的驱动器?

答:打开资源管理器,右击光盘刻录机所在的驱动器,然后单击"属性"命令,弹出驱动器属性对话框,如图 12-19 所示。

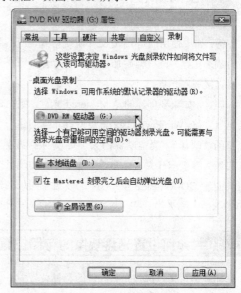

图 12-19

切换到"录制"选项卡,在"选择 Windows 可用作系统的默认记录器的驱动器"下拉列表框中单击所需的驱动器即可。

12-17 为何存在两种不同的格式化光盘的方法

问:刻录光盘时,为何存在"Live 文件系统"与"Mastered"两种不同的格式化光盘的方法?

答:创建新的可录制光盘时,可以在 Live 文件系统与 Mastered 两种格式之间进行选择,因为每种格式都有其不同的用途。默认选择是"Live 文件系统",因为它是创建光盘更方便的方法。在使用"Live 文件系统"光盘时,会立即将文件复制到光盘。在使用"Mastered"格式时,在决定刻录光盘之前,文件会存储在"临时区域"中。

如果对 CD-RW 和 DVD-RW 等可重写光盘使用"Live 文件系统"格式,则还可以从光盘上擦除不需要的文件以恢复空间,"Mastered"光盘则不允许进行此操作。另一方面,"Mastered"光盘能够与较旧的计算机、以前的 Windows 版本以及其他设备(例如 CD 和 DVD 播放机)更好的兼容。

12-18 刻录一张光盘需要多大的磁盘空间

问：刻录一张光盘需要多大的磁盘空间？

答：如果使用的是 Live 文件系统格式，则不需要为刻录光盘分配任何附加空间，因为会将每个文件都直接写入光盘。

但是，如果要创建的是 Mastered 光盘，则在刻录光盘之前，Windows Vista 需要为该光盘创建一个完整的"映像"。光盘映像的大小可以与要创建光盘的最大容量一样大，可能需要 650 MB 的硬盘空间来创建 CD-R，需要 4.7 GB 的硬盘空间来创建 DVD-R。

12-19 如何设置光盘映像的存储位置

问：是否可以选择光盘映像的存储位置？

答：可以。如果在计算机上安装了多个硬盘，则可以指定用于创建光盘映像的硬盘。下面是操作方法：

打开计算机资源管理器，右击光盘刻录机所在的驱动器，然后单击"属性"命令，弹出驱动器属性对话框，如图 12-20 所示。

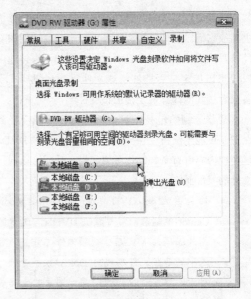

图 12-20

切换到"录制"选项卡，然后从"选择一个有足够可用空间的驱动器刻录光盘"下拉列表框中选择所需的驱动器。

13

图像编辑与管理

Windows Vista 具有图像的编辑和管理功能，不需要专业的软件，利用 Windows Vista 自身所有的图像编辑功能，可以对计算机中的图像进行专业的处理。

13-1 如何使用 Vista 照片库

问：如何使用系统自带的 Windows 照片库查看计算机中的图片？

答：在系统安装好后，会自动检测一些默认文件夹中保存的图片，并按照系统默认的分类对其进行分类。用户可以按照这些分类来查看文件，使得在照片库中查找图片非常方便快捷。下面以拍摄时间的分类为例，介绍如何分类查看图片。

在左侧导航栏中单击"拍摄日期"节点，则自动展开节点，并在右边缩略图区自动将检测到的图片按其拍摄日期来分组。若继续单击下一级节点，会显示更详细的子项目内容，如图 13-1 所示。

图 13-1

13-2 照片库支持哪些图片格式

问：Windows 照片库支持哪些图片文件格式？

答：Windows 照片库可以使用以下任一文件类型显示图片和视频：

BMP、JPEG、JFIF、TIFF、PNG、WDP、ASF、AVI、MPEG、WMV。

只有安装了 Windows Movie Maker，照片库才能显示视频。如果删除 Movie Maker，则可能无法看到视频文件。

13-3 如何打开和关闭信息面板

问：在 Windows 照片库中如何打开和关闭信息面板？

答：Windows 照片库窗口的右侧是信息面板（见图 13-2），面板显示了当前选中图片的一些详细信息。如果希望隐藏这个面板，可以单击面板右上角的关闭按钮，希望重新打开的时候则可以单击常用工具栏的"信息"按钮。

图 13-2

13-4 怎样将图片导入到照片库

问：怎样手动将图片导入 Windows 照片库中？

答：在默认情况下，所有保存在"图片"文件夹下的文件都会被自动导入到 Windows 照片库中。如果要查看保存在其他位置的图片，则需要将这些照片手动导入到 Windows 照片库中。

第1步 打开照片库程序，在工具栏上单击"文件"按钮，在弹出的菜单中选择"将文件夹添加到图库中"命令，如图 13-3 所示。

第2步 弹出"将文件夹添加到图库中"对话框，浏览并单击选中要添加的图片文件夹后，单击"确定"按钮返回。

第3步 接下来照片库会很快地将图片信息导入到图库中，确认弹出的完成提示对话框。在导航栏的"文件夹"节点下会显示新增的图片文件夹（见图 13-4）。

图 13-3

图 13-4

13-5　怎样导入数码照相机照片

问：怎样将数码照相机中拍摄的照片导入到
Windows 照片库？

答：数码照相机拍好照片后，通常需要导入到
计算机中保存起来。而 Windows Vista 提供了便利
的数码照相机支持功能，让用户能方便地将数码照
相机中的照片导入到照片库中管理。

第 1 步：连接数码照相机

将数码照相机通过数据线连接到计算机上，
Windows Vista 将自动检测到设备，同时开始安装驱
动程序，驱动程序安装成功后，弹出如图 13-5 所示
的提示。

图 13-5

第 2 步：利用自动播放导入

安装好数码照相机的驱动程序之后，系统可以
正确的识别数码照相机中的存储器，弹出"自动播
放"窗口，单击"导入图片"选项（见图 13-6）。
随后系统会对设备进行扫描，找出其中所有支持的
图形和视频文件格式，并统计文件数量。

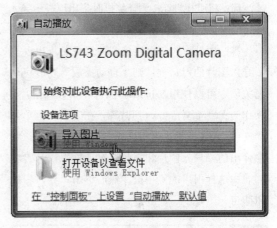

图 13-6

第 3 步：标记图片

弹出"正在导入图片和视频"对话框（见图
13-7），输入用于标记的名称，单击"导入"按
钮开始将图片导入。图片导入完成后，系统会自
动打开 Windows 照片库程序，并显示之前导入
的照片。

图 13-7

> **提示** 有时可能在连接好数码照相机时，没有使用导入功能，而是选择了"打开设备以查看文件"项。则再要将照片导入，就需要手工操作，可以在 Windows 照片库中，选择"文件"选项，在弹出的菜单中选择"从数码照相机或扫描仪导入"项。或是将数码照相机与计算机再连接一次，并使用自动播放的导入功能导入。

13-6 为什么没有出现导入对话框

问：将照相机连接到计算机时未出现提示导入图片的对话框，怎么办？

答：如果将照相机连接到计算机时未出现提示导入图片的对话框，则"自动播放"功能可能已关闭。可以使用 Windows 照片库来导入图片，操作为：启动 Windows 照片库，在工具栏上单击"文件"，选择"从照相机或扫描仪导入"命令，在弹出的"导入图片和视频"对话框中，从设备列表中选择用户的照相机，然后单击"导入"按钮即可。

13-7 为什么提示添加标记

问：为什么在导入图片期间提示添加一个标记？

答：标记是可以创建并附加到图片和视频以帮助用户对其进行查找和组织的描述性信息。如果导入图片和视频时指定了标记，则该标记会自动添加到所有这些文件中。用户始终可以在以后更改标记或者在照片库中添加新标记。

如果不打算在导入期间向图片和视频添加标记，则可以执行以下步骤来阻止系统提示用户添加标记：

第 1 步 打开 Windows 照片库。

第 2 步 选择"文件"｜"选项"命令，弹出"Windows 照片库选项"对话框，如图 13-8 所示。

第 3 步 切换到"导入"选项卡，取消选中"导入时提示标记"复选框，然后单击"确定"按钮。

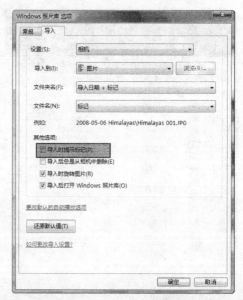

图 13-8

13-8 如何为图片添加标记

问：何为标记？如何为导入的图片添加标记？

答：标记可以理解为"主题"，即用于说明图片内容的描述性词语。添加了标记之后，图片或照片的管理就会简单很多。

要给导入的图片添加标记，首先打开照片库的信息面板，在缩略图区域选中所有希望指定同一个标记的图片（可以是一张，也可以是多张），然后单击信息面板中的"添加标记"链接，在显示的文本框中输入希望使用的标记，如图 13-9 所示。

图 13-9

如果同时选中了多张原标记不统一的图片，信息面板中所有标记被分为两组："指定到所有"和

"指定到一些"（见图 13-10）。"指定到所有"即当前选中的每张图片都具有的标记，而"指定到一些"则是部分照片具有的标记。

图 13-10

提示 也可以右击要指定标记的图片，选择"添加标记"命令，打开信息面板进行标记添加操作。

13-9 怎样删除标记

问：在 Windows 照片库中怎样删除已添加的标记？

答：如果希望删除某个标记，无论是哪一组，都可以右击该标记，在菜单中选择"删除标记"命令，如图 13-11 所示。

图 13-11

提示 如果希望把某个"指定到一些"的标记应用给所有当前选中的图片，可以直接右击这个标记的名称，在菜单中选择"分配到所有"命令。

13-10 如何设置多个照片标记

问：在 Windows 照片库中，是否可以为照片设置多个标记？

答：可以。用户还可以为照片设置多个标记，只要把每个标记使用半角分号";"隔开即可。另外，还可以给标记设置层次结构。

例如，同样是游山玩水的照片，有些照片的内容是人物，而有些照片的内容是山水，那么就可以设置类似"游山玩水/人物"或"游山玩水/山水"（见图 13-12）这样的标记，经过这样的设置，随后就可看到类似树形图结构的标记，如图 13-13 所示。

图 13-12　　　　　图 13-13

13-11 如何编辑照片的详细信息

问：如何在 Windows 照片库中编辑照片的更多详细信息？

答：还可以利用 Windows 资源管理器的强大编辑功能编辑更多选项。在 Windows 照片库中显示的照片上右击，选择"打开文件位置"命令，系统就会自动打开资源管理器窗口，并进入到这张照片所在的文件夹。

如果资源管理器窗口没有打开详细信息面板，可以单击工具栏上的"组织"按钮，选择"布局"|"详细信息面板"命令，如图 13-14 所示。

图 13-14

调整详细信息面板大小合适后,在下方的面板中指定"标记"、"分级"、"标题"、"作者"、"备注"等选项,设置完毕单击"保存"按钮。

13-12 如何快速批量命名

问:如何使用 Windows 照片库快速批量将照片文件更名?

答:Windows 照片库是一个非常出色的应用程序,用户可以利用它更好地管理照片。当从数码照相机中保存照片时,默认的文件名可能类似 DSC029034.JPG 或 P0025234.JPG 这样,难以记忆,更不用说要去将每个文件重命名这个过程所要花费的时间了。

用户可以利用照片库来批量快速重新命名照片,操作步骤如下:

第 1 步 将照片下载到用户的照片库中。

第 2 步 启动 Windows 照片库,打开包含了下载照片的文件夹。

第 3 步 按下【Ctrl】键来选中照片,并单击用户想要重命名的照片。或者也可以使用【Ctrl+A】组合键来选中文件夹中的所有照片。

第 4 步 右击这些图片,在弹出的快捷菜单中选择"重命名"命令,如图 13-15 所示。

第 5 步 在右侧信息面板的文件名待编辑文本框中输入名称(见图 13-16),例如"风景"。接着

选中的每张照片都会被赋予一个相继的数字编号,例如"风景(1)、风景(2)"等。

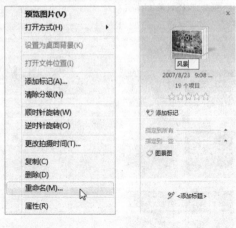

图 13-15   图 13-16

13-13 如何修复数码照片

问:如何使用 Windows 照片库自动修复数码照相机拍摄的照片?

答:数码照相机拍摄的图片,有一个好处,就是可以进行修改。例如在拍摄时由于光线不好,造成图片亮度不够,或是在拍人物时,使用闪光灯造成"红眼"的情况,都可以通过图片编辑软件来修复。在 Windows 照片库中,提供了简单的图片修复功能,用户可以非常轻松地完成简单的图片修复工作。

启动图片的修复功能,操作很简单。

第 1 步 在照片库中浏览图片,单击选中要修复的图片。

第 2 步 在工具栏上单击"修复"按钮(见图 13-17)即可启动修复面板,其中列出了 Windows 照片库支持的所有修复功能。

最常见的数码照片问题是曝光和颜色没有设置好,结果造成图片偏暗或颜色不准,这时可以直接使用自动调整功能来进行修复。该功能会根据特定的算法自动调整照片的曝光和色彩。

第 3 步 单击修复面板中"自动调整"选项(见图 13-18),会发现"调整曝光"和"调整颜色"选项右侧都出现一个对号,表示自动调整了这两个选项。

图 13-17

图 13-19

选择修复面板中"调整颜色"选项，展开调整面板（见图 13-20）。通过拖动"色温"、"色彩"、"饱和度" 3 个滑块，并尝试不同的组合，可以获得比较特殊的风格，例如黑白老照片或泛黄的旧照片。

图 13-18

提示 单击"撤销"按钮可以撤销最后一步的修复操作；单击"恢复"按钮可以恢复最后一次被撤销的操作。

13-14　如何调整照片曝光和颜色

问：如何使用 Windows 照片库调整照片曝光和颜色？

答：如果觉得自动调整功能无法修复出满意的照片，或者希望通过调整曝光和色彩获得特殊风格的照片，可以尝试使用手动调整曝光和颜色。

选择修复面板中"调整曝光"选项，展开调整面板。拖动"亮度"滑块，对曝光的亮度进行调整。拖动"对比度"滑块，对曝光的对比度进行调整，如图 13-19 所示。

图 13-20

修复图片完成后，需要保存修复结果。而在照片库中，要保存修复结果，只需要切换到另一张图片，或是退出修复模式，就会自动保存。

13-15　如何剪裁图片

问：数码照相机拍摄的照片尺寸不合适，如何使用 Windows 照片库剪裁图片？

答：有时拍摄的图片过大，不是很适合使用，这时可以将图片进行剪裁。在修复模式下，可以很容易地进行图片的剪裁。

选择修复面板中"裁剪图片"选项，展开调整面板。照片上会出现一个尺寸可以拖动的选择框，框内的亮度不变，这是将被保留的内容；框外的部分变暗，这是要被剪掉的部分。拖动并设置合适的大小后，单击"应用"按钮即可剪裁成期望的大小，如图 13-21 所示。

图 13-21

如果觉得自己手动调整大小不合乎要求，可以单击"比例"下拉列表框（见图 13-22），选择合适的比例选项，随后照片中的选择框将变成一个符合比例的选择框，拖动到合适的位置，再单击"应用"按钮即可剪裁成符合比例的大小。

图 13-22

提示 单击修复面板中的"旋转帧"按钮，可以将原本横向的选择框旋转为纵向，这样裁剪出来的照片也会变成纵向。

13-16 如何修复"红眼"现象

问：如何使用 Windows 照片库修复数码照片的"红眼"现象？

答：当用数码照相机在暗处拍摄人像时，如果打开了闪光灯，很有可能会造成"红眼"现象。也就是在人物的眼睛里，由于闪光灯的光线在眼睛的瞳孔产生的残留现象，非常不美观。所以一般在拍摄人物后，如果发现照片中有红眼现象，都要进行一些处理。而在 Windows Vista 的照片库中，就提供了修复红眼的功能。

选择修复面板中"修复红眼"选项，展开调整面板。在眼睛位置上，拖动出一个矩形，系统就会自动调整选中区域的颜色，消除红眼，如图 13-23 所示。

图 13-23

提示 为了确保能准确选中眼睛区域，在选择眼睛之前，可通过更改显示大小按钮将人像放大。

13-17 如何打印照片

问：如何使用 Windows 照片库打印照片？

答：如果计算机上安装了网络或本地打印机，可以将照片通过打印机打印出来。在 Windows 照片库中，选中要打印的照片，或是直接在预览模式下打开照片。单击工具栏中的"打印"按钮，在弹出的菜单中选择"打印"命令，如图 13-24 所示。

图 13-24

打开"打印图片"对话框,如图 13-25 所示。

① 在"打印机"下拉列表框中选择打印机。

② 在"纸张大小"下拉列表框选择纸张规格。

③ 在"质量"下拉列表框选择打印质量。

④ 在右侧布局列表框中选择合适的打印布局。

⑤ 在"每张图片的打印份数"选项设定要打印的份数。

⑥ 单击"打印"按钮开始打印。

图 13-25

> **提示** 如果希望实现无边框打印,即打印的画面占满打印纸的全部面积,而不在四周留下白色边框,可以选中"适应边框打印"复选框。该功能需要打印机支持,可能会造成部分画面内容的丢失。

13-18 如何启动系统截图工具

问:在 Windows Vista 中如何启动系统截图工具?

答:在 Windows Vista 中,还提供了一个专门的截图程序,可以满足绝大多数用户的截图需要。截图工具可以截取 Windows 下日常操作中的常用的界面、窗口、工作状态等。

要使用 Windows Vista 的截图工具,只要单击"开始"菜单,选择"所有程序"|"附件|截图工具"命令(见图 13-26)即可启动截图工具,并且立刻进入截图工作状态,默认是以上次使用时的截图模式开始截图操作。

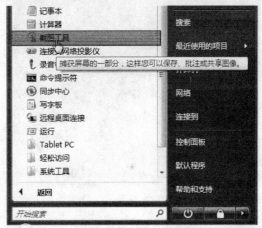

图 13-26

> **提示** 通常情况下,上次所使用的截图模式不见得是本次所需要的,因此用户可以暂时不进行截图。要取消这次截图操作,可以按键盘左上角的【Esc】键,或是用在截图工具窗口中单击"取消"按钮。

13-19 怎样截取整个屏幕

问:怎样使用系统截图工具截取整个屏幕?

答:要对整个屏幕进行截图,可以在启动截图工具后,单击"新建"按钮右边的下三角按钮,在弹出的菜单中选择"全屏幕截图"命令,如图 13-27 所示。

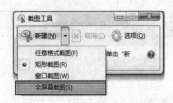

图 13-27

接下来截图工具会立刻完成截图操作，将在隐藏截图工具窗口后的整个屏幕截取下来（见图13-28）。截图完成后，截图工具会进入图片编辑模式。

图 13-28

提示 也可以直接按键盘上的【Print Screen】键，同样可以截取整个屏幕。然后在其他软件中执行粘贴操作，就可以将全屏图片粘贴到文件中。

13-20 怎样截取某个窗口

问：怎样使用系统截图工具截取某个窗口？

答：截取全屏图片操作简单，但应用起来反而不方便，因为通常需要的只是所操作程序的界面图。这时就可以使用截图工具中的窗口截图功能。

第 1 步 首先启动截图工具，单击"新建"按钮右边的下三角按钮，在弹出的菜单中选择"窗口截图"命令。

第 2 步 这时鼠标会变成一个手形，并且屏幕加上一层透明纱，表示当前是在截图模式。鼠标移

动到某个窗口上时，会有一个红色的边框将窗口框住，表明这是要截取的窗口，如图 13-29 所示。

图 13-29

第 3 步 选定窗口后单击鼠标，则完成截图操作。同样截取的窗口会显示在编辑模式的截图工具窗口中（见图 13-30）。

图 13-30

提示 按下键盘上的【Alt+Print Screen】组合键，就可以将当前窗口截取到剪贴板中，然后可以将剪贴板中的图片粘贴到其他编辑器中。

13-21 怎样截取矩形区域

问：怎样使用系统截图工具截取矩形区域？

答：还可以运用矩形截图功能，直接选择要截取的区域。操作为：

第 1 步 启动截图工具，单击"新建"按钮右边

的下三角按钮，在弹出的菜单中选择"矩形截图"命令。

第 2 步 进入截图模式后，整个屏幕加上一层透明纱。鼠标指针变成十字形，将鼠标指针移动到要截取区域的左上角，按下左键，同时拖动鼠标指针。随着指针的移动，会出现一个红色的矩形框，鼠标拖动划定的就是要截取区域，如图 13-31 所示。

图 13-31

第 3 步 当要截取的区域已经划好，则松开左键，截取矩形区域的操作完成。截取的区域图片会显示在编辑模式的截图工具窗口中（见图 13-32）。

图 13-32

13-22　怎样截取任意形状

问： 怎样使用系统截图工具截取任意形状？

答： Windows Vista 中附带的截图工具，还提供

了一种任意格式截图功能，方便用户在截图时体现个性化。

第 1 步 在启动截图工具后，单击"新建"按钮右边的下三角按钮，在弹出的菜单中选择"任意格式截图"命令。

第 2 步 进入截图模式后，整个屏幕加上一层透明纱。鼠标指针变成小剪刀形状，接下来可以进行任意区域的截取操作。将鼠标移到一个起始点位置，按下鼠标左键，进入区域选择。然后拖动鼠标在屏幕上划出要截取的区域，鼠标可以随意的移动，在鼠标移动的轨迹会画出一条红线，如图 13-33 所示。

图 13-33

第 3 步 截取的不规则区域图片显示在截图工具编辑模式窗口中，如图 13-34 所示。

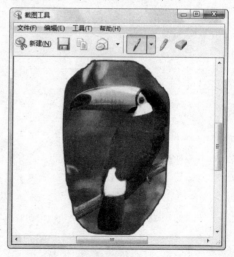

图 13-34

13-23 怎样给图片加标注

问： 怎样使用系统截图工具给图片加标注？

答： 需要对截取的图片加上标注内容时，可直接在截图工具的编辑模式中进行，如图 13-35 所示。

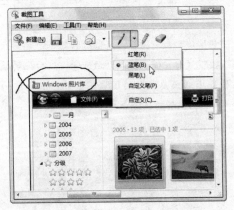

图 13-35

- 如果需要强调图片中的某个位置，可以直接用"笔"功能在截取的图片上标注。

- 除了细的"笔"以外，还可以用类似办公室给复印的文件加标注的荧光笔。

- 如果在给图片添加标记时，没有画好。这时可以用"橡皮擦"功能，将加的标记清除。

 图片截取后，进行简单的修改，就可以用于各种用途。例如将其插入到文档中作为插图，或是保存在磁盘上，还可以直接将其作为邮件附件，发送给好友。

14

游戏与娱乐

工作之余可以玩游戏，自娱自乐也挺不错！在 Windows Vista 中提供了升级版的精致小游戏，可以让用户在闲暇不至于太闷，并且可以控制游戏使用范围和权限。

14-1 游戏的位置在哪里

问：Windows Vista 中的游戏的位置在哪里？

答：单击"开始" | "游戏"选项，打开"游戏"窗口，如图 14-1 所示，可以看到 Windows Vista 附带的小游戏。

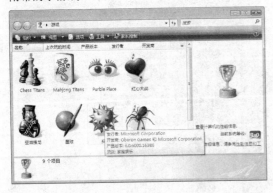

图 14-1

如果确定要玩某一个游戏，只要双击代表游戏的快捷方式，就可以启动游戏。

14-2 Windows Vista 新增哪些游戏

问：与 Windows XP 相比，Windows Vista 新增哪些游戏？

答：与 Windows XP 相比，Windows Vista 新增 Chess Titans、Mahjong Titans 和 Purble Place 3 个游戏。

- Chess Titans：指国际象棋，由于 Windows Vista 是由美国微软公司开发的，因此其提供的一些游戏都偏向欧美的文化习惯。

- Mahjong Titans：麻将连连看，此游戏可以锻炼人的快速观察能力。普通的连连看，都是一些图标放在一起，让用户从中找到相同的两个。而在 Windows Vista 中，附带的"麻将"游戏（不是国内处处可见的打麻将），却是将麻将牌作为连连看的内容。

- Purble Place：寓教于乐的游戏。在 Purble Place 中，有 3 种不同类型的游戏可供选择，这些游戏有助于教会识别颜色、形状和图案。

14-3 如何玩 Chess Titans

问：在 Windows Vista 中如何玩 Chess Titans 游戏，有没有技巧？

答："Chess Titans"是一种复杂的策略游戏，需要预先计划、关注对手，以及游戏过程中的相应调整才能取胜。

游戏的目标是将对手的王将死。每个玩家都有一个王。在捕获对手的棋子后，对手的王越来越容易被捕获。对手的王在用户走下一轮之前无法移出用户棋子的路线时，用户就赢了。当看到用户的王下有一个粗体的红色正方形时，用户的对手赢了！

在游戏开始时，棋局有两组，每组共 16 个棋子排为两行，每个棋子占据一个正方形，如图 14-2 所示，在局中向前移动棋子时，用户和对手都试图占据同一正方形。如果用户可以将棋子移到对手占据的正方形中，就捕获了该棋子，并将它从该局中删除，这就减少了对手的棋子组的数量和实力。

图 14-2

第一次移动棋子时，请选择一个棋子，然后单击要将其移到的正方形。玩家轮流在局中移动自己的棋子，每轮移动一个棋子。可以将棋子移动到的正方形为蓝色，而用户可以捕获对手棋子的正方形为红色。玩家无法移到由自己军队的棋子占据的正方形，但是任何棋子都可以捕获对手军队中的任何其他棋子。

组成军队的 6 种类型的棋子可以按下列方式移动：

卒：卒只能向前直走，而且每次只能走一格。但在走第一步时，卒可以向前走一格或两格，卒沿对角线向前走来捕获对手的棋子。

车：车可以向前、向后，或向任意方向侧向移动想要移动的任意格。

马：马可以在任意方向上移动 2 个格，然后转 90°再移动一格。马是在移动时可以跳过其他棋子的唯一棋子。所有其他棋子在有另外的棋子（任意一种颜色）挡住其去路时都必须停止移动。

象：象可以沿对角线向任意方向移动想要移动的任意格。

王后：王后可以向任意方向（向前、向后、侧向和对角线）直线移动想要移动的任意长度。除了王之外，王后是军队中最有价值的棋子。

王：王可以向任意方向移动一个格。因为王移动得慢，并且难于保护，因此用户必须要保护它以免受到对手的攻击。

14-4　如何玩 Purble Place 游戏

问：在 Windows Vista 中如何玩 Purble Place 游戏，它有哪些分类？

答：Purble Place 是一个寓教于乐的游戏，在 Purble Place 中，有 Purble Shop、Comfy Cakes、Purble Pairs 3 种不同类型的游戏可供选择，这些游戏有助于教会识别颜色、形状和图案。

启动 Purble Place 游戏后，可以在"游戏"菜单下选择需要玩的游戏，如图 14-3 所示。

图 14-3

- Purble Shop 玩法：在帘幕后面有一个神秘的 Purble，用户必须通过构建一个模型 Purble，描绘出它的外观。从右边的架上选择特征以将它们添加到模型 Purble 中。如果用户给适当的特征（如头发、眼睛和帽子）配上适当的颜色，即告胜利。记分牌会告诉用户有多少特征是正确的，而游戏将提示用户哪些特征是错误的。但记分牌不会告诉用户哪些特征是正确的以及哪些特征是错误的。观察随着添加或拿走每个特征时分数的变化，然后尝试猜出哪些特征是正确的及哪些特征是错误的。

- Comfy Cakes 玩法：Purble 厨师需要用户都助填写蛋糕订单。他将告诉用户他需要哪种类型的蛋糕，而用户的任务是使它完全正确。他将向用户展示一张蛋糕图片，并且随着蛋糕移下传送带，用户需要挑选正确的盘、口味、夹心、糖衣、点缀和最后工序的类型。用户将选择这些事项中的每一个，方法是按下蛋糕工厂的每个站下的按钮：圆盘、巧克力口味、树莓夹心等。

- Purble Pairs 玩法：翻转一块墙砖会显示一张图片，然后尝试在其他地方找到其匹配。记住图片的位置，因为如果翻转的墙砖上的图片不匹配，必须重试。匹配所有图片才能获胜。

14-5　如何玩 Mahjong Titans 游戏

问：在 Windows Vista 中如何玩 Mahjong Titans 游戏？

答："Mahjong Titans"是一种使用麻将牌替代纸牌而进行的牌类游戏形式。通过查找配对的自由麻将牌，从游戏中删除所有的麻将牌。所有的麻将牌都被删除后，用户就赢了。

"Mahjong Titans"是一种单人游戏，启动游戏后应先选择需要的麻将牌布局类型：海龟、龙、猫、堡垒、螃蟹或蜘蛛，"海龟"布局类型如图 14-4 所示。

单击选择要删除的第一张麻将牌，再单击选择相配对的麻将牌，这两个麻将牌都会消失！

必须是完全相配对的麻将牌，才能删除。麻将牌的类别和号码（或字母）都必须相同。类别为"球"、"竹子"和"字符"。每种类别都有编号为 1-9 的麻将牌。除了这些类别外，局上还有称为"风"、"花"、"龙"和"季节"的特殊类别。风麻将牌必须完全相同，但是花可以与其他任何花配对，季节麻将牌也可以与其他任何季节麻将牌配对，然后删除。

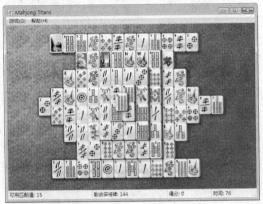

图 14-4

若要删除 2 个麻将牌，每个麻将牌都必须是自由的。也就是说，如果一叠牌中的麻将牌可以自由滑动，而不会碰撞到其他麻将牌，该麻将牌就是自由的。

14-6 什么是游戏分级

问：Windows Vista 与 Windows XP 相比，提供了游戏分级功能，那么什么是游戏分级？

答：游戏分级是由游戏分级委员会设定的。游戏分级委员会是为不同国家和地区的视频游戏内容制订分级原则的组织。游戏分级委员会通常为每个游戏分配基于年龄的分级级别。分级委员会还检查每个游戏的内容，并为游戏分级添加内容描述符。分级和内容描述符与电影内容的分级和描述系统十分相似。

14-7 什么是年龄分级

问：为了控制儿童玩游戏，Windows Vista 中的游戏可以设置按年龄分级，Windows Vista 中的游戏分为哪些级别？

答：年龄分级将内容划分为适合不同年龄段的级别，有儿童、成熟青少年和仅成人 3 种级别。

14-8 什么是内容描述符

问：游戏中的内容描述符是什么意思？

答：游戏分级有许多不同的描述符，通常用于标识可能会对儿童产生不良影响的内容。假设一个游戏的内容描述符为"暴力"，则表示该游戏存在某种暴力倾向，内容描述符为"血腥"的游戏可能会出现逼真的血腥画面，也可能是在游戏中从远处看到一小片血色。

单击"开始"｜"游戏"命令，会打开如图 14-5 所示的界面，在列表中选择某个游戏，分级和内容描述符将显示在窗口的底部。

图 14-5

14-9 如何通过防火墙或代理服务器玩在线游戏

问：玩游戏时出现连接故障，提示防火墙阻止，如何解决？

答：许多游戏允许用户与 Internet 上的其他人一起玩多玩家游戏。玩在线多人游戏时，游戏程序需要用户计算机和其他玩家的计算机之间交换大量的数据，此数据通过一个称为端口的通路进入和离开计算机。

为了交换游戏数据，必须在加入游戏的每台计算机上打开正确的端口。某些游戏会自动连接到正确的端口，但许多游戏要求手动打开端口以使游戏运行。

如果通过 Internet 或在网络上的多玩家游戏运行不正常，则可能是防火墙或代理服务器阻止了游戏所使用的端口，可以在防火墙或代理服务器中打开相对应的端口。

14-10 如何禁止所有游戏

问： Windows Vista 中设置游戏控制功能，如何禁止所有游戏？

答： 在 Windows Vista 禁止所有游戏的操作步骤如下。

第 1 步 单击 "开始" | "游戏" 菜单命令，在打开的 "游戏" 窗口中的工具栏右侧单击 "家长控制" 按钮，在打开的窗口中选择需要控制的用户账户。

第 2 步 在打开的 "用户控制" 窗口，选中 "启用，强制当前设置" 单选项，如图 14-6 所示。

图 14-6

第 3 步 单击下方的 "游戏" 按钮，在打开的 "游戏控制" 窗口中选择 "否" 单选按钮，如图 14-7 所示。

图 14-7

第 4 步 单击 "确定" 按钮即可禁止所控制的用户玩所有游戏。

14-11 如何阻止未分级的游戏

问： 有些游戏不适合儿童玩，如何阻止？

答： 阻止未分级的游戏的操作步骤如下：

第 1 步 在 "游戏控制" 窗口中单击 "设置游戏分级" 链接，如图 14-8 所示。

图 14-8

第 2 步 在打开的 "游戏限制" 窗口选择 "阻止未分级的游戏" 单选按钮，并在下方的选择合适的级别，如图 14-9 所示。

图 14-9

第 3 步 单击 "确定" 按钮即可完成设置。

14-12 怎样指定儿童可以玩的游戏

问： 在 Windows Vista 如何指定儿童可以玩的

游戏?

答：在 Windows Vista 如何指定儿童可以玩的游戏操作步骤如下。

第 1 步 在"游戏控制"窗口中单击"阻止或允许特定游戏"链接，如图 14-10 所示。

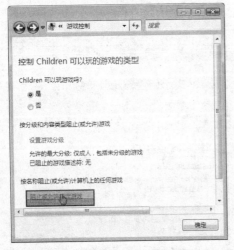

图 14-10

第 2 步 在打开的"游戏覆盖"窗口中的"用户分级设置"、"始终允许"、"始终阻止"区域选择合适的复选框，如图 14-11 所示。

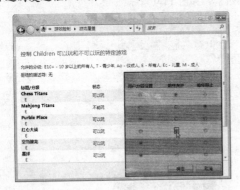

图 14-11

第 3 步 单击"确定"按钮即可完成设置。

14-13 玩在线游戏时如何确保计算机安全

问：玩在线游戏时计算机安全是否受到威胁，如何保证计算机的安全？

答：就像在网上的任何其他时间一样，玩游戏时确保计算机受到保护很重要。在线玩游戏增加了

与他人的计算机进行交互的时间量，因此，计算机的风险也随之增加。连接到 Internet 的计算机与未连接的计算机相比，面临的风险更高，因此应采取以下预防措施来帮助保护计算机安全。

① 开启 Windows 自动更新功能，使 Windows 的副本为最新版本。

② 考虑使用可自动除掉间谍软件、病毒和其他恶意软件的软件。

③ 不要打开未知电子邮件的附件。

14-14 如何确保游戏信息处于最新状态

问：如何确保游戏信息处于最新状态？

答：单击"开始"｜"游戏"菜单命令，在打开的"游戏"界面中单击工具栏上的"选项"按钮，打开"设置游戏文件夹选项"对话框，选中"下载有关所安装游戏的信息"复选框，如图 14-12 所示。

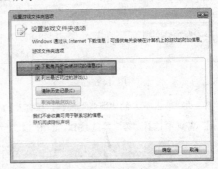

图 14-12

单击"确定"按钮，在连接到 Internet 状态下，Windows 会下载游戏的最新状态附加信息。

14-15 如何判断游戏是否可以在该计算机上运行

问：需要玩游戏，但不知道该游戏能否在计算机正常运行，如何判断？

答：若要判断游戏是否能在计算机上运行，须检查下面两个事项。

● 可以比较游戏与计算机的 Windows 体验索引基本分数。通常在游戏的包装上或关于游戏的已发布信息中会包含游戏的基本分

数。应确保计算机基本分数大于或等于游戏的基本分数。

- 计算机处理器速度、随机存储内存（RAM）的大小、视频 RAM 的大小以及硬盘上的剩余可用空间等规格应大于或等于游戏的最低要求。

Windows 体验索引是测量计算机硬件和软件配置的功能的指标，并将此测量结果表示为称作基础分数的一个数字。较高的基础分数通常表示计算机比具有较低基础分数的计算机运行得更好和更快（特别是在执行更高级和资源密集型任务时）。每个硬件组件都会接收单独的子分数。计算机的基础分数是由最低的子分数确定的。例如，如果单个硬件组件的最低子分数是 2.6，则基础分数就是 2.6。基础分数不是合并子分数的平均数。

可以使用基础分数放心地购买与计算机基础分数匹配的程序和其他软件。例如，如果计算机的基础分数是 3.3，则可以放心地购买为要求计算机的基础分数为 3 或 3 以下的 Windows 版本设计的任何软件。

了解计算机的规范和 Windows 体验索引基本分数的步骤如下：

在"控制面板"中单击"系统和维护"｜"性能信息和工具"图标，在打开的界面中将"基本分数"下的数字与要玩的游戏的基本分数相比较。如果计算机的基本分数大于或等于游戏的基本分数，则游戏将可以在计算机上运行。如果无法看到子分数和基本分数，可以单击"更新我的分数"链接进行刷新，如图 14-13 所示。

图 14-13

14-16　如何修复游戏性能问题

问：可以正常运行某些程序的计算机在面对复杂游戏的需求时，将变得缓慢且可能无法响应，经常看到闪烁的图形或降低的帧速率，使玩游戏感觉像是在看幻灯片，是什么原因？

答：大型游戏比普通的程序占用计算机更多的资源，以下部分列出会导致游戏性能降低的几个因素并描述解决这些问题可以采取的步骤。

① 检查软件问题和驱动程序问题。诊断软件问题中首先要做的是确保所有软件，其中包括驱动程序，为最新版本并已正确调整。

② 检查游戏的已知问题和更新。大多数软件问题不是唯一的，因此，当遇到一个问题时，很可能其他人也曾遇到过相同的问题。通常，游戏发行者将颁布包含对已知问题修复的更新。若要了解有关已知问题的详细信息并获取游戏和设备的更新，可以访问游戏发行者的网站或设备制造商的网站。

③ 更新 Microsoft DirectX。DirectX 是一种有助于创建伴随游戏的特殊视频和音频效果的软件技术。许多游戏依靠 DirectX 来帮助从计算机获取更多性能，请确保计算机中的 DirectX 为最新版本，从而可以利用所有最新功能。

④ 获取最新版本的设备驱动程序。由于游戏性能会受设备驱动程序的影响，因此确保所具备全部硬件的驱动程序为最新版本。

⑤ 调整游戏设置。利用大多数游戏的设置中的显示分辨率、显示详细级别以及音频质量是可以控制的。通过更改这些设置来优化游戏的效果。

Part

4

第 4 部分
Internet 上网与局域
网应用篇

Chapter

15

Internet Explorer 7.0
应用技巧

上网最主要的活动就是浏览网页，这就要用到浏览器。在 Windows Vista 中集成了最新版本的 Internet Explorer 7.0 浏览器，与旧版本相比，Internet Explorer 7.0 增加了很多实用功能，在稳定性、兼容性、用户界面和安全性方面有显著改善，并提供了简洁的用户界面和重新设计的动态保护机制。

15-1　如何实现多选项卡浏览

问：多选项卡浏览是 Internet Explorer 7.0 的一个新增功能，如何实现？

答：Internet Explorer 7.0 所做出的一个最具颠覆性的改动，就是将窗口浏览网页的方式变成多选项卡浏览的方式。无须寻求插件的帮助，也不必用其他浏览器来替换，只用 Internet Explorer 7.0 就能够实现多选项卡浏览，如图 15-1 所示。

图 15-1

在 Internet Explorer 7.0 中，选项卡位于地址栏的下方，通过下列方式之一可以打开新选项卡：

- 右击任一选项卡，在弹出的快捷菜单中选择"新建选项卡"命令。
- 双击选项卡的空白处。
- 单击最右侧的"新建选项卡"。
- 右击页面中的链接，在弹出的快捷菜单中选择"在新选项卡中打开"命令。

当用户单击"快速导航选项卡"按钮，可以打开如图 15-2 所示的页面，便于对在所有选项卡中打开的页面进行快速浏览，单击其中的一个页面就可以直接跳转到该页面所在的选项卡。

图 15-2

15-2　怎样显示 Internet Explorer 7.0 菜单

问：在 Internet Explorer 7.0 中，菜单栏被隐藏了，一些初级用户还不是很适应，如何显示 IE7.0 的菜单栏？

答：如果用户要想恢复使用菜单，只需要进行简单的设置，可以通过以下两种方式显示菜单栏。

1．临时显示菜单

如果用户只是临时要使用菜单，可以直接按键盘上的【Alt】键，就可以显示菜单栏，默认选中"文件"菜单，如图 15-3 所示。

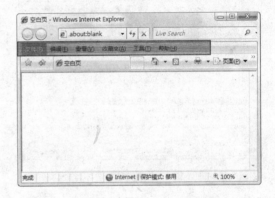

图 15-3

2．让菜单始终显示

如果想始终显示着菜单，则可以将菜单设置成固定显示，在工具栏上单击"工具"按钮，在弹出的菜单中选择"菜单栏"命令即可，如图 15-4 所示。

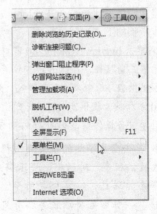

图 15-4

15-5 如何使用 Internet Explorer 中的搜索功能

问：Internet Explorer 7.0 内嵌了搜索引擎，实际操作过程中，如何使用搜索引擎？

答：网上资源十分丰富，要在浩如烟海的网络资源中搜索到自己想要的信息必须借助搜索引擎。在 Internet Explorer 7.0 中自带了搜索功能可以搜索互联网上的信息。在 IE 窗口右上角的搜索框中输入要搜索的关键字，然后按【Enter】键，搜索结果就可以显示在窗口中，如图 15-5 所示。

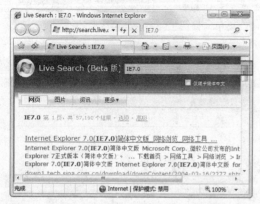

图 15-5

15-4 如何更改默认的搜索引擎

问：Internet Explorer 7.0 默认使用微软 Live 网站的搜索引擎，如何设置用户熟悉的搜索引擎呢？

答：Internet Explorer 7.0 默认会使用微软 Live 网站的搜索引擎。如果用户习惯使用其他搜索引擎，可以将它们添加到 Internet Explorer 7.0 的搜索框中，操作步骤如下：

第 1 步 单击 Internet Explorer 7.0 窗口右上角搜索框右侧的下三角按钮，在弹出的下拉菜单中选择"查找更多提供程序"命令，自动进入"向 Internet Explorer 7.0 添加搜索提供商"页面，列出了很多预设的搜索引擎服务提供商，如图 15-6 所示。

第 2 步 单击想要添加的搜索提供程序，打开"添加搜索提供程序"对话框，提示将选中的搜索提供程序添加到 IE，如图 15-7 所示，单击"添加提供程序"按钮即可将该服务添加到 Internet Explorer 7.0 的搜索框中。

图 15-6

图 15-7

第 3 步 再次单击搜索框右侧的下三角按钮，可以看到添加的搜索引擎，如图 15-8 所示，如果希望使用某个引擎进行搜索的时候，只需从该下拉菜单中选择要使用的搜索引擎即可。

图 15-8

第 4 步 在添加了很多搜索引擎后，如果需要对这些引擎进行管理，只需单击搜索框右侧的下三角按钮，在弹出菜单上选择"更改搜索默认值"命令。打开"更改搜索默认值"对话框，如图 15-9 所示，先选中要管理的搜索提供程序，再单击"设置默认值"或"删除"按钮即可将其设置为默认值或删除。

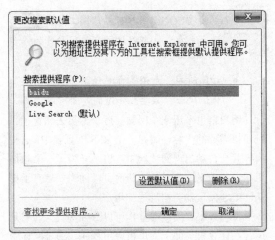

图 15-9

15-5　如何设置主页

问：主页是启动浏览器时自动打开的页面，在 Internet Explorer 7.0 中如何设置主页？

答：如果有某个网址是被频繁访问的，则可以将其设为"主页"，即在打开 IE 浏览器时，自动打开的网页，操作步骤如下：

第 1 步 打开浏览器，并在一个选项卡中打开需要设置成主页的页面。

第 2 步 在工具栏上单击"主页"选项卡右侧的下拉三角按钮 ，在弹出的下拉菜单中选择"添加或更改主页"选项，如图 15-10 所示。

图 15-10

第 3 步 在打开的"添加/更改主页"对话框中，选中"将此网页用作唯一主页"单选项，如图 15-11 所示，单击"是"按钮即可完成设置。

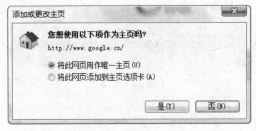

图 15-11

15-6　如何设置多个主页

问：既然在 IE 中可以实现多选项卡浏览，那么如何设置多个主页呢？

答：如果需要同时设置多个主页，可以在不同的选项卡中同时打开多个网页，执行主页操作时，会弹出如图 15-12 所示的对话框，选择"使用当前选项卡集作为主页"单选按钮，再单击"是"按钮即可完成设置。

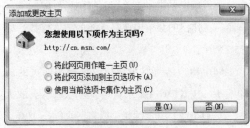

图 15-12

15-7　如何缩放网页

问：浏览网页，有时文字偏大，有时则偏小，如何缩放网页呢？

答：由于网页设计的标准各有差异，而显示器的外观尺寸也不是统一标准，不同的用户在浏览网页，会感觉网页文字和图片偏大，而另一些用户则感觉偏小。因此，在 Internet Explorer 7.0 中，就提供了对网页进行放大的功能。

1．放大网页

如果觉得网页中内容较小，看不太清楚，可以考虑将网页放大一些，在 IE 窗口的右下角，单击"更改缩放级别"按钮，则网页会放大一级，如图 15-13 所示。

图 15-13

如果多次单击缩放级按钮，则网页会再次的放大，直到放大到标准大小的 150%。再次单击，则恢复到原来的大小。

2．放大指定的倍数

如果觉得放大的倍数不能够满意，还可以自行设定放大倍数，单击"更改缩放级别"右侧的下三角按钮，在弹出的菜单中选择需要的放大倍数，如图 15-14 所示。

实际上用户还可以用快捷键来控制网页的放大和缩小，按【Ctrl +】组合键就可以将网页放大 10%。按【Ctrl -】组合键就可以将网页缩小 10%。

图 15-14

15-8 什么是 RSS 源

问：RSS 是 Internet Explorer 7.0 新增的功能，但什么是 RSS 源？

答：RSS 的最大作用是让用户使用最少的时间来获得最需要的信息，而不用陷入信息的海洋里面，例如。

- 订阅 BLOG：用户可以订阅工作中所需的技术文章；也可以订阅有共同爱好的作者的日志。
- 订阅新闻：无论是奇闻怪事、明星消息、体坛风云，只要想知道的，都可以订阅。

用户再也不用逐个网站、逐个网页去浏览了。只要将需要的内容订阅在一个 RSS 阅读器中，这些内容就会自动出现阅读器中，也不必为了一个急切想知道的消息而不断的刷新网页，因为一旦有了更新，RSS 阅读器会自动通知用户。

目前，RSS 阅读器基本可以分为两类。一类是运行在计算机桌面上的单机应用程序，通过所订阅网站和博客（Blog）中的新闻供应，可自动、定时地更新新闻标题。另一类新闻阅读器通常是内嵌于已在运行的应用程序中。例如，内嵌在 Internet Explorer 7.0 中的 RSS 阅读器。

15-9 如何订阅 RSS 源

问：RSS 的功能很强大，如何订阅 RSS 源？

答：在访问网页时，如果发现 Internet Explorer 7.0 工具栏上的"查看此页上的源"按钮 由灰色变为橙黄色，如图 15-15 所示，就表示当前查看的网页提供了订阅源的服务，并且是可以被 Internet Explorer 7.0 支持的格式。

图 15-15

单击"查看此页上的源"按钮 ，可以打开源内容的显示页面，在这个界面上用户可以首先查看该源的内容，并判断是否值得订阅，如图 15-16 所示。

确定订阅该源，可以单击"订阅该源"链接，打开订阅该源确认对话框，可以在名称文本框为该源重命名，并在创建位置列表框中设置保存位置，单击"订阅"按钮，打开"您已成功订阅此源！"页面，即表示已经成功订阅，如图 15-17 所示。

图 15-16

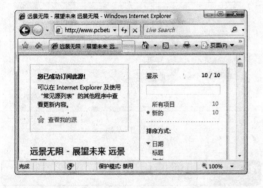

图 15-17

15-10　如何查看 RSS 源

问：已经订阅了 RRS 源，如何查看 RRS 源？

答：单击"收藏中心"按钮，打开收藏中心面板。再单击收藏中心面板顶部的"源"按钮，展开源面板，如图 15-18 所示。单击订阅的源，可以在当前选项卡中打开完整的源查看界面，如图 15-19 所示。

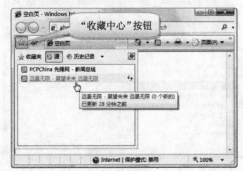

图 15-18

图 15-19

页面左侧是源的内容正文，页面右侧是工具栏，包含了查看源时经常用到的工具，而且这个工具栏是浮动在页面上方的，无论如何滚动页面，工具栏都会显示在窗口右上角。

工具栏上的工具功能如下：

① 筛选框：在这里输入关键字后可以对所有源内容的标题进行筛选，只显示标题中包含关键字的内容。这里的筛选功能也是动态的，随着关键字的输入，筛选工作会立即开始，随着关键字输入的过程，筛选后的结果也变得越来越精确。

② 排序方式：在这里可以选择源内容的排列方式，可以按照发表时间、标题、作者等信息进行排列。

③ 类别筛选：在这里可以对所有源内容进行筛选。例如，如果订阅了某个 IT 新闻网站的源服务，这个网站的源中包含的新闻被分为 Apple、Intel、Linux 等类别，那么这些类别就会显示在类别筛选区域，单击相应的类别就会隐藏不符合该类别的内容。

15-11　如何添加网页至收藏夹

问：需要将一个网址保存到收藏夹中，如何操作？

答：

1．添加一个网页到收藏夹

如果需要将当前正在查看的页面地址添加到

收藏夹中，可参照如下步骤：

第1步 在 IE 中切换到要收藏的页面，单击"添加到收藏夹"按钮，在弹出的菜单中选择"添加到收藏夹"命令，如图 15-20 所示。

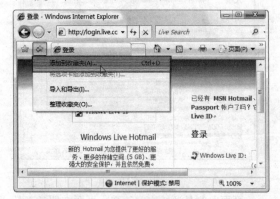

图 15-20

第2步 打开"添加收藏"对话框，设置此网页在收藏夹项目中的名称后单击"添加"按钮即可成功添加，如图 15-21 所示。

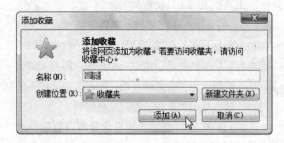

图 15-21

提示 单击"创建位置"下拉菜单后可以看到文件夹结构，可以选择一个子文件夹将该网页的地址加入。或单击"新建文件夹"可以将该网页的地址添加到一个新建的收藏文件夹中。

2. 添加多个网页到选项卡组

如果同时浏览的多个网页都需要收藏，可以将需要同时打开的网页添加到一个选项卡组，操作步骤如下：

第1步 将需要同时打开的网页都在一个 IE 窗口中打开，单击"添加到收藏夹"按钮，在弹出的菜单中选择"将选项卡组添加到收藏夹"命令，如图 15-22 所示。

图 15-22

第2步 在打开如图 15-23 所示的"收藏中心"对话框中，为选项卡组指定名称并选择保存位置后单击"添加"按钮即可。

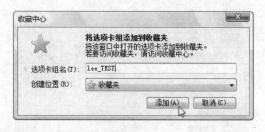

图 15-23

15-12 如何使用收藏夹

问： 收藏夹中已经保存部分网址，如何使用呢？

答： 将经常访问的网页地址添加到收藏夹后，可以在需要的时候单击选项卡栏左侧的收藏中心按钮，随后在 IE 窗口最左侧会出现收藏中心面板。单击每个文件夹可以将文件夹展开，显示保存的收藏记录，如图 15-24 所示，单击每个记录后，可以在当前选项卡中打开收藏的网页。

图 15-24

如果将一组网页添加到了选项卡组中，那么这一组网页的链接就会出现在收藏夹中一个独立的文件夹里，单击这个文件夹可以看到选项卡组中的每个网页地址。如果希望同时打开这一组网页，可以右击文件夹，选择"在选项卡组中打开"命令，如图 15-25 所示。

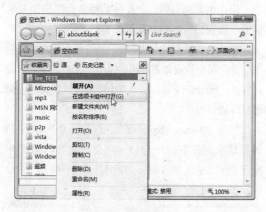

图 15-25

15-13　如何整理收藏夹

问：收藏夹中添加了很多网址，如何对这些网址进行整理？

答：将多个网址添加到收藏夹后，收藏夹会显得很混乱，可以参考下列步骤对收藏夹进行整理。

第 1 步 单击"添加到收藏夹"按钮，在下拉菜单中选择"整理收藏夹"命令，如图 15-26 所示。

图 15-26

第 2 步 在打开的"整理收藏夹"对话框中，可以进行新建文件夹、移动、重命名和删除等操作，如图 15-27 所示。

图 15-27

15-14　如何备份收藏夹

问：收藏夹保存很多自己喜爱的网址，如何对收藏夹备份，以防意外情况丢失？

答：使用导入/导出收藏夹功能可以实现收藏夹的交换和备份，例如：在重装操作系统之前，可以将收藏夹导出，待重装好系统后再将收藏夹导入。

导入/导出收藏夹是两个相似的过程，其中导出收藏夹的操作步骤如下：

第 1 步 单击"添加到收藏夹"按钮，在下拉菜单中选择"导入和导出"命令，可以打开如图 15-28 所示的"导入/导出向导"对话框。

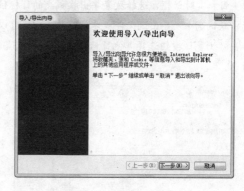

图 15-28

第 2 步 单击"下一步"按钮，打开"导入/导出选择"对话框，在"请选择要执行的操作"列表框中选择"导出收藏夹"选项，如图 15-29 所示。

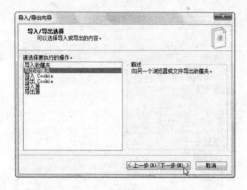

图 15-29

第 3 步 单击 "下一步" 按钮, 打开 "导出收藏夹源文件" 对话框, 选择从哪个文件夹导出, 默认选中 "Favorites" 文件夹, 即选中整个收藏文件夹, 如图 15-30 所示。

图 15-30

第 4 步 单击 "下一步" 按钮, 打开 "导出收藏夹目标" 对话框, 选择放置导出收藏夹的目标位置, 默认选中 "导出到文件或地址" 单选项。可以单击 "浏览" 按钮选择其他目标位置, 如图 15-31 所示。

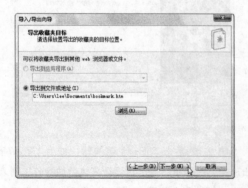

图 15-31

第 5 步 单击 "下一步" 按钮, 提示正在完成导入/导出向导, 单击 "完成" 按钮即可将收藏夹导出到设定的目标位置。

15-15 如何防止弹出窗口

问: 浏览网页时, 一些网站经常会弹出令人烦恼的广告窗口, 如何防止弹出窗口?

答: 浏览网页时, 经常碰到的就是一些网站会弹出广告, 而一些病毒更是利用弹出广告的特性来感染计算机。Internet Explorer 7.0 中可以通过设置阻止弹出窗口的弹出。

当用 Internet Explorer 7.0 打开一个网站时, 如果这个网站有弹出窗口, 则会自动将其阻止并发出声音, 在选项卡栏下方会显示一个如图 15-32 所示的黄色安全提示条。

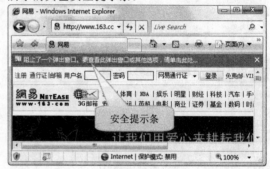

图 15-32

1. 临时允许弹出窗口

如果确实需要查看被阻止的弹出窗口内容, 这时可以临时允许弹出窗口。单击安全提示条, 在弹出的菜单中选择 "临时允许弹出窗口" 命令, 如图 15-33 所示, 以后再次访问该网站, Internet Explorer 7.0 仍会拦截该弹出窗口。

图 15-33

2. 总是允许弹出窗口

如果发现弹出窗口是有用的内容，这时就可以设置总是允许弹出窗口（例如工行的网银）。单击安全提示条，在弹出的菜单中选择"总是允许来自此站点的弹出窗口"命令，如图 15-34 所示。

图 15-34

在弹出如图 15-35 所示的确认提示窗口中单击"是"按钮，以后再打开这个网站，弹出窗口将不会被阻止了。

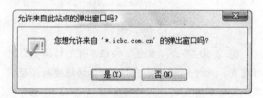

图 15-35

15-16　如何鉴别假冒网站

问：如何鉴别假冒网站？

答：网上的黑客利用假冒的网站来欺骗用户。通常假冒网站的页面与真实网站的页面几乎一样，而网址则是非常的相似，用户在浏览时，一不小心就会把假冒的网站当成真的网站。如果在网站中输入个人的账户信息，则有可能会被盗用。在 Internet Explorer 7.0 中提供了保护功能，可以对这些假冒网站进行鉴别。

如果浏览一个网站时，对其是否是假冒网站不能确定，这时可以使用鉴别功能。单击工具栏上"工具"按钮，在弹出的菜单中选择"仿冒网站筛选"｜"检查此网站"命令，如图 15-36 所示。

弹出如图 15-37 所示的"仿冒网站筛选"对话框，单击"确定"按钮发送检查信息。

图 15-36

图 15-37

如果网站不是仿冒的，就会返回如图 15-38 所示的检查信息。单击"确定"按钮后，可以放心地访问网站了。

图 15-38

15-17　如何修复安全设置

问：在上网过程中，如何修复不合适的 IE 安全设置？

答：如果用户更改了 Internet Explorer 7.0 中的某些安全设置，会给系统带来隐患。例如在"Internet 选项"对话框中的"安全"选项卡下，单击"自定义级别"按钮，修改 Internet 区域的安全设置为"不安全"，该选项的背景会变成红色，如图 15-39 所示，提示用户这样的设置不够安全。

此时如果执意要单击"确定"按钮，保存设置后 IE 会再次使用一个对话框询问用户是否要继续，如果确定，那么安全中心会用一个气球图标报警，报告当前的 IE 设置有问题。

图 15-39

同时 IE 中也会显示一个信息栏,提示用户的安全设置有问题。此时只需单击 Internet Explorer 7.0 中的信息栏,选择"修复设置"命令,如图 15-40 所示。

图 15-40

打开如图 15-41 所示的确认窗口,询问是否要修复安全设置,单击"修复设置"按钮即可恢复成默认的安全状态。

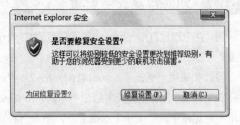

图 15-41

15-18 如何恢复浏览器

问: 在上网的过程中,由于恶意程序的破坏,会把 IE 修改的面目全非,如何快速修复?

答: 如果浏览器在使用过程中,由于各种原因,

造成浏览器无法正常使用,这时可以使用其自带的恢复功能进行修复,操作步骤如下。

第 1 步 单击工具栏中的"工具"按钮,在弹出的菜单中选择"Internet 选项"选项,打开"Internet 选项"对话框,切换到"高级"选项卡,如图 15-42 所示。

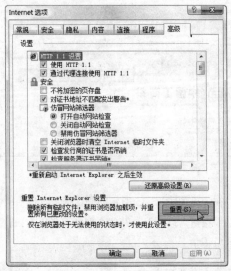

图 15-42

第 2 步 单击"重置"按钮,开始对浏览器进行重置,此时弹出如图 15-43 所示的进度对话框,显示清理及重置的过程(共有 4 个阶段)。全部完成后,单击"关闭"按钮。

图 15-43

第 3 步 弹出提示对话框,提示重新启动 IE 后设置生效,单击"确定"按钮即可,如图 15-44 所示。

图 15-44

Windows Mail 应用技巧

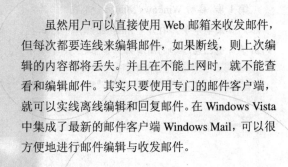

虽然用户可以直接使用 Web 邮箱来收发邮件，但每次都要连线来编辑邮件，如果断线，则上次编辑的内容都将丢失。并且在不能上网时，就不能查看和编辑邮件。其实只要使用专门的邮件客户端，就可以实线离线编辑和回复邮件。在 Windows Vista 中集成了最新的邮件客户端 Windows Mail，可以很方便地进行邮件编辑与收发邮件。

16-1　客户端收发邮件有什么优点

问：服务器方式收发邮件有什么缺点？客户端收发邮件有什么优点？

答：收发电子邮件通常有两种方式：服务器方式和客户端方式。大多数的邮箱都支持服务器方式收取信件，并且都提供一个友好的管理界面，只要在提供免费邮箱的网站登录界面，输入自己的用户名和密码，就可以收发信件并进行邮件的管理。但这种方式具有容量有限、必须在线使用、速度慢、不便于管理等缺点。而客户端方式是指在个人计算机中设置邮件收发账号即可一次性收发多个邮件，并且可轻松管理多个账号。客户端收发邮件主要是通过电子邮件管理软件，使用它可以轻松书写、收发电子邮件，Windows Vista 中的 Windows Mail 就是客户端邮件收发程序，Windows Vista 在"开始"菜单中提供了 Windows Mail 的快捷方式。单击"开始"菜单，选择"所有程序"｜"Windows Mail"命令，即可启动 Windows Mail。

16-2　如何设置邮件账户

问：在 Windows Mail 中，如何设置邮件账户？

答：初次运行 Windows Mail 时，如果没有设置默认邮件账户，或者需要添加新的邮件账户，可以参考以下步骤手动添加邮件账户。

第 1 步 启动 Windows Mail 后，单击"工具"｜"账户"菜单命令，打开"Internet 账户"对话框，列出了目前已经添加的所有账户，如图 16-1 所示。

图 16-1

第 2 步 单击"添加"按钮，打开"选择账户类型"对话框，在"你要添加什么类型的账户"列表框中选中"电子邮件账户"选项，如图 16-2 所示。

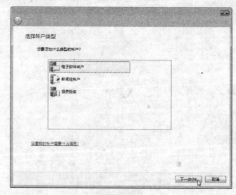

图 16-2

第 3 步 单击"下一步"按钮，打开"您的姓名"设置向导对话框，输入希望对方在收到自己的邮件后看到的发件人名称，如图 16-3 所示。

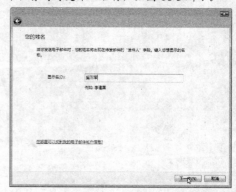

图 16-3

第 4 步 单击"下一步"按钮，打开"Internet 电子邮件地址"，在"电子邮件地址"文本框中输入已经注册的邮件地址，如图 16-4 所示。

图 16-4

第 5 步 单击"下一步"按钮，打开"设置电子邮件服务器"对话框，输入电子邮件服务器信息，包括电子邮件服务器类型（以 POP3 为例）、POP3 和 SMTP 服务器地址，如图 16-5 所示。

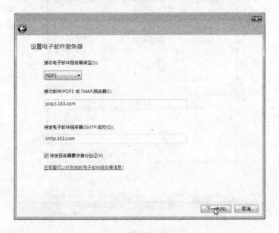

图 16-5

Windows Mail 支持以下电子邮件服务器类型。

POP3：邮局协议（POP3）服务器在查看电子邮件之前会保留传入的电子邮件，在查看时会将这些邮件传输到计算机中。POP3 是最常见的私人电子邮件账户类型，邮件通常会在查看后从服务器中删除。

IMAP：Internet 邮件访问协议（IMAP）服务器可以在不用先将电子邮件下载到计算机的情况下使用邮件。可以直接在电子邮件服务器上预览、删除和管理邮件，在删除之前，邮件副本存储在服务器上，IMAP 通常用于商业电子邮件账户。

SMTP：简单邮件传输协议（SMTP）服务器负责将电子邮件发送到 Internet。SMTP 服务器处理传出的电子邮件，与 POP3 或 IMAP 传入电子邮件服务器一起使用。

第 6 步 单击"下一步"按钮，打开"Internet 邮件登录"对话框，如果用户和别人共用计算机，此处最好取消选中"记住密码"复选框，在收取电子邮件时再输入密码，以免别人误入用户的电子信箱，如图 16-6 所示。

第 7 步 单击"下一步"按钮，在打开的对话框中再单击"完成"按钮即可完成账户的添加。

图 16-6

16-3　如何设置账户高级属性

问： 已经创建了账户，还需要其他设置吗？

答： 为了更好地使用客户端收发邮件，可以设置账户的高级属性，操作步骤如下。

第 1 步 启动 Windows Mail 后，单击"工具"｜"账户"菜单命令，打开"Internet 账户"对话框，列出了目前已经添加的所有账户，如图 16-7 所示，如果需要删除多余的邮件账户，可以先选中账户，单击"删除"按钮即可删除账户；如果需要在多个账户之间设置默认的邮件账户，可以先选中账户，再单击"设置默认值"按钮，系统会使用默认的账户收发邮件。

图 16-7

第 2 步 需要设置账户的高级属性，可以选中账户后，单击"属性"按钮，打开账户的属性对话框，在"高级"选项卡选中"在服务器上保留邮件副本"和"从'已删除邮件'中删除的同时从服务器上删除"选项，如果不选此项，接收邮件时服务器上的邮件会全部移动到本地计算机，虽然可以节省服务器上的邮件空间，但如果把本地计算机的邮件删除，则可能造成邮件的丢失；选中"从'已删除邮件'中删除的同时从服务器上删除"选项的目的是要客户端确认删除后同步删除服务器中的邮件；在"服务器超时"设置最长的目的，便于计算机能够与邮件服务器长时间连接，如图 16-8 所示。

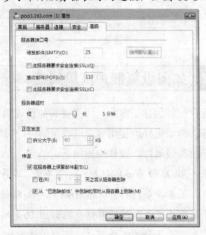

图 16-8

第 3 步 单击"确定"按钮即可完成账号属性的设置。

16-4 为什么服务器要求身份验证

问：账户设置完成后，使用 Windows Mail 只能收邮件而不能发邮件，总是弹出"服务器要求身份验证"信息，如何解决？

答：出现"服务器要求身份验证"信息主要是因为服务器需要验证身份（SMTP 身份验证）。SMTP 身份验证产生的原因是因为现在垃圾邮件非常多，很多人发送垃圾邮件的时候为了逃避垃圾邮件过滤软件，会伪造发件人地址。而 SMTP 身份验证就是为了防范伪造地址而采取的一种措施。可以在账户属性对话框中的"服务器"选项卡下，选中"我的服务器要求身份验证"复选框，如图 16-9 所示。再单击"设置"按钮，在弹出的如图 16-10 所示的"发送邮件服务器"对话框中选中"使用与接收邮

件服务器相同的设置"单选按钮即可解决问题。

图 16-9

图 16-10

16-5 在何处查看电子邮件账户信息

问：已经申请了电子信箱，需要设置客户端账户，但不知道具体的设置方法和相关信息？

答：不同的邮箱设置方法大同小异，最好的办法是在申请邮箱后，到相关网站（如 http://www. 163.com）查看帮助信息，一般可以查到邮箱的客户端设置方法、SMTP 和 POP3 地址、服务器是否要求身份验证等信息。

16-6 如何接收与阅读邮件

问：已经成功建立了客户端账户，如何使用 Windows Mail 接收与阅读邮件？

答：要接收新邮件，单击工具栏的"发送/接收"按钮，可以接收所有账户的所有邮件，如果在设置账户时没有保存密码，会弹出"Windows

安全"对话框，提示用户输入用户名和密码。如果只需要接收某一个账户服务器上的邮件，可以单击"发送/接收"按钮右侧的下三角按钮，在弹出的快捷菜单中选择接收邮件的账号即可，如图 16-11 所示。

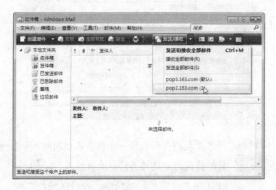

图 16-11

此时，Windows Mail 会弹出一个收发邮件的进度窗口。如果网络状况正常，就会连接到邮箱服务器中，接收其中的邮件，直接在邮件列表中将其单击选中，邮件的内容就会显示在邮件列表下方的预览面板中，在这里可以完整地浏览邮件内容，如图 16-12 所示。若双击邮件列表中要查看的邮件，即可打开一个新的窗口完整地查看邮件。

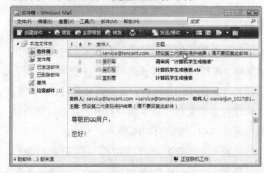

图 16-12

16-7 如何回复邮件

问：已经通过 Windows Mail 接收了邮件，如何将回复收到的邮件？

答：要回复接收到的邮件，可以在收件箱的邮件列表中选中要回复的邮件，单击工具栏上"答复"按钮，如图 16-13 所示。打开一个回复邮件的窗口。窗口的标题就是之前收到的邮件主题前面加上个

"Re:"，代表是回复邮件。在编辑窗口编辑回复内容后，单击"发送"按钮将回复邮件保存到发件箱中，如图 16-14 所示，最后再单击"发送/接收"按钮将邮件发出。

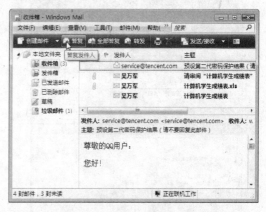

图 16-13

图 16-14

16-8 如何转发邮件

问：Windows Mail 收件箱的邮件如何转发给其他联系人？

答：当收到了封邮件后，需要将邮件告知另外一个联系人，则可以将这封邮件转发给另一个邮件地址。选中收件箱中需要转发的邮件，单击工具栏中的"转发"按钮，会打开如图 16-15 所示的转发邮件窗口。和回复邮件窗口不同的是，窗口的标题

是之前收到的邮件主题前面加上 "Fw:" 标识，代表是转发邮件。在编辑窗口编辑转发内容后，单击"发送"按钮即可将邮件将转发。

图 16-15

16-9 如何撰写并发送新邮件

问： 已经设置了 Windows Mail 账户，需要撰写并发送新邮件，如何操作？

答： 如果需要撰写新邮件，可以单击 Windows Mail 窗口工具栏最左侧的"创建邮件"按钮，如图 16-16 所示，可以新建一封纯文本格式的邮件。若单击"创建邮件"按钮右侧的下三角按钮，可以在 Windows Mail 自带的信纸列表中选择合适的信纸。

图 16-16

在打开的"新邮件"窗口中，编辑邮件内容、输入收件人邮件地址和邮箱的主题，如图 16-17 所示，单击"发送"按钮即可将邮件保存在发件箱中，再单击"发送/接收"按钮即可将邮件发送，发送邮件后，编辑邮件窗口自动关闭，回到 Windows Mail 主界面。

图 16-17

 抄送是指将邮件发给一个收件人的同时，将这封邮件同时发送给另外一个收件人。Windows Mail 还支持密件抄送功能，和抄送功能不同的是，密件抄送的收件人地址对于普通收件人来说是完全隐藏的，普通收件人不但看不到密件抄送收件人的邮件地址，而且根本不知道这封邮件同时还密件抄送给了其他人。

16-10 如何添加邮件附件

问： 如何将照片、音乐等文件发送给联系人？

答： 照片、音乐等文件可以作为邮件附件的方式发送联系人，编辑完成邮件并输入收件人的信箱地址、邮件的主题后，单击工具栏中的"为邮件附加文件"按钮，在打开的对话框中找到附件所在文件夹，如图 16-18 所示。此处可以按【Ctrl】键，依次选择多个文件，再单击"打开"按钮，将文件添加到邮件中，如图 16-19 所示。

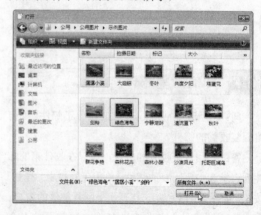

图 16-18

图 16-19

成功添加附件的邮件如图 16-19 所示，发送方法仍然是单击工具栏上的"发送"按钮即可完成附件的发送。

16-11　怎样过滤垃圾邮件

问：使用 Windows Mail 可以快速收发电子邮件，但总是收到大量的垃圾邮件，如何过滤垃圾邮件？

答：垃圾邮件是使用电子邮件过程中一个比较伤脑筋的问题，大量的垃圾邮件不仅会加重邮件服务器的工作负担，重要的是会降低用户的工作效率。Windows Mail 中增加了一个反垃圾邮件的功能，可以通过单击"工具"｜"垃圾邮件选项"菜单命令，如图 16-20 所示，打开"垃圾邮件选项"对话框，在"选择垃圾邮件保护级别"下选中"高"单选按钮，如图 16-21 所示，单击"确定"按钮。这样 Windows Mail 就可以判断出绝大部分垃圾邮件，并自动他们将移动到"垃圾邮件"文件夹中。

图 16-20

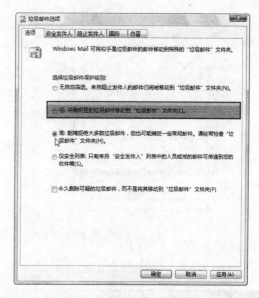

图 16-21

16-12　怎样创建自定义安全列表

问：如何将经常联系的发件人邮件地址添加到安全列表，防止被当作垃圾邮件？

答：如果通过电子邮件进行交流的人只有少数几个，也可以将这些人的电子邮件地址都添加到安全列表，并在"垃圾邮件选项"对话框中选择垃圾邮件保护级别为"仅安全列表"，这样只有列表中的人发来的邮件才会进入收件箱。通过自定义安全列表确定哪些发件人是安全的，以此来防范垃圾邮件。在"垃圾邮件选项"对话框"安全发件人"选项卡中，单击"添加"按钮弹出"添加地址或域"对话框，输入联系人的地址，如图 16-22 所示，单击"确定"按钮即可将该电子邮件地址添加到安全列表中。

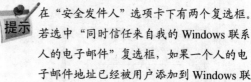 在"安全发件人"选项卡下有两个复选框。若选中"同时信任来自我的 Windows 联系人的电子邮件"复选框，如果一个人的电子邮件地址已经被用户添加到 Windows 联系人程序中了，那么这个地址发来的任何邮件都将被认为是正常邮件。若选中"自动将我向其发送电子邮件的人员添加到'安全发件人'列表"复选框后，用户再回复一个陌生人的邮件，这个人的邮件地址将被自动添加到安全发件人列表中。

图 16-22

16-13 怎样自定义黑名单列表

问：经常收到某一发件人大量的垃圾邮件，如何将其添加到黑名单？

答：利用 Windows Mail 黑名单功能可以更好地阻止某些恶意邮件地址发来的垃圾邮件。

在"垃圾邮件选项"对话框"阻止发件人"选项卡下单击"添加"按钮弹出"添加地址或域"对话框，输入要阻止的联系人的地址，如图 16-23 所示，单击"确定"按钮即可将该电子邮件地址添加到阻止发件人列表中。还可以在 Windows Mail 主界面的邮件列表中根据邮件来定义黑名单。在邮件列表中，右击垃圾邮件，在弹出的菜单中选择"垃圾邮件"｜"将发件人添加到'阻止发件人'列表"命令即可，如图 16-24 所示。

图 16-23

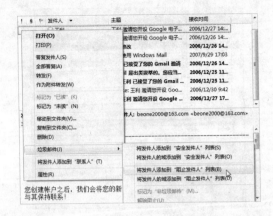

图 16-24

16-14 怎样拒绝接收某域名或语言的邮件

问：收到的垃圾邮件都是外文撰写的或者来自国外域名的邮箱，如何设置拒绝接收某域名或语言的邮件？

答：在"垃圾邮件选项"对话框的"国际"选项卡中，若单击"阻止的顶级域列表"按钮可以设置阻止来自如.jp、.ru 等国际域名的邮件；若单击"阻止的编码列表"按钮可以设置阻止某种编码语言的邮件，如图 16-25 所示。

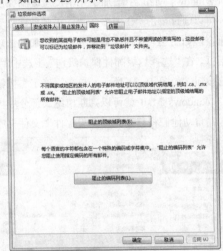

图 16-25

单击"阻止的顶级域列表"按钮将弹出"阻止的顶级域列表"对话框，如图 16-26 所示，选中希望阻止的域，再单击"确定"按钮。这样以后再收到来自这些域的邮件就会被自动放入垃圾邮件文件夹。

图 16-26

若单击"阻止的编码列表"按钮将弹出"阻止的编码列表"对话框，选中不希望收到的编码语言，如图 16-27 所示，再单击"确定"按钮。这样以后再收到用这些编码的邮件就会被自动放入垃圾邮件文件夹。

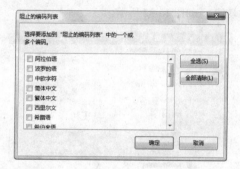

图 16-27

16-15　什么是 Windows Mail 联系人

问：Windows Mail 中有联系人功能，它有什么作用？

答：Windows Mail 中的联系人功能类似于生活中的通信录，它可以保存联系人的邮件地址、通信方式、住址等信息，它的功能比通讯录要强大，可以快速添加、修改、删除联系人信息。单击 Windows Mail 工具栏上的"联系人"按钮 ，即可打开 Windows Vista 自带的联系人程序，这实际上是一个具有特殊功能的资源管理器窗口，而每个联系人的信息就是里面保存的一个扩展名为.contant 的文件，用户可以像操作一般文件那样操作联系人信息。和一般的资源管理器窗口一样，地址栏下方是联系人的专用工具栏，窗口中央是联系人列表，列出了本机目前保存的所有联系人资料。选中一个联系人后，该联系人的信息就会在右侧预览面板中显示，如图 16-28 所示。

图 16-28

16-16　如何添加联系人

问：已经了解"通讯录"功能，如何在通讯录添加联系人？

答：如果没有联系人信息的电子文件，则只有通过手动输入来实现添加联系人，单击联系人窗口工具栏上的"新建联系人"按钮 ，弹出"属性"对话框，在不同的选项卡下输入添加联系人的相关信息，如图 16-29 所示，并单击"确定"按钮即可保存。

图 16-29

16-17　如何新建联系人组

问：需要在通讯录中建立很多相同属性的联系人，如何新建联系人组？

答：如果联系人程序中具有相同属性的联系人

比较多，可以考虑创建联系人组。例如可以根据联系人和用户的关系，创建诸如"同学"、"同事"、"家人"和"朋友"这样的组，就可以针对一组联系人进行某个操作了。单击联系人窗口工具栏上的"新建联系人组"按钮 **新建联系人组**，弹出"属性"对话框，在"组名"文本框中输入联系人组的名称，如图 16-30 所示，之后可以通过单击"添加到联系人组"或"新建联系人"按钮加入成员。

图 16-30

若单击"添加到联系人组"按钮，弹出"将成员添加到联系人组"对话框，如图 16-31 所示，在现有的联系人列表中选中要添加的联系人，再单击"添加"按钮即可将该联系人添加到这个组中。

图 16-31

提示 同一个联系人可以出现不同的联系人组中。

16-18 如何使用通讯录

问：通讯录中已经添加了很多联系人，如何使用通讯录提高工作效率？

答：通过 Windows Mail 联系人窗口可以很方便地对联系人进行发送邮件等操作。选中要发送邮件的联系人，单击工具栏中的"电子邮件"按钮，随后系统会自动启动默认的电子邮件客户端软件，并使用这个联系人的默认邮件地址新建一封邮件。右击某个联系人，在弹出的快捷菜单中选择"操作"命令，还可以针对该联系人进行更多的操作。如"呼叫此联系人"命令可以利用系统自带的拨号程序给这个联系人打电话（计算机连接的路由器必须支持此功能），如图 16-32 所示。

图 16-32

16-19 如何备份通讯录

问：通讯录中保存了很多联系人的信息，为了防止意外情况丢失联系人信息，如何对通讯录进行备份？

答：在联系人窗口中单击"导出"按钮，会打开如图 16-33 所示的"导出 Windows 联系人"对话框，选择文件的保存格式（推荐 CSV 格式），再单击"导出"按钮，在对话框中设置文件的保存位置，再单击"下一步"按钮，在打开如图 16-34 所示的"CSV 导出"对话框，选择要保存的域（电子邮件地址为必选项），最后单击"完成"按钮即可备份通信录。以后如果通讯录丢失，可以单击联系人窗口上方的"导入"按钮将通讯录导入到联系人中。

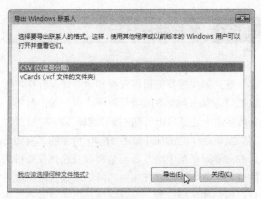

图 16-33

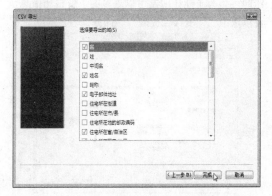

图 16-34

16-20 怎样启动 Windows 日历

问： Windows 日历可以新建约会等功能，如何启动 Windows 日历？

答： 在 Windows Mail 中单击工具栏中的"Windows 日历"按钮 ▦，即可启动 Windows 日历程序，左侧是日历和日程安排、任务列表，中央是当前视图下的时间面板，右侧是详细信息窗格，如图 16-35 所示。

图 16-35

16-21 如何创建和使用约会

问： 如何在 Windows Mail 创建和使用约会？

答： 单击 Windows 日历工具栏上的"新建约会"按钮 ▦ 新建约会，右侧的详细信息窗格即进入新建约会的详细信息编辑状态，如图 16-36 所示。在"新建约会"文本框中，输入约会的描述。在"位置"文本中，输入约会位置。在"日历"列表框中，选择希望进行约会的日历。在"约会信息"栏设置约会的开始和结束时间，并设定重复周期。若要设置提醒，单击"约会"下拉菜单选择希望约会前多久进行提醒。若要邀请某个人，请在"参加者"列表中，输入想要邀请的人员的电子邮件地址，按下【Enter】键后单击"邀请"列表中的电子邮件地址，再单击"邀请"按钮，设定完毕后，约会记录会被自动保存。

图 16-36

当约会制定的提醒时间到来时，无论 Windows 日历启动与否，系统都会自动弹出一个提醒窗口，单击"解除"按钮可以停止后续的提醒，如图 16-37 所示。

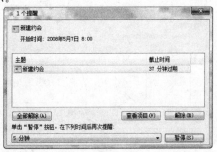

图 16-37

16-22 如何创建和使用任务

问：如何在 Windows Mail 中创建和使用任务？

答：和约会不同，任务的主要用途是代表在一个时间段内需要进行的活动。单击 Windows 日历工具栏上的"新建任务"按钮 ☑ **新建任务**，右侧的详细信息窗格即进入新建任务的详细信息编辑状态，如图 16-38 所示。在"新建任务"文本框中，输入任务的描述；在"日历"列表框中，选择希望执行任务的日历；在"优先级"列表中，选择所需的优先级：低、中或高；设置开始日期和截止日期；若要设置提醒，请在"提醒"列表中，设置希望系统提醒用户的日期和时间；同样，设定完毕后，任务记录会被自动保存，并显示在窗口左下角的任务面板中。

图 16-38

当任务制定的提醒时间到来时，无论 Windows 日历启动与否，系统都会自动弹出一个提醒窗口，单击"解除"按钮可以停止后续的提醒，如图 16-39 所示。

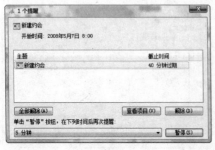

图 16-39

16-23 怎样共享日历

问：已经创建了日程安排，如何和好友共享？

答：如果需要把日程安排和一些好友分享，可以把日历发布到网络或者局域网。在左侧"日历"任务窗格中选择日历名称，接着选择"共享"｜"发布"菜单命令。在打开如图 16-40 所示的"发布日历"向导对话框中输入日历名称以及选择发布日历的位置，比如可以选择服务器网络硬盘目录，或者自己网站的链接位置，设置完毕，单击"发布"按钮即可。为了能让朋友可以更多的了解日历信息，可以选中"便笺"、"提醒"、"任务"等复选框。

图 16-40

16-24 如何订阅日历

问：已经创建了日程安排，如何订阅日历？

答：打开 Windows 日历窗口工具栏中的"订阅"按钮，在出现订阅日历的"订阅日历"对话框中输入朋友共享日历的链接地址，再单击"下一步"按钮就可以直接在网络中导入他人共享的日历了，如图 16-41 所示。在 Windows 日历中，用户除了能够发布自己的日程外，还可以订阅别人的日历，前提是别人的日历已经共享了，比如同事之间的日程共享等。

图 16-41

Chapter

17

Windows Live Messenger 应用技巧

　　Windows Vista 内置了 Live Messenger 软件，该软件其实就是 MSN Messenger 的后续版本。Live Messenger 凭借着强大的实力，在众多的 IM 软件中脱颖而出，本章主要介绍了 Live Messenger 各种应用技巧。

17-1 Live Messenger 与 MSN Messenger 有何区别

问：请问 Windows Live Messenger 与 MSN Messenger 有哪些区别？

答：两者没有什么区别，Live Messenger 是 MSN Messenger 的新一代版本，主要是配合微软的"Live 计划"。MSN Messenger 在 5.0 之前的都叫做 Windows Messenger，是 Windows XP 附带的 IM 软件，从 8.0 开始就变成了 Windows Live Messenger。

MSN 和 Windows Live 都是微软的旗下品牌，MSN 实际上就是 Microsoft Network，是当时互联网刚刚发展起来的时候，微软强力打造的网络服务品牌，MSN 在将 Hotmail 收归旗下并整合 NBC 为 MSNBC 后获得了强大发展，而 Windows Live 则是微软新成立的品牌，现在成功地将 MSN Messenger 和 Hotmail（现在的 Windows Live Mail）收归旗下，强调其 Live 互动功能。例如新推出的 Office 2007 就支持 Windows Live 功能。

17-2 如何下载 Windows Live Messenger

问：Windows Vista 中并没有自带 Windows Live Messenger 程序，该如何下载 Windows Live Messenger？

答：Windows Vista 在"开始"菜单中提供了 Live Messenger 的下载链接，点击链接就能进入 Windows Live Messenger 服务的主页。单击"开始"菜单，选择"所有程序"|"Windows Live Messenger 下载"命令，如图 17-1 所示。

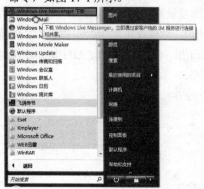

图 17-1

系统直接调用默认的浏览器开启 Windows Live Messenger 服务主页，如图 17-2 所示，单击"免费获取"按钮开始下载最新版本的 Live Messenger。

图 17-2

17-3 如何注册 Windows Live Messenger 账号

问：我还没有 Live Messenger 账号，如何注册 Windows Live Messenger 账号？

答：账号是 Live Messenger 这类及时通信软件的唯一身份证明，只有注册了账号，才能使用 Live Messenger。

第 1 步 开启 Live Messenger，新用户单击登录窗口的"注册 Windows Live ID"链接注册。

第 2 步 Live Messenger 调用默认的浏览器开启 Live Messenger 服务网站的注册页面。单击"立即注册"按钮，如图 17-3 所示。

图 17-3

第 3 步 进入注册页面（见图 17-4），带有"*"符号的项目是必填项。在"创建 Windows Live ID"

文本框输入未被使用的账号；在"选择您的密码"文本框填入密码；在"输入重新设置密码信息"文本框设置相当于密码保护的问题和答案。

图 17-4

第 4 步 继续输入其他信息。在根据图片填写字符之后，单击"我接受"按钮接受服务协议。

第 5 步 如果资料填写符合要求，进入恭喜页面，提示用户注册完成（见图 17-5）。关闭浏览器，回到 Live Messenger 主界面登录。

图 17-5

提示 MSN Hotmail 账号、MSN Messenger 账号或者 Microsoft Passport 账号都是与 Live Messenger 账号通用的，只需注册一个账号，就可以享受上述全部服务。

17-4 怎样使用注册账号登录 Live Messenger

问：如何使用注册的账号登录 Live Messenger？

答：有了账号，就能够登录 Live Messenger。

第 1 步 在"电子邮件地址"和"密码"文本框中分别填写正确的用户账号和密码，单击"登录"按钮即可登录，如图 17-6 所示。

图 17-6

提示 若选中"保存密码"和"自动登录"复选框，日后再使用 Live Messenger 就不需要填写用户名密码并可以直接登录了。

第 2 步 如图 17-7 所示，登录成功，一切准备工作完成，接下来就可以尽情享受聊天的快乐。

图 17-7

17-8　如何在 Live Messenger 中添加联系人

问：如何在 Live Messenger 中通过邮件添加好友？

答：通过邮件地址添加联络人是 Live Messenger 最基本也是最常用的联络人添加方式。

第 1 步　单击"添加联络人"按钮 创建自己的好友名单，如图 17-8 所示。

图 17-8

第 2 步　打开"添加联系人"对话框（见图 17-9），在"即时消息地址"栏填入好友的邮箱地址；在"个人邀请"栏填入个人邀请信息，通过信息可以让对方知道你是谁，以杜绝自动垃圾信息发送软件骚扰。最后单击"添加联系人"向对方发送请求。

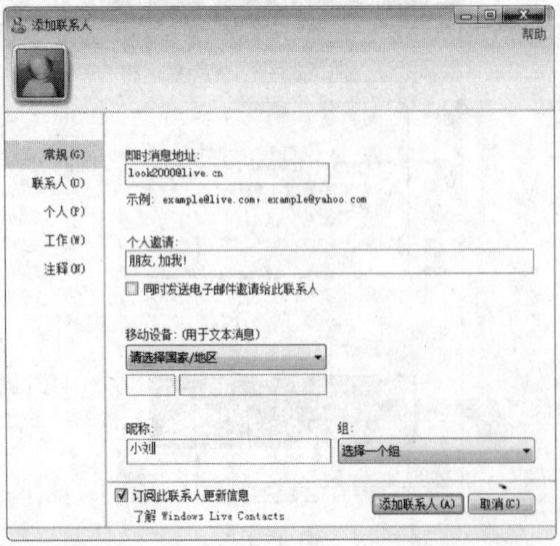

图 17-9

第 3 步　回到 Live Messenger 主界面，刚才添加的好友出现在了联络人名单中。但在好友接受添加联络人请求之前，用户还不能看到其联机状态。没接受请求之前的好友都处于脱机状态中。

17-6　如何在 Live Messenger 中快速搜索联系人

问：Live Messenger 中的联系人太多，如何快速搜索联系人？

答：如果用户的 Live Messenger 中联系人比较多，又急于快速查找某一个联系人，则可以在 Live Messenger 主窗口上方的搜索框中输入该联系人的昵称或邮件地址，随着关键字输入的增多，自动显示的查找结果也越来越精确，如图 17-10 所示。

图 17-10

17-7　如何自定义 Live Messenger 头像

问：怎样自定义 Live Messenger 头像？

答：Live Messenger 可以自己选择一张图片当作头像，操作为。

第 1 步　在主窗口单击用户状态，在下拉菜单中选择"更改显示图片"命令。或单击 Live Messenger 主窗口上方的"显示菜单"按钮 ，在弹出的菜单中选择"工具"｜"更改显示图片"命令，如图 17-11 所示。

图 17-11

命令，如图 17-13 所示。

图 17-13

第 2 步 弹出"显示图片"对话框（见图 17-12），在预设头像栏中选择合适的头像，或单击"浏览"按钮，从本地计算机中选择一张图片上传作为头像。同时在预览视窗自动预览头像效果。设置完毕后，单击"确定"按钮保存设置。

第 2 步 弹出"保存即时消息联系人列表"对话框（见图 17-14），联络人名单默认保存在"我的文档"中，名单保存格式为 .ctt 文件，单击"保存"按钮即可。

图 17-12

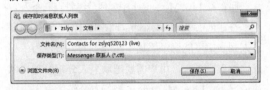

图 17-14

17-9 为什么联系人列表中的联系人不见了

问： 升级 Windows Live Messenger 后，如果联系人列表为空或不完整，是何原因？

答： 缓存的联系人列表可能未正确更新。此时在"文件夹选项"对话框必须设置正确，才可以查看和删除联系人缓存文件夹。

第 1 步 在任务栏上，右击"开始"按钮，然后选择"资源管理器"命令。

第 2 步 打开"资源管理器"窗口，选择"组织" | "文件夹和搜索选项"命令，打开"文件夹选项"对话框，如图 17-15 所示。

第 3 步 切换到"查看"选项卡，在"高级设置"列表框中，选中"显示隐藏文件和文件夹"单选按钮，确保未选中"隐藏已知文件类型的扩展名"复选框。

第 4 步 单击"确定"按钮即可。

17-8 怎样在 Live Messenger 中保存好友列表

问： 我有多个 Live Messenger 账号，可以将所有的 Live Messenger 账号进行保存吗？

答： 如果用户有多个 Live Messenger 账号，就不用逐一添加好友，保存功能可以将别的 Live Messenger 账号的联系人名单全部一次性移动过来。要保存 Live Messenger 好友名单的操作步骤为。

第 1 步 单击主窗口上方的"显示菜单"按钮，选择"联系人" | "保存即时消息联系人"

图 17-15

图 17-17

17-10 如何在 Live Messenger 中分组管理联系人

问： 在 Live Messenger 中如何分组管理联系人？

答： 随着 Live Messenger 使用时间的增长，联系人列表中可能已经添加了比较多的好友，为了更好地管理联系人，用户需要把联系人分组管理。默认情况下，Live Messenger 把好友分组为家人、朋友、同事，此外还可以自定义创建新组。

第 1 步 单击 Live Messenger 主窗口上方的"显示菜单"按钮 ，在弹出的菜单中选择"联系人" | "创建组"命令，如图 17-16 所示。

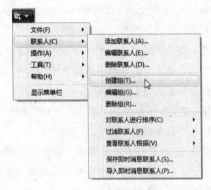

图 17-16

第 2 步 弹出"新建组"对话框（见图 17-17），在"输入组名称"文本框中输入新的组名，如"校友"，然后在联系人列表中选中要添加该组中的好友，再单击"保存"按钮即可。

17-11 如何导入已保存的 Live Messenger 好友列表

问： 如何导入已保存的 Live Messenger 好友列表呢？

答： 保存的联络人名单可以添加到任意一个 Live Messenger 账号中。

第 1 步 登录另一个 Live Messenger 账号，单击主窗口上方的"显示菜单"按钮，选择"联系人" | "导入即时消息联系人"命令。

第 2 步 弹出"导入即时消息联系人列表"对话框，选择原来保存的.ctt 文件，单击"打开"按钮即可实现 Live Messenger 好友的轻松复制，如图 17-18 所示。

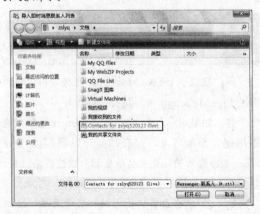

图 17-18

第 3 步 好友名单复制后，Live Messenger 自动向名单中所有用户（除了之前已经在联络人名单中的用户除外）发送添加好友请求。如图 17-19 所示，单击"是"按钮同意发送添加请求。

图 17-19

17-12 如何给好友发送 Live Messenger 即时消息

问：在 Live Messenger 中如何给好友发送即时消息？

答：在 Live Messenger 好友列表中，右击要聊天的好友，在弹出的快捷菜单中选择"发送即时消息"命令（见图 17-20），或直接双击好友，都可以打开对话窗口。

图 17-20

弹出聊天窗口（见图 17-21），全部聊天操作都能在视窗中完成。输入聊天内容后，单击"发送"按钮发送消息，好友就能收到消息。

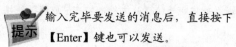
提示 输入完毕要发送的消息后，直接按下【Enter】键也可以发送。

图 17-21

17-13 如何给好友发送 Live Messenger 离线消息

问：在 Live Messenger 中如何给好友发送离线消息？

答：如果好友没有在线，可以发送离线脱机信息，好友上线后就能看到，脱机信息发送窗口开启方法也同普通聊天窗口开启方法一致，右击要聊天的好友，在弹出的快捷菜单中选择"发送脱机即时消息"命令，如图 17-22 所示。

图 17-22

弹出如图 17-23 所示的聊天窗口，提示脱机的好友下次登录后就能收到您的消息。

图 17-23

17-14 如何书写、发送 Live Messenger 手写消息

问：在 Windows Live Messenger 中，如何书写、发送 Live Messenger 手写消息？

答：在 Windows Live Messenger 中，若要发送手写消息，可在聊天对话窗口底部，单击"手写"按钮✍。此时用户即可拖动鼠标，手写聊天信息，完成后，单击"发送"按钮即可发送手写信息，如图 17-24 所示。

图 17-24

 联系人若要接收手写消息，则必须安装了Windows Live Messenger 8.0 或更高版本。

17-15 怎样设置个性化的 Live Messenger 聊天界面

问：怎样设置个性化的 Live Messenger 聊天界面？

答：Live Messenger 聊天窗口具有改变背景、颜色的功能。若要更改窗口的配色方案，单击 🖌 按钮，选择合适的配色方案，聊天窗口的颜色立即变为选择的配色方案，如图 17-25 所示。

图 17-25

若要更改聊天窗口的背景，可以单击 🖼 ▼ 按钮，在显示的下拉列表框中选择合适的背景即可，如图 17-26 所示。

图 17-26

提示 还可以在更改背景的下拉列表框底部单击"共享当前背景"选项，发送与好友共享当前背景的请求，待对方接受后即可与好友共享当前背景。

17-16 如何在 Live Messenger 中与好友发送文件

问：怎样在 Live Messenger 中与好友发送文件？

答：同大多数及时通信软件一样，使用 Live Messenger 也可以与好友传送文件，实现资源的共享。

第 1 步 在与好友的聊天窗口中，单击"共享文件"按钮 📁，选择"发送一个文件或照片"命令（见图 17-27），或在好友列表中，右击要发送文件的好友，选择"发送其他内容" | "发送一个文件"命令。

图 17-27

第 2 步 弹出发送文件选择窗口，选择要发送的文件后，将等待对方的接收。

第 3 步 对方接收后，开始进行传送，在聊天窗口中显示文件的传送进度（见图 17-28），直至传送完成。若需断开传送此文件，单击"取消"链接即可。

图 17-28

图 17-30

17-17　怎样在 Live Messenger 中与好友玩游戏

问： 怎样在 Live Messenger 中与好友一起在线玩游戏？

答： Windows Live Messenger 还具有游戏功能，工作累了、聊天乏了都可以随时邀请好友去游戏中心进行在线游戏。

第 1 步 单击聊天窗口上方的"查看游戏列表"按钮，在下拉列表中提供了多达 23 款小游戏，选择游戏种类（以纸牌为例，见图 17-29），即可对好友发送游戏请求。

图 17-29

第 2 步 若好友接受邀请，自动安装游戏需要的插件后，在聊天窗口右侧会展开游戏面板（见图17-30），就可以共同进入游戏世界。

17-18　如何配置首次使用语音视频功能

问： 第一次使用 Live Messenger 的语音视频功能，该如何配置？

答： 第一次使用 Live Messenger 的语音视频功能，需要对音频视频进行设定，以便让软件找到正确的麦克风和摄像头。

第 1 步 单击 Live Messenger 主窗口上方的"显示菜单"按钮，在弹出的菜单中选择"工具" | "音频和视频设置"命令，如图 17-31 所示。

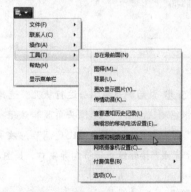

图 17-31

第 2 步 弹出"音频和视频设定"窗口，关闭播放声音和视频的程序，并确认扬声器、麦克风和摄像头已经打开后，单击"下一步"按钮。

第 3 步 进入扬声器设定窗口（见图 17-32），在"选择您要使用的扬声器或耳机"下拉列表框中选择用户连接音频输出设备的声卡。单击"播放声音"可以测试音箱或耳机。设置完毕，单击"下一步"按钮继续。

第 4 步 进入麦克风设定窗口，在"选择您要使用的麦克风"下拉列表框中选择连接音频输入设备的声卡，并对麦克风说话，如果右边的麦克风测试条有黄色声波，说明输入设备运行良好。设置完毕，单击"下一步"按钮继续，如图 17-33 所示。

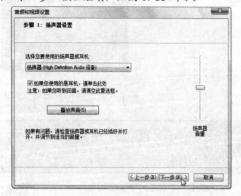

图 17-32

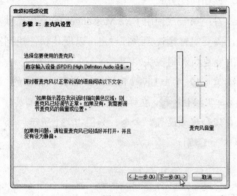

图 17-33

第 5 步 最后测试摄像头运行状况。选择摄像头，并根据测试画面调整摄像头角度和焦距。单击"选项"按钮可以进行亮度对比度调节。效果满意后按下"完成"按钮结束调节向导窗口，如图 17-34 所示。

图 17-34

17-19 怎样在 Live Messenger 中开启视频语音聊天

问： 怎样在 Live Messenger 中开启视频语音聊天？

答： 要开启视频语音聊天，只需要单击 Live Messenger 聊天窗口工具栏的"开始或停止视频通话"按钮，发送视频语音聊天请求。若对方接受聊天请求，并稍候系统连接成功，开始视频通话，如图 17-35 所示。

图 17-35

此时还能在聊天窗口中传送文字信息以及文件。要结束视频通话只需单击聊天窗口的"挂断"链接即可。

17-20 如何自动保存 Live Messenger 聊天记录

问： 我发现使用 Live Messenger 无法查看聊天记录，如何保存聊天记录？

答： 在默认情况下 Live Messenger 为了保障用户隐私安全，是不保存聊天记录的，因此用户必须手动开启保存消息历史纪录功能。

在主窗口单击用户状态，在下拉菜单中选择"选项"命令。打开"选项"设置对话框，切换至"消息"选项卡。在"消息历史记录"栏下选中"自动保留对话的历史记录"复选框（见图 17-36）后，单击"确定"按钮保存设置。设定完成，日后产生的所有聊天记录都将保存下来。

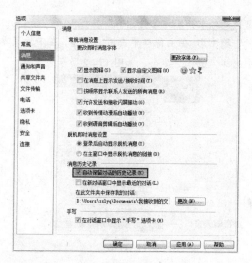

图 17-36

17-21 如何查看 Live Messenger 聊天记录

问： 如何查看 Live Messenger 聊天记录？

答： 需要查看某个好友聊天记录时，在主界面好友名单中右击其账户名，选择"查看" | "消息历史记录"命令，如图 17-37 所示。

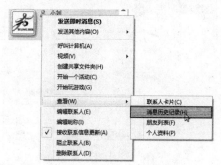

图 17-37

弹出聊天记录查看窗口（见图 17-38）。在这里可以对聊天记录进行搜索定位、删除等操作。

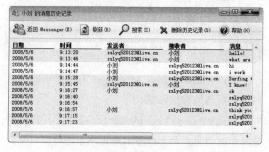

图 17-38

17-22 如何对 Live Messenger 联系人进行加密

问： 如何对 Live Messenger 联系人进行加密？

答： 如果用户选择在登录时让 Windows Live Messenger 记住密码，Messenger 将自动存储用户的联系人文件，并且不对其进行加密。这样就允许桌面搜索和其他应用程序读取并使用联系人信息。

若要对联系人列表数据进行加密，可参照如下步骤：

第 1 步 在主窗口单击用户状态，在下拉菜单中选择"选项"命令。

第 2 步 打开"选项"对话框，在左侧的任务窗格中单击"安全"选项，在右侧选中"对联系人列表进行加密，以防止通过非 Windows Live Messenger 途径进行访问。"复选框，如图 17-39 所示。

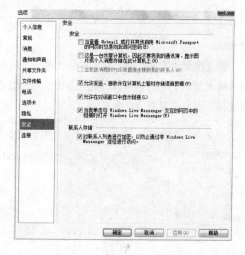

图 17-39

第 3 步 单击"确定"按钮即可加密 Live Messenger 联系人列表。

注意 默认情况下，联系人文件存储在 Windows Vista 中的以下位置：C:\Documents and Settings\user_name\contacts\account_name。

17-23 怎样使用悄悄话功能保证聊天安全

问： 使用 Live Messenger 聊天，怎样才能保证重要的聊天信息安全？

答：为了保证重要聊天信息不被监听，Live Messenger 提供了悄悄话功能，通过它的加密，局域网窃听工具和木马都不能窃取到用户的重要信息。聊天中，一旦有重要消息如银行账号，商业机密等要发送，最好使用悄悄话功能。

单击聊天窗口工具栏的"查看活动列表"按钮 ，在下拉菜单内选择"悄悄话（加密）"选项即向好友发送使用悄悄话的邀请，如图 17-40 所示。

图 17-40

好友接受请求后，聊天窗口右侧出现一个新的加密聊天窗口（见图 17-41），在里面可以用悄悄话模式聊天而不怕重要信息泄漏。

图 17-41

17-24 如何自定义 Live Messenger 主窗口选项卡

问：Windows Live Messenger 主窗口左侧一列选项卡有很多广告，如何自定义这些选项卡？

答：默认情况下，Windows Live Messenger 主窗口左侧会显示一列选项卡，这些选项卡一般以广告居多，用户可以自定义选项卡的排序，或干脆隐

藏该选项卡。操作步骤如下：

第 1 步 在主窗口单击用户状态，在下拉菜单中选择"选项"命令，如图 17-42 所示。

图 17-42

第 2 步 弹出"选项"对话框（见图 17-43），单击左侧列表中的"选项卡"选项，即可在右侧的窗格中通过单击"上"或"下"按钮调整选项卡的顺序。

图 17-43

第 3 步 如果要隐藏这些选项卡，直接选中"隐藏选项卡"复选框即可。

第 4 步 单击"确定"按钮保存设置。

17-25 与其他即时消息网络进行通信有何限制

问：Windows Live Messenger 与其他即时消息网络进行通信有何限制？

答：Windows Live Messenger 支持多种即时消息（即时消息是两人或多人通过网络进行即时交流的一种方式。）网络。利用 Messenger，用户可以将

即时消息发送至其他网络的联系人或查看他们的联机状态。

与使用其他网络的联系人进行通信时可能会遇到以下限制：

- 不支持共享文件夹、文件传输、音频、视频或其他功能。
- 无法验证其他网络的联系人的电子邮件，因此确保用户此时的输入正确。
- 当离开或开会时，该联系人显示用户的状态仍为"联机"。必须手动将用户的状态设置为"忙碌"。
- 不支持多方即时消息会话（同时有多个联系人参与的即时消息，所有参与者都位于同一个对话窗口中）。

17-26　如何检查 Live Messenger 的连接设置

问：无法登录 Live Messenger，如何检查 Live Messenger 的连接设置呢？

答：如果不能登录到 Live Messenger，则可能是 Live Messenger 中的连接设置阻止用户连接到 Windows Live ID 或 .NET Messenger Service。检查方法如下。

第 1 步 在主窗口单击用户状态，在下拉菜单中选择"选项"命令。

第 2 步 打开"选项"对话框，在左侧的任务窗格中选择"连接"选项，在右侧单击"高级设置"按钮，如图 17-44 所示。

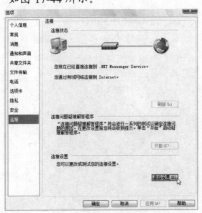

图 17-44

第 3 步 打开"设置"对话框（见图 17-45），单击"TCP"部分中的"测试"按钮。当测试结果出现在"连接测试程序"对话框中时，单击"确定"按钮。此时即可通过测试结果判断导致连接出现问题的设置。

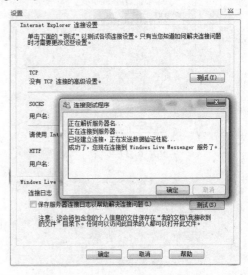

图 17-45

17-27　如何安装 Live OneCare 安全扫描程序

问：如何安装 Live OneCare 安全扫描程序？

答：Windows Live OneCare 安全扫描程序将自动检查用户计算机上的病毒、磁盘碎片、浪费的磁盘空间和开放的网络端口。

若要安装 Windows Live OneCare 安全扫描程序，可参照如下步骤进行：

第 1 步 在主窗口单击用户状态，在下拉菜单中选择"选项"命令。

第 2 步 打开"选项"对话框，在左侧的任务窗格中选择"文件传输"选项，在右侧单击"安装"按钮，如图 17-46 所示。

第 3 步 打开"安装 Windows Live OneCare 安全扫描程序"对话框（见图 17-47），单击"下载"按钮以安装安全扫描程序。

第 4 步 单击"完成"按钮即可。

图 17-46

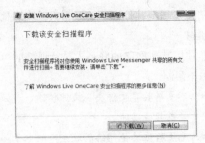

图 17-47

 Windows Live OneCare 安全扫描程序是唯一将对共享文件夹中的文件进行扫描并在 Windows Live Messenger 共享文件夹窗口中显示扫描结果的扫描程序。

Chapter

18

网络管理与配置
技巧

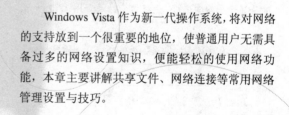

　　Windows Vista 作为新一代操作系统，将对网络
的支持放到一个很重要的地位，使普通用户无需具
备过多的网络设置知识，便能轻松的使用网络功
能，本章主要讲解共享文件、网络连接等常用网络
管理设置与技巧。

18-1 怎样查看局域网中的所有计算机

问：怎样查看局域网中的计算机？

答：在开始菜单中选择"网络"选项，或者直接双击桌面上的"网络"图标，打开"网络"窗口，系统会搜索局域网中存在的其他计算机，绿色搜索进度条显示出搜索进度，最终搜索结果如图 18-1 所示。

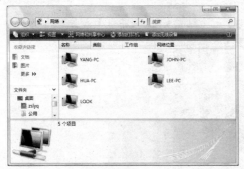

图 18-1

18-2 怎样访问局域网中的计算机

问：在局域网中，如何访问局域网中的其他计算机？

答：如果计算机处于局域网中，用户可随时访问局域网中其他计算机的共享文件夹，操作步骤如下：

第 1 步 在开始菜单中选择"网络"选项，或者直接双击桌面上的"网络"图标，打开"网络"窗口会搜索局域网中存在的其他计算机，绿色搜索进度条显示出搜索进度，最终搜索结果如图 18-2 所示。

图 18-2

第 2 步 双击需要访问的计算机图标，在弹出的对话框中输入对方账号的用户名和密码，即可显示对方计算机中的共享资源，可以是共享文件夹，也可以是共享的打印机，如图 18-3 所示。

图 18-3

第 3 步 双击共享文件夹，可以查看对方共享资源的具体信息，也可以根据对方设置的权限，进行文件拷贝、打开、删除等操作。

18-3 如何手动设置本机 IP 地址

问：在有些网络环境中，需要手动设置 IP 地址，那么如何手动设置 IP 地址呢？

答：设置 IP 地址可以参考以下操作步骤：

第 1 步 单击"网络和共享中心"窗口左侧的"管理网络连接"链接，如图 18-4 所示。

图 18-4

第 2 步 在打开的"网络连接"窗口中选中要设置 IP 地址的本地连接，并在工具栏上单击"更改此连接的设置"链接，如图 18-5 所示。

第 3 步 在打开"本地连接"属性窗口中，会显示此连接所使用的项目，在列表中选中"Internet

协议版本 4" 选项, 再单击"属性"按钮, 如图 18-6 所示。

图 18-5

图 18-6

第 4 步 在打开的协议属性窗口中的"常规"选项卡中, 选中"使用下面的 IP 地址"单选项, 然后手动输入正确的 IP 地址信息, 设置好后单击"确定"按钮即可完成设置, 如图 18-7 所示。

图 18-7

18-4　为何局域网的计算机不能互访

问: 为什么局域网的计算机不能互访?

答: 在局域网中, 只有同一工作组的计算机才能实现互访。设置各台计算机的名称及归属工作组, 一方面有利于在网络中正确识别, 同时也利于对各台计算机进行分组管理, 设置工作组的步骤如下:

第 1 步 在控制面板中, 双击其中的"网络和共享中心"图标, 或者右击"网络"图标, 在弹出的快捷菜单中选择"属性"命令, 如图 18-8 所示。

图 18-8

第 2 步 打开"网络和共享中心"窗口, 在右侧的"共享和发现"部分, 展开"网络发现"部分的设置, 单击下面的"更改设置"链接按钮, 如图 18-9 所示。

图 18-9

第 3 步 接下来在弹出的"系统属性"对话框的"计算机名"选项卡下, 单击下方的"更改"按钮, 如图 18-10 所示。

第 4 步 最后在"计算机名/域更改"对话框下, 输入一个计算机名称和工作组名称后, 单击所有打开对话框的"确定"按钮即可, 如图 18-11 所示。

图 18-10

图 18-11

> **提示** 从实际应用来看，虽然计算机名和工作组名支持中文命名，但在实际的网络连接中有时会出现无法识别中文计算机名的情况，因此建议使用英文方式命名。

18-5 如何加快访问局域网中的计算机

问：通过网上邻居访问局域网中的计算机，查找的速度很慢，有没有快捷的方法？

答：计算机通过网上邻居访问的方法需要查找局域网中所有共享资源，所以有时候查找速度会很慢，此时可以直接在窗口地址栏中输入共享计算机的 IP 地址或计算机名来实现直接访问，输入的格式为 "\\IP 地址或计算机名"，按下【Enter】键后即可进入对方计算机的共享界面，如图 18-12 所示。

图 18-12

18-6 公用文件夹共享有哪些功能

问：公用文件夹共享有什么功能？

答：Windows Vista 中，通过公用文件夹实现文件共享是相当方便的，特别在使用同一台 PC 的多用户间共享而言：任何存放在公用文件夹下的资源，包括文档、下载、音乐、图片、视频等，均可被同一台 PC 上的其他用户以及具有公用文件夹访问权限的网络用户使用。公用文件夹实现的共享方式相当 "简陋"，其不能分别为不同的用户设置不同级别的访问权限，无法限制用户只能共享公用文件夹中的特定文件等。因此，出于安全角度的考虑，建议不要通过公用文件夹，而是在文件的保存位置进行更详细的设置以更安全地共享。

18-7 如何在网络中隐藏本地计算机

问：不想让局域网中的其他用户看到自己的计算机，如何设置？

答：通过关闭 "网络发现" 功能，可以将自己的计算机在局域网隐藏，不但在局域网中看不到自己的计算机，自己也看不到别的计算机，操作步骤如下。

第 1 步 在打开的 "网络" 窗口工具栏上单击 "网络和共享中心" 按钮，打开 "网络和共享中心" 窗口，如图 18-13 所示。

第 2 步 单击 "网络发现" 功能右侧的下拉三角按钮展开 "共享和发现" 面板，如图 18-14 所示。

图 18-13

图 18-14

第 3 步 选中"关闭网络发现"单选按钮，再单击"应用"按钮即可完成设置。

18-8 怎样共享文件夹并设置访问权限

问：如何在计算机中创建一个共享文件夹，以便局域网中的其他用户访问？

答：如果想在局域网上共享一个文件夹，可以先在计算机中创建一个文件夹，然后再将其设置成共享，操作步骤如下：

第 1 步 右击要设置为共享的文件夹，在弹出的菜单中选择"共享"命令，如图 18-15 所示。

图 18-15

第 2 步 在打开的"文件共享"对话框中，单击"添加"按钮左侧的下拉三角按钮，在弹出的下拉列表框中选择一个本机的用户，再单击"添加"按钮将其添加到允许访问的列表中，如图 18-16 所示。

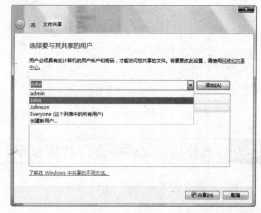

图 18-16

第 3 步 添加了用户，还可以给其设定访问权限，在权限级别栏单击，在弹出的菜单中设置用户权限级别，如图 18-17 所示，"读者"权限将只能读取不能修改；"参与者"权限可以读取并修改文件，但不能删除文件；"共有者"权限可以修改和删除文件。

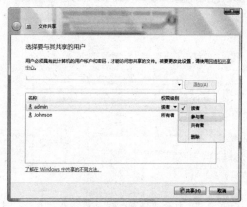

图 18-17

第 4 步 设置好权限后，单击"共享"按钮，就可以将文件夹在局域网中共享了，接下来会有一个设置共享文件夹的过程，系统在按要求设置好共享后，会显示一个完成界面，如图 18-18 所示，最后单击"完成"按钮结束设置。

图 18-18

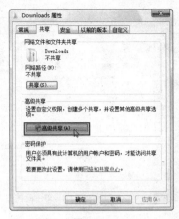

图 18-20

18-9 怎样设置文件夹高级共享权限

问：普通文件共享存在一定的隐患，如何设置高级共享？

答：高级共享主要是为共享的文件设置必要的访问权限，具体设置步骤如下。

第 1 步 在资源管理器窗口右击需要共享的文件夹，然后从快捷菜单中选择"属性"命令，如图18-19 所示。

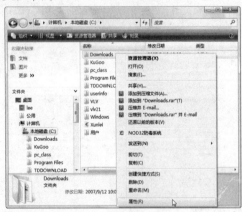

图 18-19

第 2 步 打开文件属性对话框，在"共享"选项卡中的"高级共享"选项区域单击"高级共享"按钮，如图 18-20 所示。

第 3 步 在打开"高级共享"对话框中，选中"共享此文件夹"复选框，然后输入共享名，并设置访问此文件夹的人数限制，如图 18-21 所示。

图 18-21

第 4 步 默认情况下，共享的文件夹只有"只读"权限，如果需要添加其他权限，可以单击下方的"权限"按钮，在权限设置对话框中，首先选中用户名，然后在权限设置栏选中"允许"和"拒绝"中的相应复选框即可，如图 18-22 所示。如果在"组或用户名"列表框中没有需要的用户名，可以单击"添加"按钮进行添加，最后单击"确定"按钮完成操作。

图 18-22

18-10　密码保护共享有哪些功能

问：网络和共享中心的"密码保护共享"，有什么功能？

答：启用"密码保护共享"功能意味着只有用户输入合法的用户名与密码后才使用共享资源，包括共享文件与共享打印机等。Windows Vista 默认启用该项设置。需要注意的是，此项设置不但影响"公用文件夹共享"，而且其对所有共享资源均有效。建议不要禁用密码保护。

18-11　如何禁用网络共享功能

问：网络文件共享会给自己带来安全隐患，如何将此功能关闭？

答：在"网络和共享中心"窗口中，单击"文件共享"右侧的下拉三角按钮，展开"文件共享"面板，选中"关闭文件共享"单选项，如图 18-23 所示，再单击"应用"按钮，即可关闭网络共享。

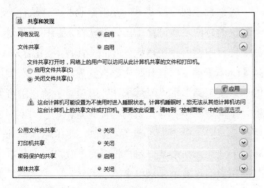

图 18-23

18-12　为什么需要关闭媒体共享

问：为什么需要关闭媒体共享？

答：启用媒体共享功能，用户计算机中的媒体共享文件夹可以供局域网中的其他用户访问，

在 Windows Vista 中启用网络数字媒体播放机时，会不停自动搜索局域网中其他计算机中共享的媒体，因此会长时间占用资源。建议在不需要的时候关闭媒体共享。

18-13　如何中断或禁用网络连接

问：连上网络后，发现受到网络攻击，如何中断或禁用网络连接？

答：如果用户连接上网后，发现受到网络攻击，可以暂时将网络中断。最直接的方法当然是将网线拔掉，但实际上可以在系统中通过禁用网络连接来实现软中断。

在打开的"网络连接"窗口中选中要禁用的本地连接，在工具栏上单击"禁用此网络设备"按钮即可禁用网络连接，如图 18-24 所示。

图 18-24

禁用后的网络连接为灰色，这时工具栏上的"禁用此网络设备"按钮变成"启用此网络设备"按钮，选中已被禁用的本地连接，在工具栏上单击"启用此网络设备"按钮可以启用禁用的连接，如图 18-25 所示。

图 18-25

18-14　怎样配置无线路由器

问：局域网中某一计算机是通过无线网卡联网，如何配置路由器？

答： 局域网如果有计算机通过无线网卡上网，需要配置无线路由器的网络连接名称（SSID 值）以及必要的安全选项，可以通过下列步骤配置路由器。

第 1 步 按【Win+R】组合键，打开"运行"对话框，输入"cmd"命令，打开"命令提示符"窗口，输入"ipconfig"命令，按【Enter】键可以显示网络的默认网关（192.168.1.1），如图 18-26 所示。

图 18-26

第 2 步 打开 IE 浏览器输入 IP 地址打开用户登录对话框，输入用户名和密码（默认值均为 admin），如图 18-27 所示。

图 18-27

第 3 步 单击"确定"按钮，可以打开如图 18-28 所示的无线宽带路由器设置页面，从左方选择栏中展开"无线参数"选项，在主窗口 SSID 值处定制好名称、频段及传输模式。选中"开启安全设置"复选框，再从"安全类型"下选择"WEP"类型，并输入相应的密钥。

第 4 步 单击"保存"按钮保存设置，并自动重启无线路由器即可完成设置。

用户需要牢记 SSID 值，无线网卡需要此值来实现与无线路由器的连接；而频段及传输模式则可保持默认设置。

如果需要配置多机共享上网，则可通过路由器的设置向导来完成。其中主要是设置宽带上网账户以及定义 SSID 值等步骤。

图 18-28

18-15 如何查看局域网网络流量

问： 作为网络管理员，如何查看网络流量？

答： 查看网络流量可以使用专业的网络软件，但最快的方法是通过路由器管理软件，在 IE 浏览器的地址栏中输入路由器地址（http://192.168.1.1/），按【Enter】键可以打开路由器设置界面，选择右侧的"系统工具"｜"流量统计"选项，主窗口中可以显示局域网中各计算机的当前流量，如图 18-29 所示。其中，IP 栏显示计算机在局域网的 IP 地址和网卡地址，如果某一用户长时间下载，可以从字节数和数据包数中显示出来。

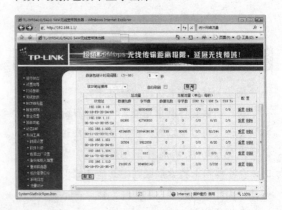

图 18-29

18-16　如何通过设置 IP 或 MAC 禁止用户上网

问：在局域网中发现用户长时间下载，如何禁止？

答：如果在局域网中发现用户长时间下载，可以通过在路由器管理软件中设置 IP 或 MAC 地址过滤禁止其上网，在路由器管理界面中，选择"安全设置"｜"防火墙设置"选项，在展开的主界面中选中"开启防火墙"、"开启 IP 地址过滤"和"开启 MAC 地址过滤"三个复选项，如图 18-30 所示，再单击"保存"按钮，保存设置。

图 18-30

选择"安全设置"｜"MAC 地址过滤"选项，在展开如图 18-31 所示的主界面中单击"添加新条目"按钮，在打开的界面中，添加需要禁止上网用户的 MAC 地址即可。

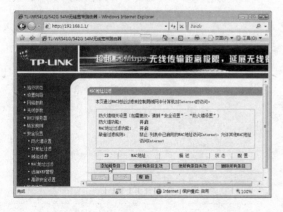

图 18-31

18-17　如何正确设置无线网卡连接

问：完成设置无线路由器后，如何设置无线网卡才能保证计算机正常通信？

答：无线网卡端的主要工作是设置 SSID 值和手动连接到无线路由器，具体操作步骤如下。

第 1 步　进入"网络和共享中心"配置窗口，如果看到当前无线连接并未连接成功，可以单击下方的"连接到网络"链接，如图 18-32 所示。

图 18-32

第 2 步　在弹出的"连接网络"向导窗口中会显示 Windows 搜索到的可用的无线网络，选择需要连接的网络，单击"连接"按钮，如图 18-33 所示。

图 18-33

第 3 步　如果启用了加密的网络，则会提示输入安全密码，输入在无线路由器中设置的安全密码，如图 18-34 所示。

第 4 步　单击"连接"按钮，即可成功与无线路由器进行连接，如果不能进行连接应检查无线网卡的 SSID 值是否与无线路由器的 SSID 值相同。

图 18-34

第 5 步 完成连接配置，双击状态栏下方的连接图标，出现如图 18-35 所示的界面，即表示无线网络连接正常。

图 18-35

18-18 如何创建新网络会议

问：如何在 Windows Vista 环境下召开网络会议？

答：办公环境免不了召开各种会议，但对于已经存在局域网的办公环境来说，完全可以依靠网络开展会议；Windows Vista 中带有这样的专门"Windows 会议室"工具，设置步骤如下。

第 1 步 单击"开始"菜单，选择"所有程序"|"Windows 会议室"命令，弹出"Windows 会议室设置"对话框，单击"是，继续设置 Windows 会议室"按钮，弹出如图 18-36 所示的"网络邻居"对话框，在"您的显示名称"文本框中输入会议中显示的名称，在"允许邀请"下拉列表框中选择邀请的用户权限。

第 2 步 单击"确定"按钮，在打开"Windows 会议室"窗口中，选择"开始新会议"选项，定义

会议名称、指定连接密码，单击"创建会议"按钮即可，如图 18-37 所示。

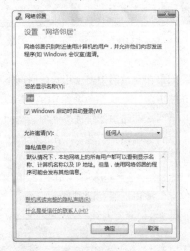

图 18-36

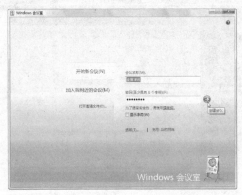

图 18-37

第 3 步 此时在会议室主操作界面中，会显示当前参会人数以及相关的设置选项，可以单击"添加讲义"按钮为各参会者发送一份会议纪要，如图 18-38 所示。

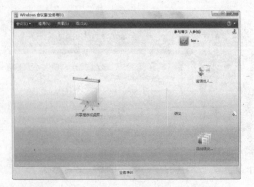

图 18-38

18-19　如何加入现有网络会议

问：局域网其他用户已经创建了 Windows 会议室，如何加入？

答：建立好会议的主连接后，局域网内其他计算机即可加入到此会议中来。在其他计机算中启动"Windows 会议室"功能，可发现网络中已经建立的会议室，单击即可开始加入，如图 18-39 所示。

图 18-39

系统会提示参会者输入连接密码，输入完成后单击右侧的"加入会议"按钮，如图 18-40 所示。当所有计算机都连接到此会议室后，可以从右上方查看到所有已连接的计算机名。之后再单击左侧的"共享程序或桌面"图标，开始具体的连接应用，如图 18-41 所示。

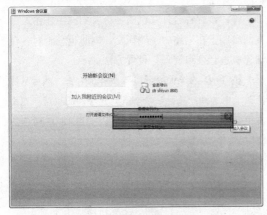

图 18-40

当需要向参加会议的所有人演示某一个操作如何进行时，可以将桌面共享出来，这样操作者的一举一动都可以广播给会议室内的所有计算机，如图

18-42 所示。

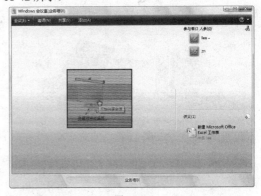

图 18-41

图 18-42

18-20　如何确定小型局域网组建方案

问：在 Windows Vista 下，如何组建小型局域网？

答：在 Windows Vista 下，可以较方便地组建一个小型局域网，一般需借助交换机、路由器、ADSL Modem、网卡和网线等设备，另外还需要仔细设置好各网络参数，这样才能保障整个网络运行的稳定。

根据组网环境及具体要求的不同，通常有多种组建方案可以选择，这里主要是指各硬件设备的连接方式。下面分别介绍。

1. 双机互连

双机互连也称其为对等网连接或双网卡连接。两台计算机中分别安装有网卡，只需要使用一根双绞线将两块网卡连接起来，即可实现两台计算机的对等连接。完成连接后再设置好两台计算机的 IP

地址，即可在"网上邻居"中实现相互的访问，从而实现最简单的家庭网络连接，如图 18-42 所示。

图 18-42

提示 在此种连接方式中，除了使用双绞线+网卡的形式来连接两台计算机外，还可使用串/并口连接线、USB 互连线等其他线缆来实现直接连接。

2. 多机互连

顾名思义，此种连接方式主要适用于有多台计算机需要互连的环境。除了准备必要的互联网卡以及双绞线外，还需要准备一台互连中断设备（交换机）；当然，如果要实现共享上网，则还需要准备宽带路由器，如图 18-43 所示。

图 18-43

提示 而如果多台计算机还希望共享接入互联网，则还需要在交换机端增加一台宽带路由器；将宽带路由器与交换机连接，再将 ADSL Modem 与宽带路由器相连即可。

18-21 怎样连接有线局域网硬件设备

问：怎样连接有线局域网硬件设备？

答：通常说来，不管是家庭网络还是小型办公网络，使用最多的还是多机互连的方案。假设整个局域网还要实现互联网的共享接入，那么具体的硬件连接步骤如下。

第 1 步 将 ADSL Modem 的 WAN 口与宽带路由器的 WAN 口相连。

第 2 步 将宽带路由器的 LAN 口与交换机的任一 LAN 口相连。

第 3 步 再将交换机的任一 LAN 口与计算机网卡相连，如图 18-44 所示。

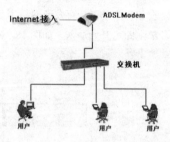

图 18-44

提示 也可以不使用宽带路由器，即仅使用 ADSL Modem 直接与交换机相连，但这要求 ADSL Modem 具有宽带路由功能。

大多数的家庭网络环境中，通常都采用 ADSL Modem+宽带路由器的方式来进行连接。因为宽带路由器上自带有 4 个 LAN 接口，完全可以满足连接的需要。

18-22 如何设置工作组

问：在 Windows Vista 下如何设置计算机的名称和工作组？

答：设置各台计算机的名称及归属工作组，一方面有利于在网络中正确识别，同时也利于对各台计算机进行分组管理。设置方法如下。

第 1 步 在桌面"网络"图标上右击，然后从快捷菜单中选择"属性"命令或打开控制面板后，双击其中的"网络和共享中心"图标，如图 18-45 所示。

图 18-45

第 2 步 打开"网络和共享中心"窗口，在右侧的"共享和发现"选项框，展开"网络发现"选项框的设置，单击其中的"更改设置"按钮，如图 18-46 所示。

图 18-46

第 3 步 在弹出的"系统属性"对话框中的"计算机名"选项卡下，单击下方的"更改"按钮，如图 18-47 所示。

图 18-47

第 4 步 最后在"计算机名/域更改"对话框下，输入一个计算机名称和工作组名称，单击所有打开对话框的"确定"按钮即可，如图 18-48 所示。

图 18-48

18-23 如何确定无线网络组建方案

问：和有线网络一样，无线网络也应该有自己的接入方式。如何确定无线网络组建方案？

答：通常说来，其主要分为两大类。

1．无线局域网络

这是最基本的无线网络方式。此类网络通常可实现较为普遍的网络应用，而且整个网络的运行质量高、易于管理。其在组建之初需要根据实际网络环境展开组建分析、设备选购等工作；之后还需要进行必要的网络参数配置与后期使用维护等，属于"固定性"的无线网络环境，如图 18-49 所示。

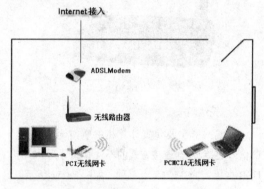

图 18-49

2．移动无线网络

在国内的大中城市中，中国移动与中国联通几乎是不遗余力地推广 GPRS 以及 CDMA 1X 接入方式，这是最典型的移动无线网络。其典型应用就是利用移动采集终端设备在一些不适合计算机工作的环境下进行数据采集，然后再将数据同步至固定网络的计算机或后台数据库。

一般说来，无线局域网和有线局域网一样，可以是两台计算机通过无线网卡组建为无线对等网；也可以是无线路由器+无线网卡的方式，组建为无线多机互连网络。实际使用最多的还是无线路由器+无线网卡形式。

18-24 无线网络连接设备有哪些

问：无线网络的连接设备有哪些？

答：通常说来，一个完整的无线网络，应该包括无线网卡、无线接入点（无线路由器）、计算机和有关设备等。下面分别介绍。

1. 无线路由器

无线路由器负责整个无线网络的信号中转、分发工作，其作用与有线路由器类似，如图 18-50 所示。

图 18-51

3. 无线增益天线

如果是与无线接入点的距离较远，还会采用无线天线或无线网桥的方式来增强信号的传输，如图 18-52 所示。

图 18-50

2. 无线网卡

无线网卡主要负责计算机终端与无线接入点的信号连接，根据连接方式的不同其又分为 PCI 卡、USB 卡以及 PCMCIA 卡三种，如图 18-51 所示。

图 18-52

无线设备经过安装驱动程序后，其物理连接就非常简单了。通常说来，只需连接好电源线并打开工作开关即可；当然，如果要接入宽带，只需要将 ADSL Modem 的 WAN 口和无线路由器的任意 LAN 口相连即可。

Part

5

第 5 部分
优化设置与工具
软件篇

19

系统优化设置技巧

Windows Vista 作为全新的操作系统，在实际操作过程中，就需要用户进行多方面的系统调整以及系统优化，让 Windows Vista 系统的性能得到最大的发挥。

19-1　为什么 Windows Vista 安装后会越来越慢

问：Windows Vista 操作系统安装后，系统变得越来越慢呢？请分析一下造成这种现象的主要原因？

答：造成这种现象主要有以下 4 个原因。

1. 注册表变得更加臃肿

注册表主要作用给应用程序一个统一存放配置信息的地方，Windows Vista 系统比 Windows XP 系统的注册表更为庞大，但是如果注册表太大的话，将消耗很多的系统资源。

2. 预装了更多的字体

Windows XP/2003 只预装了 60 种左右的 True Type 字体，但是 Windows Vista，居然安装了 190 种之多，数量翻了三倍还多，系统安装的字体越多，越影响速度。

3. 捆绑了不止一个的 .NET 运行环境

.NET 的可恶之处，在于它与系统紧密结合，所以十分影响操作系统的速度。首先它在安装的时候写了太多的注册表项。第二点就是它在 Windows 启动时就加载了许多 DLL。

4. 使用了更加复杂、花哨的界面技术

Windows Vista 使用了 Aero、Flip 3D 界面技术，它们消耗极大的系统资源。

19-2　怎样利用 Windows Defender 配置开机加载程序

问：在 Windows Vista 开机的时候，系统自动加载开机运行程序。听说可以使 Windows Vista 系统自带的 Windows Defender 进行配置，请问如何使用 Windows Defender 进行配置开机加载程序？

答：当用户在安装了很多软件以后，一些软件就会自动加载在开机的时候启动。这样，久而久之，安装的软件越来越多开机启动程序也就跟着增多，这样不仅影响机器的启动速度，而且非常占用系统资源，使得整机的性能都下降。

打开"控制面板"窗口，依次单击"程序"｜

"查看当前运行的程序"链接，打开"软件资源管理器"窗口，如图 19-1 所示。

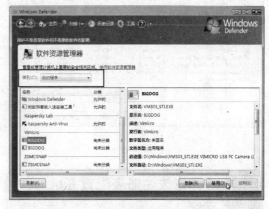

图 19-1

在"类别"列表中，选择"启动程序"选项，从名称栏选中要禁用的应用程序名称。单击"禁用"按钮打开确认对话框，单击"是"按钮即可设置其不再随 Windows 自动启动。

提示 在 Windows Vista 中常用的关闭开机自加载程序的方法一般有 3 种：使用 Windows Defender 进行配置、使用系统配置程序或修改注册表，下面将逐一对其介绍。

19-3　如何使用系统配置程序配置开机加载程序

问：在 Windows XP 下，我们可以使用系统配置程序轻松配置计算机的开机加载程序，请问在 Windows Vista 系统下如何使用系统配置程序配置开机加载程序呢？

答：使用 Windows Vista 系统配置程序配置 Windows Vista 开机加载程序的方法与 Windows XP 相似。单击"开始"按钮，在"开始搜索"框中输入"msconfig"，按【Enter】键打开"系统配置"窗口，如图 19-2 所示。

切换到"启用"选项卡，即可显示所有随 Windows 自启动的加载项。取消选中不需要的启动项前的复选框，单击"确定"按钮，弹出对话框提示需要重新启动应用所做的更改，单击"重新启动"按钮即可。

图 19-2

19-4 怎样修改注册表配置开机加载程序

问： 如果需要使用"注册表编辑器"对 Windows Vista 的开机加载程序进行管理，则如何实现呢？

答： 对于对计算机有一定认识的用户通常会使用修改注册表的方法管理 Windows Vista 的开机加载程序。单击"开始"按钮，在"开始搜索"框中输入"regedit"，按【Enter】键打开"注册表编辑器"窗口，如图 19-3 所示。

图 19-3

分别展开注册表项到：

HKEY_CURRENT_USER\Software\Microsoft\Windows\CurrentVersion\Run

HKEY_LOCAL_MACHINE\SOFTWARE\Microsoft\Windows\CurrentVersion\Run

在右侧的详细窗格中看到开机随 Windows 启动的程序，右击需要删除的启动项，在其快捷菜单中选择"删除"命令即可删除不需要的加载项。

19-5 如何加快窗口弹出速度

问： 使用 Windows Vista 打开某个窗口的速度非常慢，请问如何加快窗口的打开速度？

答： Windows Vista 系统在打开窗口时使用了动画效果，会影响打开窗口的速度，对内存较小的用户来说，可将动画效果关闭。其具体的操作如下：

第 1 步 按【Win+R】组合键，打开"运行"对话框。

第 2 步 输入 Regedit，单击"确定"按钮打开"注册表编辑器"窗口，如图 19-4 所示。

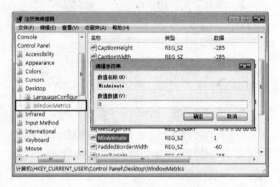

图 19-4

第 3 步 依次展开 HKEY_CURRENT_USER\Control Panel\Desktop\WindowMetrics 分支，在右边的窗口中找到 MinAniMate 键值，把它的值由"1"修改为"0"即可关闭动画显示。

19-6 怎样减少 Vista 开机滚动条时间

问： 怎样减少 Windows Vista 开机滚动条时间，加快系统启动速度？

答： 要加快 Windows 启动时蓝色滚动条的运行速度，可以打开注册表编辑器，定位到 HKEY_LOCAL_MACHINE\SYSTEM\CurrentControlSet\Control\Session Manager\Memory Management\ Prefetch Parameters，在右边窗口中双击 Enable Prefetcher 主键，在弹出的"编辑 DWORD（32 位）值"对话框，将默认值由 3 改为 1，单击"确定"按钮即可，如图 19-5 所示。

图 19-5

19-7　如何缩短关闭服务前的等待时间

问： 当执行关闭计算机的操作时，总是感觉关闭等待的时间太长，如何能够减少关闭计算机前的等待时间呢？

答： 当对 Windows Vista 系统中的执行关闭操作后，会对计算机内还在运行的服务进行关闭，如果某一程序在系统默认时间内没有停止运行，系统就会强制执行停止操作。缩短关闭服务前的等待时间的操作如下。

第 1 步 按【Win+R】组合键，打开"运行"对话框。

第 2 步 输入 regedit，单击"确定"按钮打开"注册表编辑器"窗口，如图 19-6 所示。

图 19-6

第 3 步 依次展开 HKEY_LOCAL_MACHINE\System\Current ControlSet\Control 子项，在右边的窗口中找到"WaitToKillServiceTimeout"键值，双击该键值，在打开的对话框内将其数值从默认的 20 000（单位为毫秒）调整到一个较小的数值，如"1

000"，单击"确定"按钮，退出注册表即可生效。

如果关闭 Windows Vista 系统在 1 秒（1000）内没有收到服务关闭信号，系统即会弹出一个警告窗口，通知用户该服务无法中止，并给出强制中止服务或继续等待的选项等待用户选择。

提示　WaitToKillServiceTimeout 是指使用缓冲时间来结束服务，让这些执行中的程序有足够时间将缓存中的资料在系统关闭前写回去。如果没有保留足够的缓冲时间，资料就会遗失。

19-8　如何缩短关闭应用程序与进程前的等待时间

问： 有时当执行关闭某一个程序或进程操作时，需要等待很长的时间才可完成，能否介绍一种缩短关闭应用程序与进程前的等待时间的方法？

答： Windows Vista 在强行关闭应用程序与进程前有一段等待该程序或进程自行关闭的时间，只有超过该时限后，Windows 系统才会将其强行中止。因此，缩短默认关闭应用程序或进行等待时间，同样能够加快 Windows Vista 的关机速度。缩短关闭应用程序与进程前的等待时间的方法如下。

第 1 步 按【Win+R】组合键，打开"运行"对话框。

第 2 步 输入"regedit"，单击"确定"按钮打开"注册表编辑器"窗口，如图 19-7 所示。

图 19-7

第 3 步 依次展开 HKEY_LOCAL_MACHINE\System\CurrentControlSet\Control 分支，在右边的窗口中找到 HungAppTimeout 键值，该项对应于系统

在用户强行关闭某个进程或应用程序后，如果该对象没有响应时的等待时间。其默认值为"5000"，一般可将其修改为"1000"。

19-9 怎样在关机或注销时自动中止应用程序或进程

问：在关闭计算机或注销时，系统会利用一段时间去中止应用程序或进程，而中止程序或进程的时间一般会很长，请问有什么办法将关机或注销时自动中止应用程序或进程？

答：通常用户可通过修改注册表中的"HungAppTimeout"的值来设置关闭时间。不过，即便将"HungAppTimeout"的值设的很小，并不意味着Windows Vista 在等待时间超过该时限后便会自动中止该程序或进程，而仍会弹出对话框让用户确认是否中止。如果用户感觉这样的方式过于烦琐，可通过修改注册表项让 Windows Vista 在超过等待时限后自动强行中断该进程的运行。其具体的操作步骤如下。

第1步 按【Win+R】组合键，打开"运行"对话框。

第2步 输入"regedit"，单击"确定"按钮打开"注册表编辑器"窗口，如图19-8所示。

图 19-8

第3步 依次展开 HKEY_CURRENT_USER\Control Panel\Desktop\registry，在右侧窗口中可看到名为 AutoEndTasks 键值，其默认值为"0"，将其修改为"1"即是让 Windows Vista 自动终止所有的进程，而不再需用户的确认。

19-10 如何关闭系统保护功能

问：Windows Vista 提供了名为"系统保护"的

功能，默认设置下，会每隔 24 小时创建一次还原点，这样必然会占用系统的磁盘空间和运行速度，请问能将该功能关闭吗？

答：Windows Vista "系统保护"的功能，其功能较 Windows XP 时代的"系统还原"功能更为强大，除了可以对系统进行还原之外，还可以使用以前版本的文件去还原被意外修改、删除或损坏的文件，而且在安装应用程序和驱动程序时，也会自动触发还原点的创建，系统为这个功能所保留的磁盘空间高达 15%，因此可以将"系统保护"功能关闭。

第 1 步 右击"计算机"图标，在弹出的快捷菜单中选择"属性"命令，弹出"系统"窗口，如图 19-9 所示。

图 19-9

第 2 步 在左侧任务窗格中单击"系统保护"选项，弹出"系统属性"对话框，此时系统自动切换到"系统保护"选项卡，如图 19-10 所示。

图 19-10

第 3 步 在"自动还原点"列表框中取消选中所有可用磁盘所对应的复选框，在弹出的"系统保护"对话框中单击"关闭系统还原"按钮即可。

19-11　怎样缩短系统程序响应时间

问：当 Windows Vista 操作系统的电脑出现程序长时间没有响应，以致造成假死的情况出现时，如何才能缩短 Winodws Vista 系统程序响应时间呢？

答：当 Windows Vista 操作系统的计算机出现程序长时间没有响应，以致造成假死的情况出现时，最好的方法就是缩短程序响应时间，让程序自动关闭。

运行注册表，依次展开分支到 HKEY_CURRENT_USER\Control Panel\Desktop，双击右侧窗口中的 AutoEndTasks 项，然后在弹出的对话框口中将其值修改为 "1"，如图 19-11 所示。

图 19-11

修改完毕后，单击 "确定" 按钮并退出注册表编辑器，重启系统后设置生效。

19-12　怎样取消系统休眠功能

问：如果用户的计算机很少或根本不使用休眠功能，可以删除吗？

答：Windows Vista 安装完成默认会自动启用休眠，会在系统分区的根目录下发现这个名为 hiberfile.sys 的休眠文件（见图 19-12），其大小与本机所安装的物理内存容量相同。对于很少或者根本不使用休眠功能的台式机用户来说，完全可以取消休眠。

从 "开始" 菜单中选择 "所有程序" | "附件" | "命令提示符" 命令，右击选择 "以管理员身份运

行" 命令，进入命令提示符后，输入 powercfg -h off 并按下【Enter】键，执行后即可取消休眠（见图 19-13），不需要注销或重启系统，就会发现系统分区根目录下的 hiberfile.sys 文件已经被自动删除。

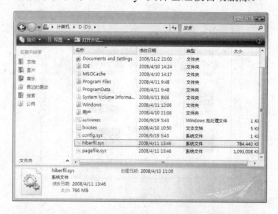

图 19-12

图 19-13

提示　如果日后需要启用休眠，可以输入 powercfg-h on 再次启用。

19-13　如何改造桌面节省系统资源

问：我们知道 Windows Vista 操作系统的漂亮的外观占用很多的系统资源。有什么办法可以通过改造桌面来节省系统资源呢？

答：在桌面上右击，选择右键菜单上的 "个性化" 命令。在打开页面中，单击 "桌面背景" 链接，打开 "选择桌面背景" 窗口，如图 19-14 所示。

在 "图片位置" 的下拉列表框中选择 "纯色" 选项，单击 "确定" 按钮即可将桌面背景替换为纯色背景，从而节省资源占用。

返回 "个性化外观和声音" 页面，单击 "主题"

链接，打开"主题设置"对话框，在"主题"列表中选中"Windows 经典"选项，就可以把 Vista 的主题替换成原来所熟悉的经典主题，从而节省了系统资源，如图 19-15 所示。

图 19-14

图 19-15

19-14 如何将系统设为最佳性能

问：如果用户的计算机的配置不高，安装 Windows Vista 系统后如何将其性能提升为最佳效果呢？

答：为了能流畅地运行 Windows Vista 操作系统，可以把系统设置为最佳性能运行。其具体的操作步骤如下。

第 1 步 在桌面中右击"计算机"图标，在其快捷菜单中选择"属性"命令，打开"查看有关计算机的基本信息"对话框。

第 2 步 在左侧窗口中单击"高级系统设置"选项，打开"系统属性"对话框，如图 19-16 所示。

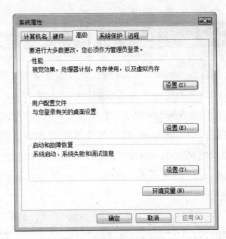

图 19-16

第 3 步 切换到"高级"选项卡，单击"性能"区域中的"设置"按钮，打开"性能选项"对话框，如图 19-17 所示。

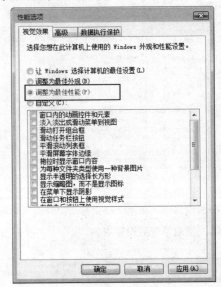

图 19-17

第 4 步 选中"调整为最佳性能"单选按钮，单击"确定"按钮保存设置即可。

19-15 怎样高效共享虚拟内存

问：如果使用 Windows Vista 和 Windows XP 双操作系统，为了节省硬盘的使用空间，是否可以将两个操作系统的虚拟内存共享？

答：可通过让 Windows Vista 和 Windows XP 的虚拟内存分页文件实现"共享"。

第 1 步 右击桌面上的"计算机"图标，在其快捷菜单中选择"属性"命令。在开启的对话框中，单击左侧功能列表上的"高级系统设置"选项，打开"系统属性"对话框。

第 2 步 切换到"高级"选项卡，单击"性能"区域中的"设置"按钮，打开"性能选项"对话框，如图 19-18 所示。

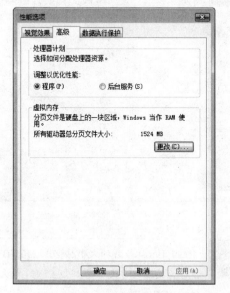

图 19-18

第 3 步 切换到"高级"选项卡，在"虚拟内存"区域内单击"更改"按钮，打开"虚拟内存"对话框，如图 19-19 所示。

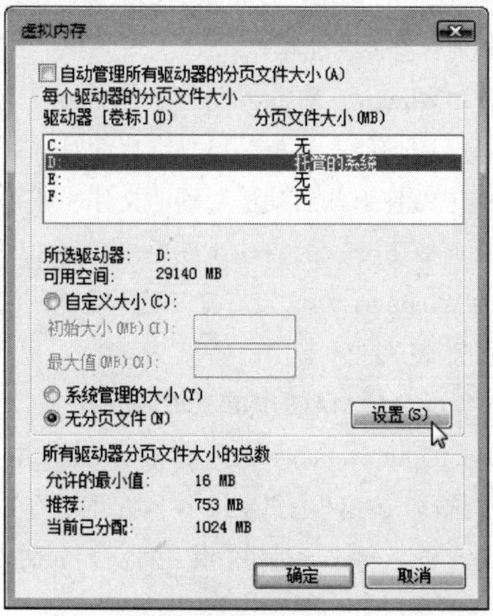

图 19-19

第 4 步 取消选中"自动管理所有驱动器的分页文件大小"复选框。在"驱动器"列表中选中 Windows Vista 系统的所在分区，选中"无分页文件"单选按钮，然后单击"设置"按钮，在打开的对话框中将默认的 Vista 虚拟内存分页文件删除。

第 5 步 选择"驱动器"列表中 Windows XP 虚拟内存的所在分区，选中"自定义大小"单选按钮，输入合适的虚拟内存数值，单击"设置"按钮即可。

第 6 步 单击"确定"按钮后会弹出是否要用分页覆盖已有文件的提示（见图 19-20），单击提示框上的"是"按钮后，便可让两种操作系统"共享"同一虚拟内存分页文件。

图 19-20

19-16　内存空间不够怎么办

问： 如果发现我的计算机内存空间不够了，怎样释放内存空间呢？

答： 所谓释放内存，就是将驻留在内存中的数据从内存中释放出来。释放内存最简单有效的方法，就是重新启动计算机，另外，就是关闭暂时不用的程序。还有剪贴板中如果存储了图像资料，是要占用大量内存空间的，这时只要剪贴几个字符，就可以把内存中剪贴板上原有的图片换掉，从而将它所占用的大量的内存释放出来。

19-17　如何使用 ReadyBoost 提升系统性能

问： 听说 Windows Vista 提供另一个新的特性叫做 ReadyBoost，即通过具有 USB 2.0 接口的 USB 闪存或来加速 Windows Vista 的性能，请问如何使用这一功能？

答： ReadyBoost 可以把缓存保存在 USB 闪存的缓存文件里，当运行应用程序时，系统就可以直接从 USB 闪存的缓存里直接读取所需的内容，而不需要到硬盘中读取，从而提升系统性能。

ReadyBoost 支持种类繁多的 USB 闪存,包括 U 盘、SD 卡和 CF 卡,甚至还支持 PCI/PCI-E 接口的闪存设备。但是为了能够对系统有加速作用,ReadyBoost 对 USB 闪存有以下性能的 3 个要求:

① 必须是 USB2.0 接口。

② USB 闪存上的剩余空间最小不低于 256MB。

③ 4KB 大小文件随机读取时不低于 2.5MB/s,512KB 大小文件随机写入时不低于 1.75MB/s 的传输率。

设置 ReadyBoost 十分简单,只需插入 USB 闪存,系统就会自动弹出"自动播放"对话框(见图 19-21),单击对话框底部的"加速我的系统"选项。

图 19-21

系统会对该 USB 闪存进行性能测试,如果测试结果显示该 USB 闪存符合 ReadyBoost 的性能要求,则会弹出闪存盘属性对话框,并默认切换到"ReadyBoost"选项卡。选中"使用这个设备"单选按钮,然后拖动下方的滑块指定缓存大小。设置完毕后,单击"确定"按钮即可,如图 19-22 所示。

图 19-22

接着系统就会在 USB 闪存里创建一个指定大小的缓存文件,文件名为 ReadyBoost.sfcache,该缓存文件的大小就是拖动滑块设置的缓存空间大小,如图 19-23 所示。

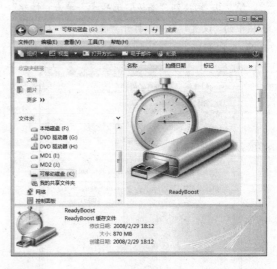

图 19-23

 注意

ReadyBoost 缓存的大小至少是 256MB,推荐为物理内存大小的 1 至 2.5 倍,最大不超过 4GB。

19-18 怎样启用"磁盘碎片整理"功能

问: 在 Windows Vista 具有磁盘碎片整理功能吗?如何打开此功能呢?

答: Windows Vista 中继承了 Windows XP 的一个不错的功能,那就是可以在启动时进行磁盘碎片整理,使那些启动所必须的文件能够相邻排列,从而令下一次的启动速度更快。假如用户所使用的 Windows Vista 没有打开这个功能,可打开"注册表编辑器"对话框中定位到:HKEY_LOCAL_MACHINE\SOFTWARE\Microsoft\Dfrg\BootOptimizeFunction,在右侧窗口中双击 Enable 选项,弹出"编辑字符串"对话框,将 Enable 值设为"Y",单击"确定"按钮即可,如图 19-24 所示。

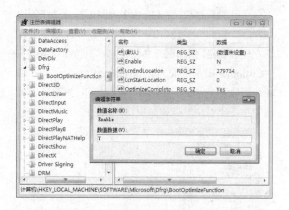

图 19-24

19-19　怎样定期执行磁盘碎片整理

问：系统使用了一段时间后，磁盘内部可能积累了很多垃圾文件。为了及时的清除这些垃圾文件，我们如何对磁盘进行定期的清理呢？

答：Windows Vista 自带图形化的磁盘碎片整理工具，在开始菜单的"开始搜索"框中输入"磁盘碎片整理程序"，并按【Enter】键，即可打开"磁盘碎片整理程序"窗口，如图 19-25 所示。启动该程序时，会自动对计算机的硬盘进行碎片程度进行分析，如果碎片程度并不严重，则会提示"您不必现在进行碎片整理"。

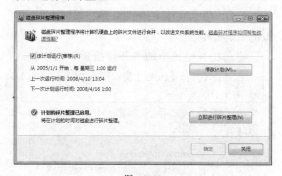

图 19-25

如果分析发现碎片程度比较严重，则会提示"建议您现在进行碎片整理"，单击"立即进行碎片整理"按钮开始对整个计算机的所有硬盘进行碎片整理，如图 19-26 所示。

Windows Vista 默认每周三凌晨 1：00 自动开始进行磁盘碎片整理，单击"修改计划"按钮可以重

新设置计划时间，如图 19-27 所示。修改完成后单击"确定"按钮即可。

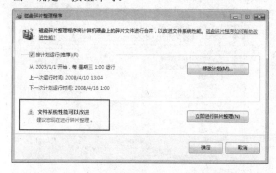

图 19-26

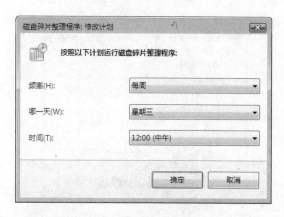

图 19-27

19-20　如何启用 SATA 硬盘高级性能

问：听说 Windows Vista 能够很好地支持 SATA 硬盘，而且可针对该种类型的硬盘启动高级性能。请问怎样启动 SATA 硬盘的高级性能呢？

答：与传统的 IDE 硬盘相比，SATA 硬盘不仅更易于连接、安装，也带来了更佳的性能。Windows Vista 能够很好地支持 SATA 硬盘，同时，还提供了进一步提高硬盘性能的途径，那便是通过启用高级性能选项。

以管理员账户身份登录 Windows Vista 系统，打开"设备管理器"窗口（见图 19-28），在设备管理器中找到系统所使用的硬盘。

双击该硬盘设备或右击设备选择"属性"命令。打开其属性对话框，如图 19-29 所示。切换至"策略"选项卡，选中"启用高级性能"复选框，再单击"确定"按钮退出设备管理器，这样，与磁盘的

写入缓存相结合,能够在一定程度上提高 Windows Vista 的整体性能。

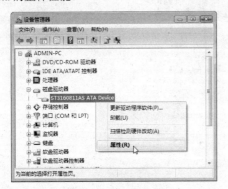

图 19-28

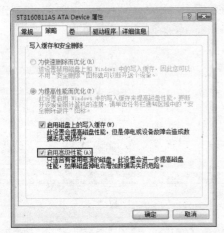

图 19-29

该项仅在使用 SATA 硬盘时才是可选的,如果使用 IDE 硬盘,则该项无法选择。另外,要启用该项设置需保证系统不能存在掉电的风险,否则存在数据丢失的风险。

19-21 怎样禁用不需要的任务计划

问:在 Windows Vista 系统中有许多任务计划对于普通用户是没有用处的,而且这些任务计划都占用大量的硬件资源,请问我们能否对这些任务计划进行优化?

答:为了使计算机能更好地工作,能更高效地工作,可以禁用某些不需要的任务计划。

单击"开始"按钮,在"开始搜索"框中输入

"任务计划程序",按【Enter】键即可打开"任务计划程序"窗口(见图 19-30)。单击任务计划程序窗口左侧的窗格,依次展开"Microsoft"|"Windows"|"Customer Experience Improvement Program",此选项是微软用户体验计划任务,可以在右侧的操作窗格中单击"禁用"按钮禁用该计划程序。

图 19-30

展开"Microsoft"|"Windows"|"MobilePC"选项,此项下面有个 TTM 计划,该计划是微软多监视器管理,建议在右侧的操作窗格中单击"禁用"按钮禁用该计划程序。

19-22 如何禁用不需要的系统服务

问:在 Windows Vista 系统中很多的系统服务不仅大大的占用了系统资源,而且对于普通用户根本不适用。为了节省系统资源,请问如何禁用不需要的系统服务?

答:在开始菜单的"开始搜索"框中输入 services.msc,并按【Enter】键,打开"服务"窗口,如图 19-31 所示。

图 19-31

右击某个需要禁用的系统服务（如 "Remote Registry"），在其快捷菜单中选择 "属性" 命令，打开属性对话框，如图 19-32 所示。

图 19-32

单击 "启动类型" 下拉列表框，选择 "禁用" 选项，然后单击 "确定" 按钮即可。重新启动计算机后，该服务就不会随系统而启动。

以下列出一些可以禁用的项目，但用户必须根据自己的实际环境，来确认是否需要禁用以下服务。

- Windows Time: 维护在网络上的所有客户端和服务器的时间和日期同步。如果此服务被停止，时间和日期的同步将不可用。如果此服务被禁用，任何明确依赖它的服务都将不能启动。

- Tablet PC Input Service: 启用 Tablet PC 笔和墨迹功能。

- Telephony: 提供电话服务 API（TAPI）支持，以便各程序控制本地计算机上的电话服务设备以及通过 LAN 同样运行该服务的服务器上的设备。设置 ADSL 连接或其他依赖电话线的网络需要此项目，用路由或不用电话线上网可禁用。

- Remote Access Connection Manager: 管理从这台计算机到 Internet 或其他远程网络的拨号和虚拟专用网络（VPN）连接。如果禁用该项服务，则明确依赖该服务的任何服务都将无法启动。

- Diagnostic System Host: 诊断系统主机服务启用 Windows 组件的问题检测、故障排除和解决方案。如果停止该服务，则一些诊断将不再发挥作用。如果禁用该服务，则显式依赖它的所有服务将无法启动。

- SSDP Discovery: 发现了使用 SSDP 发现协议的网络设备和服务，如 UPnP 设备。同时还公告了运行在本地计算机上的 SSDP 设备和服务。如果停止此服务，基于 SSDP 的设备将不会被发现。如果禁用此服务，任何显式依赖于它的服务都将无法启动。

- Computer Browser: 维护网络上计算机的更新列表，并将列表提供给计算机指定浏览。如果服务停止，列表不会被更新或维护。如果服务被禁用，任何直接依赖于此服务的服务将无法启动。网上邻居计算机列表需要此项目支持，如果不使用或习惯直接用 IP 访问网络上的计算机可禁用此项。

- DHCP Client: 为此计算机注册并更新 IP 地址。如果此服务停止，计算机将不能接收动态 IP 地址和 DNS 更新。如果此服务被禁用，所有明确依赖它的服务都将不能启动。

 在禁用这些服务时一定要特别谨慎，因为有些系统服务是系统不可或缺的关键部分，如果禁用会产生致命的故障。

19-23 如何清除右键新建菜单中的多余项目

问： 如果系统中的右键菜单加载的程序过多，当我们通过右击新建一个项目时，会显示很多的项目选项，请问如何优化这些新建菜单中的多余项目呢？

答： 用户可通过修改注册表的方法清除右键新建菜单中的多余项目，其具体的操作步骤如下。

第 1 步 按【Win+R】组合键，打开 "运行" 对话框。

第 2 步 输入 regedit，单击 "确定" 按钮即可打开 "注册表编辑器" 窗口，如图 19-33 所示。

图 19-33

第3步 在左侧窗格中依次打开 HKEY_ USERS\
S-1-5-21-3450455461-258875406-1651255786-500\
Software\Microsoft\Windows\CurrentVersion\Explorer\
Discardable\PostSetup\ShellNew，在"classes"键值
下显示了右键新建菜单中所有项目的后缀名，双击
该键值，打开"编辑字符串"对话框（见图19-34），
删除不需要在右键新建菜单中的多余项目后，单击
"确定"按钮退出"注册表编辑器"窗口即可。

图 19-34

| 19-24 | 如何加速 Windows Vista 的开始菜单搜索 |

问：在使用"开始"菜单下的搜索框进行搜索
时，通常输入汉字即可快速打开相应的程序，为了
提高工作效率，有什么办法可以提高 Windows Vista
的"开始"菜单中搜索框的搜索速度呢？

答：用户可以记住一些快捷方式来启动一些
Windows Vista 中的应用程序，这样就不需要在众多
的文件夹中一层层的单击查找。表 19-1 列举了一些
快捷方式，只需要输入这些关键词再按下【Enter】
键就可以很快地启动对应的程序。

表 19-1　Windows Vista 系统中程序关键词

程　序	关键词	程　序	关键词
控制面板	control	添加/删除程序	appwiz.cpl
系统还原	rstrui	计算机管理	compmgmt.msc
微软的控制台	mmc	事件查看器	eventvwr
安全中心	wscui.cpl	可靠性和性能监视器	perfmon
任务管理器	taskmgr	命令提示符	cmd
注册表编辑器	regedit	关于 Windows	winver
系统信息	msinfo32 Bitlocker	驱动器加密	bitlockerwizard
计算器	calc	设置程序访问和此计算机的默认值	computerDefaults
DirectX 诊断工具	dxdiag	Windows 防火墙	firewallControl Panel
Windows 防火墙设置	firewall Settings	添加硬件	hdwwiz
安装或卸载显示语言	lpksetup	放大镜	magnify
系统配置	msconfig	Microsoft 支持诊断工具	msdt
Windows 远程协助	msra	远程桌面连接	mstc
Microsoft 讲述人	Narrator	用户账户	netplwiz
记事本	Notepad	Windows 功能	optionalFeatures
加密文件系统	reKeyWiz	备份状态和配置	sdclt
创建共享文件夹向导	shrpubw	文件签名验证	sigverif
粘滞便签	StikyNot	Windows 任务管理器	taskmgr
问题报告和解决方案	wercon	Windows 传真和扫描	WFS
扫描	Wiaacmgr	写字板	Write
网络邻居	p2phost	磁盘清理	cleanmgr

19-25 系统其他部件的性能会影响内存吗

问：计算机运行缓慢，不知是不是计算机的其他部件影响了系统运行性能？

答：计算机其他部件的性能对内存的使用也有较大的影响，如总线类型、CPU、硬盘和显存等。如果显存太小，而显示的数据量很大，再多的内存也是不可能提高其运行速度和系统效率的。如果硬盘的速度太慢，则会严重影响整个系统的工作。

19-26 如何清除内存中不使用的 DLL 文件

问：系统中不被使用的 DLL 文件占用了很多内存空间，如何清除内存中不使用的 DLL 文件呢？

答：可以在注册表中清除内存中不使用的 DLL 文件，打开注册表定位到 HKKEY_LOCAL_MACHINE\SOFTWARE\Microsoft\Windows\CurrentVersion，在 Explorer 增加一个项 Always Unload DLL，如图 19-35 所示。

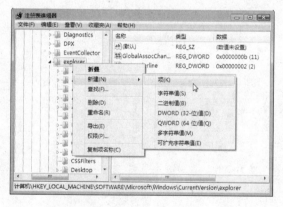

图 19-35

双击右侧新建的子键，在弹出的"编辑字符串"对话框中将默认值设为 1，单击"确定"按钮即可，如图 19-36 所示。

 如果默认值设定为 0 则代表停用此功能。

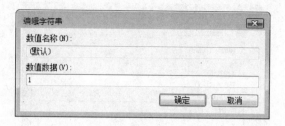

图 19-36

19-27 怎样提高宽带速度

问：使用宽带上网，但是计算机上网速度较慢，能介绍几种提高宽度速度的方法吗？

答：Windows 包括 Vista 系统默认保留了 20% 的带宽，这对于个人用户来没什么大的作用，与其让其闲置莫不如充分利用之。其具体的操作步骤如下。

第 1 步 按【Win+R】组合键，打开"运行"对话框。

第 2 步 输入 gpedit.msc，单击"确定"按钮打开"组策略对象编辑器"窗口。

第 3 步 在左侧窗口中依次展开 "计算机配置" |"管理模板" |"网络" |"QoS 数据包计划程序"结点，如图 19-37 所示。

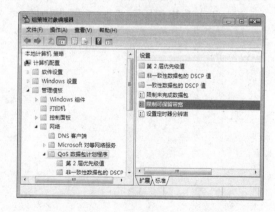

图 19-37

第 4 步 在右侧窗口中双击"限制可保留带宽"选项，打开"限制可保留带宽属性"对话框，选中"已禁用"单选按钮，然后单击"确定"按钮即可释放保留的带宽，对于上网时充分利用带宽和提高速度都非常有用，如图 19-38 所示。

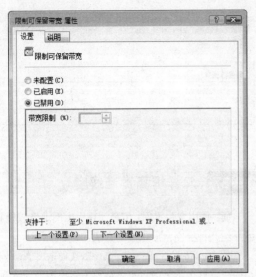

图 19-38

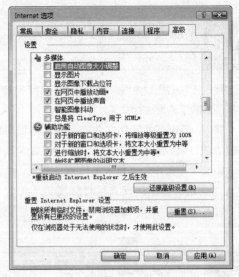

图 19-39

19-28 如何提高 IE 浏览网页的速度

问： 怎样提高 IE 浏览器的速度？

答： IE 浏览器是使用最多的程序，考虑到现在宽带已经普及。Modem 时代的大部分优化已经没有意义，最多能增加一点点速度，此时可以参照如下步骤进行设置。

第 1 步 打开 IE 浏览器，单击"工具"|"Internet 选项"命令，弹出"Internet 选项"对话框，如图 19-39 所示。

第 2 步 切换到"高级"选项卡，在"设置"栏中取消选中"启用自动图像大小调整"、"智能图像抖动"、"使用平滑滚动"复选框。

第 3 步 单击"确定"按钮即可。

Chapter

20

使用工具软件优化
Windows Vista

与手动优化系统相比，使用工具软件即便是初学
者也可对系统进行全面、系统的优化。本章主要介绍
了利用 Windows Vista 系统中自带的系统优化工具和
专业的第三方优化工具实现各种功能优化的技巧。

20-1 如何使用"任务管理器"识别程序关联进程

问：Windows 系统提供了一种叫做任务管理器的工具，帮助用户管理应用程序和进程等信息。请问在 Windows Vista 系统下如何使用任务管理器管理已运行的应用程序呢？

答：启动"Windows 任务管理器"，在"Windows 任务管理器"的"应用程序"选项卡中显示了当前在桌面上打开的窗口名称（或应用程序名称），如果要关闭其中某个应用程序或窗口，可以选中该程序或窗口，然后单击"结束任务"按钮即可。

提示 启动任务管理器，通常有以下 3 种方法：
- 右击任务栏空白区，然后在弹出的菜单中选择"任务管理器"命令。
- 在开始菜单的"开始搜索"框中输入 taskmgr，并按【Enter】键。
- 按下【Ctrl+Alt+Del】组合键，在出现的安全桌面上单击"启动任务管理器"选项。

若要查看某个桌面窗口所对应的进程，可以右击任务列表中的桌面窗口名称，在其快捷菜单中选择"转到进程"命令即可切换到"进程"选项卡，并定位到所对应的进程，如图 20-1 所示。

图 20-1

20-2 如何使用"任务管理器"退出未响应程序

问：怎样关闭没有响应的程序？

答：如果计算机上的程序停止响应，则 Windows 将尝试查找问题并自动解决该问题。如果用户不想等待，则可以使用任务管理器结束该程序。打开"Windows 任务管理器"窗口，切换到"应用程序"选项卡，选择没有响应的程序，单击"结束任务"按钮即可，如图 20-2 所示。

图 20-2

20-3 如何使用"任务管理器"查看已运行的进程

问：我们知道如果计算机运行了某个程序，则会在"任务管理器"窗口中显示相应的进程，请问如何查看当前已运行的进程呢？

答：在"Windows 任务管理器"窗口中，切换到"进程"选项卡即可查看当前运行进程的详细信息，如"用户名、CPU 占有率、进程 ID"等信息。如查看 CPU 占有率，可以单击"CPU"栏，即可按照进程的 CPU 占有率的高低进行排列，可以发现哪些进程的 CPU 占有率比较高，如图 20-3 所示。

图 20-3

用户还可以自定义"进程"选项卡下显示的内容。在"进程"选项卡下单击"查看"菜单，选择"选择列"命令，打开"选择进程页列"对话框，选中希望显示的列，再单击"确定"按钮即可，如图 20-4 所示。返回"进程"选项卡，即可发现新添加的列。

图 20-4

20-4　如何利用"任务管理器"了解系统服务状况

问：很多程序需要依靠系统启动的服务才能运行，那么如何使用"Windows 任务管理器"来进行系统服务状态的查看呢？

答：在"Windows 任务管理器"的"服务"选项卡中即可查看当前系统服务的工作状态等详细信息。可以通过右击某个服务，在其快捷菜单上选择合适的命令，实现启动或停止服务，如图 20-5 所示。

图 20-5

20-5　如何使用"任务管理器"了解系统当前性能状况

问：如果需要对当前计算机的性能进行了解，

则如何在"任务管理器"中查看？

答：在"Windows 任务管理器"窗口的"性能"选项卡中，用户可以了解系统当前的性能状况。以图表的形式显示了当前系统的 CPU 使用率和内存使用情况，另外还列表显示了有关内存和资源使用的各种详细信息，如图 20-6 所示。

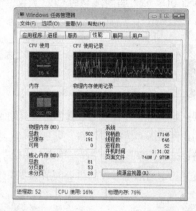

图 20-6

20-6　怎样使用"资源监视器"查看 CPU 运行状况

问：如果需要查看 CPU 的使用情况，则如何使用"资源监视器"进行查看？

答：为了对系统中的资源的状态信息进行详细的了解，用户可以使用"资源监视器"监视系统资源。"资源监视器"可用来实时监控计算机的 CPU、内存、磁盘和网络的活动情况。

在"任务管理器"对话框的"性能"选项卡下，单击"资源监视器"按钮，打开"资源监视器"窗口。单击"CPU"图标，即可展开显示所有进程的 CPU 使用情况，如图 20-7 所示。

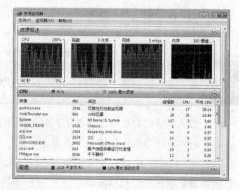

图 20-7

CPU 列表框中的各列标题含义如下：

- 映像：进程的映像文件名称。
- PID：进程对应标识符。
- 描述：帮助用户判断进程的作用。
- 线程数：进程所拥有的线程数量。
- CPU：进程当前活动的 CPU 周期。
- 平均 CPU：进程在 60s 内的 CPU 占有率。

20-7 怎样使用"资源监视器"了解磁盘使用情况

问：如果需要查看当前计算机中磁盘的使用情况，则如何利用"资源监视器"进行查看？

答：在"资源监视器"窗口单击"磁盘"图表，即可展开显示当前进程的磁盘访问情况，如图 20-8 所示。

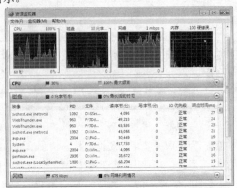

图 20-8

磁盘列表框中的各列标题含义如下：

- 文件：进程所访问的文件路径和名称。
- 读：进程从文件中读取数据的速度。
- 写：进程从文件中写入数据的速度。
- IO 优先级：进程的磁盘访问优先级。
- 响应时间：磁盘活动的响应时间。

20-8 如何使用"资源监视器"查看网络使用情况

问：如果需要查看当前计算机的网络的使用情况，在如何"资源监视器"中进行查看？

答：在"资源监视器"窗口单击"网络"图表，即可展开显示当前进程的网络活动情况，如图 20-9 所示。

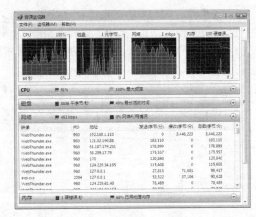

图 20-9

网络列表框中的各列标题含义如下：

- 地址：进程所访问的目标网络地址。
- 发送：进程发送到该地址的数据传输速度。
- 接收：进程从该地址中接收数据的速度。
- 总数：总的数据发送和接收速度的总和。

20-9 怎样使用"资源监视器"查看内存使用情况

问：系统中某个程序如果占用内存过大，则会造成系统运行缓慢，甚至死机。为了计算机性能的稳定，可以通过"资源监视器"监视内存的使用情况吗？

答：在"资源监视器"窗口单击"内存"图表，即可展开显示当前进程的内存使用情况，如图 20-10 所示。

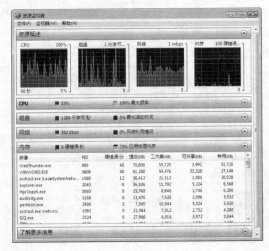

图 20-10

内存列表框中的各列标题含义如下：

- 硬错误：进程每分钟发生的页面错误。
- 提交：进程所提交页面的容量。
- 工作集：进程当前所占用的所有内存容量。
- 可共享：该进程可以和其他进程共享的物理内存占用数量。
- 专用：专属于该进程的物理内存占用数量。

20-10 怎样利用"性能监视器"监视系统性能

问：Windows Vista 系统中自带了一款用于检测计算机中各个模块中性能的工具。请问该工具如何使用？

答：性能监视器可以帮助用户更好地了解当前系统各个方面的性能表现，同时帮助用户判断哪些环节是系统性能的瓶颈所在。

在"开始"菜单中的"开始搜索"编辑框输入 perfmon，并按【Enter】键，在打开"可靠性和性能监视器"窗口左侧窗格中选择"性能监视器"选项，如图 20-11 所示。

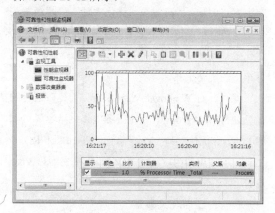

图 20-11

性能监视器默认只添加"%Processor Time"计数器，用来显示 CPU 的占有率。用户可以根据需要添加新的计数器。单击右侧详细窗格上的"添加"按钮，打开"添加计数器"对话框，如图 20-12 所示。

在"可用计数器"列表中选中并展开所需的计数器类别，选中所需的计数器。在下方的"实例"列表框中选中所需的实例，单击"确定"按钮即可

显示所选实例的性能情况，如图 20-13 所示。

图 20-12

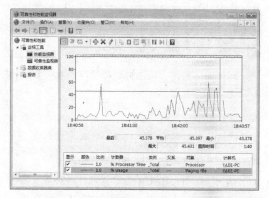

图 20-13

添加好所需的计数器，既可以借助这些计数器对系统性能的情况进行实时监控。如果要清除某个计数器的显示，只需取消选中底部计数器左侧的复选框即可。

20-11 常见的"性能监视器"计数器有哪几种

问：常用的计数器有哪几种？

答：常用的计数器有以下 6 种。

1. 类别 Memory

计数器 Available Mbytes：统计可用内存的数量。如果可用内存太少，就需要添加物理内存，以便改善系统性能。

计数器 Committed Bytes：统计进程提交的虚拟内存请求。如果提交的虚拟内存请求的容量超过物理内存的总量，则需要把部分页面存放在页面文件里。

计数器 Pages Inputs/sec：统计每秒有多少页面从页面文件加载到物理内存。

计数器 Pages Outputs/sec：统计每秒有多少页面从物理内存转移到页面文件上。

2．类别 Process

计数器 Working Set，实例是"_Total"：来统计当前系统所有进程占据物理内存的总量。

3．类别 Paging File

计数器%Usage，实例是"_Total"：来统计页面文件的使用百分比。

20-12 如何启用"可靠性监视器"数据收集功能

问：如何启用"可靠性监视器"数据收集功能呢？

答：可靠性监视器使用由 RACAgent 计划任务提供的数据。系统安装之后，可靠性监视器将全天显示稳定性指数分级和特定的事件信息。

默认情况下，RACAgent 计划任务在新安装的 Windows Vista 上运行。如果已禁用，则必须从 Microsoft 管理控制台（MMC）的任务计划程序管理单元手动启动它该任务。启用 RACAgent 计划任务的步骤如下：

第 1 步 在桌面上右击"计算机"图标，在弹出的快捷菜单中选择"管理"命令，打开"计算机管理"窗口，如图 20-14 所示。

图 20-14

第 2 步 在导航窗格中，依次展开"任务计划程序" | "任务计划程序库" | "Microsoft" |

"Windows" | "RAC"选项，右击"RAC"文件夹，然后选择"查看" | "显示隐藏的任务"命令，如图 20-15 所示。

图 20-15

第 3 步 在中间区域窗格中选择"RACAgent"选项，在右侧窗格中单击"运行"链接启用可靠性监视器进行数据收集功能。

20-13 常见 Windows Vista 优化工具有哪些

问：Windows 旧版本操作系统的优化管理工具有很多，例如，"Windows 优化大师"、"超级魔法兔子"等。但是这些优化工具对 Windows Vista 的优化效果不佳，请问能否介绍几种在 Windows Vista 系统下的优化工具？

答：针对 Windows Vista 系统目前比较流行的优化软件有 Windows 系统服务优化终结者（Vista 版）、Vista 优化大师、Vista 总管、VistaBootPRO 等工具。但使用最为广泛的为 Vista 优化大师和 Vista 总管。

1．Vista 优化大师

Vista 优化大师是国内第一个专业优化微软 Windows Vista 的工具，能够加速 Windows Vista 的系统启动速度、软件执行速度、上网浏览速度、开关机速，还可以进行其他各种优化等，如图 20-16 所示。

2．Vista 总管

Vista 总管是另一款优秀的优化及设置 Windows Vista 的系统工具。它能增加系统速度，提高系统安全性以及使之更符合用户的个性。功能布局重要集中在左侧，包括了操作系统、系统优化、系统清理、个性设置、安全设置等 7 大功能模块，如图 20-17 所示。

图 20-16

图 20-17

20-14 怎样使用"Vista 优化大师"优化内存及缓存

问：如何使用"Vista 优化大师"设置系统二级缓存和物理内存设置，提高系统性能呢？

答：二级缓存和物理内存设置两项功能大家都比较熟悉，在"Windows 优化大师"等软件中都经常看到。运行"Vista 优化大师"，切换到"系统优化"选项卡，在左侧任务窗格中单击"内存和缓存"按钮，在右侧的设置界面对二级缓存和物理内存进行手动进行调整，如果对这些功能不了解，可以单击"自动设置"按钮让软件设定推荐的值，最后单击"保存设置"按钮即可，如图 20-18 所示。

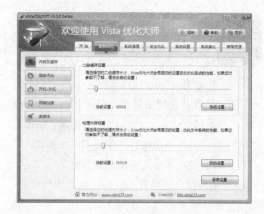

图 20-18

20-15 如何使用"Vista 优化大师"优化开关机速度

问：使用 Windows Vista 系统有一段时间了，无论是开机速度还是关机速度通常都会变得偏慢，如何通过 Vista 优化大师优化系统开关机速度呢？

答：Vista 优化大师提供了开关机速度优化的功能。在开机速度方面，Vista 优化大师主要通过禁用一些功能来达到加速的目的；而在关机速度方面，主要是通过调整出现各种状况的等候时间来控制。运行 Vista 优化大师，切换到"系统优化"选项卡，在左侧任务窗格中单击"开机/关机"按钮，在右侧的设置界面对开机和关机速度进行手动进行调整，如图 20-19 所示。

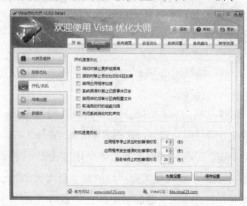

图 20-19

 在进行开关机速度优化时，软件没有提供自动设置功能或者相关的推荐设置，特别是需要通过禁用功能来达到加速开机优化时，需要特别小心。

20-16 如何使用"Vista 优化大师"优化多媒体性能

问: 如何使用 Vista 优化大师进行多媒体优化?

答: 多媒体优化包括了一些用户在 Windows XP 下熟悉的优化项目,包括禁止光盘、USB 自动运行等,但是优化项目大多是禁止功能运行,而真正对于多媒体相关性能的优化比较少。运行 Vista 优化大师,切换到"系统优化"选项卡,在左侧任务窗格中单击"多媒体"按钮,在右侧的设置界面对多媒体进行手动进行调整,如图 20-20 所示。

图 20-20

20-17 怎样使用"Vista 优化大师"优化系统服务

问: 如何优化 Windows Vista 系统服务,加强系统安全管理呢?

答: Windows Vista 较之早期版本的 Windows 系统开启的服务较多,这些服务(如 Telnet)在给用户提供方便的同时,也给系统的安全造成了威胁。运行 Vista 优化大师,切换到"系统优化"选项卡,在左侧的任务窗格中单击"服务优化"按钮,打开"Vista 服务优化大师"窗口,显示系统中所有服务的状态信息,选中需要操作的系统服务,单击窗口下方的对应按钮执行相应的操作,如单击"停止"按钮即可停止选中的系统服务,如图 20-21 所示。

图 20-21

20-18 如何使用"Vista 优化大师"优化网络

问: 为了巩固 Widows Vista 系统的网络安全以及加快我们上网速度,我们可以使用"Vista 优化大师"对其进行优化吗?

答: 运行 Vista 优化大师,切换到"系统优化"选项卡,在左侧的任务窗格中单击"网络加速"按钮,在右侧"网络加速"模块中,用户能够分别对系统的"上网方式"和其他网络功能进行优化,如图 20-22 所示。

图 20-22

20-19 如何利用"Vista 优化大师"清理系统垃圾文件

问: 计算机使用了一段时间后,会出现很多的垃圾文件或注册表损坏文件，请问如何使用"Vista优化大师"清理这些文件呢？

答：运行 Vista 优化大师，切换到"系统清理"选项，打开"Vista 系统清理大师"窗口（见图 20-23），选中需要清理的磁盘分区（如 D 盘），单击"开始查找垃圾文件"按钮即可快速搜索 D 盘中的垃圾文件。待查找垃圾文件结束后，单击"全选"按钮，选中所有待清理的垃圾文件。然后，单击"清理文件"按钮即可快速清理所选垃圾文件。

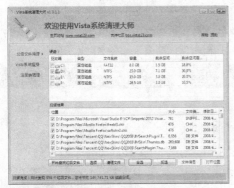

图 20-23

20-20 如何使用"Vista 优化大师"加强系统安全

问：虽然 Windows Vista 系统具有良好的安全性能，但是为了巩固系统的安全性能，我们能否使用"Vista 优化大师"对 Windows Vista 进行安全优化呢？

答：运行 Vista 优化大师，切换到"安全优化"选项卡，在左侧的任务窗格中单击需要优化的安全选项按钮，例如，单击"用户账户设置"按钮，在左侧的设置界面中可以对系统中各个用户账户进行安全优化，如图 20-24 所示。

图 20-24

20-21 如何使用"Vista 总管"管理系统信息

问：如果用户需要了解本地计算机的硬件、软件的配置信息，则使用"Vista 总管"如何实现？

答：可使用"Vista 总管"的"系统信息"功能进行查看，单击"操作系统"模块，在此功能模块可以实现的功能有：获取所有的硬件及系统信息；显示计算机所有正在运行的进程及线程的详细信息；一键清理可自动清理垃圾文件及注册表信息。单击"系统信息"选项，即可显示当前计算机中所有的软、硬件的配置信息，如图 20-25 所示。

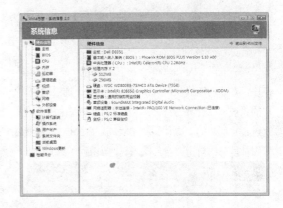

图 20-25

20-22 怎样使用"Vista 总管"管理系统启动项

问：过多的系统启动程序，必然影响系统启动速度，那么使用"Vista 总管"如何管理系统启动项呢？

答：运行"Vista 总管"，在"系统优化"模块下单击"启动管理"选项，在弹出的"启动管理"窗口中列出了注册表、"启动"菜单中所有用户及当前用户开机时自动启动程序名称，用户可以将其设为禁止自动启动（可以恢复为自动启动）、重新恢复为自动启动、删除（不可恢复），也可以添加开机时自动运行的程序，如图 20-26 所示。

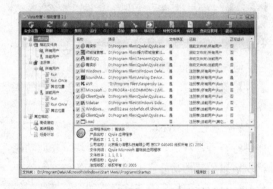

图 20-26

20-23 如何使用"Vista 总管"提高系统运行速度

问：前面已经介绍了如何使用"Vista 优化大师"进行系统的优化，请问能否使用"Vista 总管"实现对操作系统的优化呢？

答：单击"Vista 总管"左侧窗格的"系统优化"模块，在此功能模块可以实现的功能有：通过设置用户的系统可以提高 Windows Vista 的启动及关机速度；通过设置用户的多媒体驱动、Media Player 提高系统多媒体性能；自定义自启动项目，如图 20-27 所示。

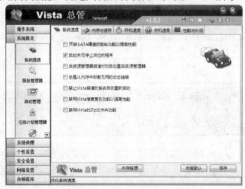

图 20-27

单击"系统提速"选项，在打开的页面中切换到相应的选项卡即可提高系统速度、开机速度、关机速度等性能。另外，用户对"系统优化"模块中的其他选项进行设置也可提高系统的综合性能。

20-24 怎样使用"Vista 总管"分析磁盘容量

问：听说当使用"Vista 总管"清理系统文件

前，可对系统中的某个文件进行分析，然后进行选择性删除。请问如何使用"Vista 总管"进行系统的清理？

答：单击"Vista 总管"左侧的"系统清理"模块，单击"磁盘分析"选项，在打开的"磁盘空闲分析"窗口中，用户可以看到以图形样式显示的磁盘结构，而这对于直观了解每个文件夹在磁盘中所占的体积，是相当有帮助的。在左侧窗格中的文件列表框中选择需要分析的磁盘或文件夹，单击"开始分析"按钮即可检测所选磁盘或文件夹中各个文件占用磁盘空间容量，如图 20-28 所示。

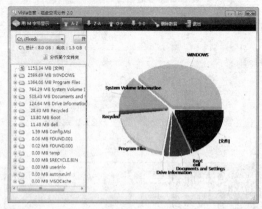

图 20-28

> **提示** "系统清理"模块可以实现的功能有：磁盘分析帮助用户查看各个文件占用磁盘空间容量；扫描并清除垃圾文件以减少硬盘空间的浪费；查找硬盘上的重复文件；清理注册表中的一些无效、无用的键值以及不正确的链接，并且删除它们；整理注册表碎片可以消除注册表中的碎片以减少程序访问时间。

20-25 如何使用"Vista 总管"清理系统垃圾文件

问：计算机在使用了一段时间后，系统中不可避免的会出现垃圾文件，如何使用"Vista 总管"清理垃圾文件呢？

答：单击"系统清理"模块下的各个选项即可实现清除各种垃圾文件的目的，例如单击"清理垃圾文件"选项，即可弹出"清理垃圾文件"对话框，选中需要清理的磁盘（如 C 盘），单击"扫描"按钮即可扫描 C 盘中的垃圾文件，待扫描结束后单击"删除"按钮即可快速删除选中的垃圾文件，如图20-29 所示。

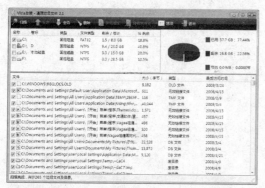

图 20-29

20-26 如何使用"Vista 总管"加强系统安全

问：Windows Vista 系统的自身安全性较早期的 Windows 系统的确提高不少，但是为了使系统的安全性更高，我们可以使用"Vista 总管"优化系统的安全性吗？

答：单击"Vista 总管"左侧的"安全设置"模块，显示该模块可实现的功能有：提高系统桌面、菜单、Windows 登录的安全性，打开系统隐藏的参数设置，关闭系统自动升级及错误报告；隐藏或限制访问驱动器，限制指定的应用程序运行，加密及粉碎文件；改变系统文件夹的位置；隐私保护可以删除使用计算机及上网的痕迹等，如图 20-30 所示。

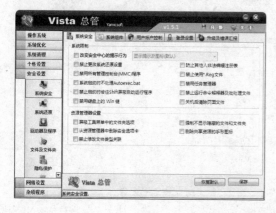

图 20-30

提示　在"安全设置"模块下，用户还可以进行"系统安全"、"UAC"、"登录设置"、"系统还原"、"隐私保护"、"驱动器屏蔽"等十余个项目的设置。而且，还有像"文件粉碎器"、"数据加/解密"这样的实用小工具供用户选择。甚至，用户还能通过转移系统文件夹，来进一步提高 Vista 系统的整体安全。

20-27 如何使用"Vista 总管"优化网络设置

问：为了进一步的提高网络速度，完善自己的 IE 浏览器设置，如何使用"Vista 总管"完成？

答：单击"Vista 总管"左侧的"网络设置"模块，可发现在此功能模块可实现的功能有：提高 Internet 连接速度，共享管理可以轻松地查看所有的共享资源；全面地设置用户的 IE，修理 IE，自动检查用户收藏夹中所有的无效链接，如图20-31 所示。

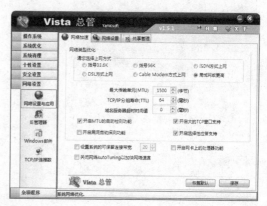

图 20-31

同"Vista 优化大师"一样，"Vista 总管"也提供了众多的网络优化项目，如网络加速、网络设置、共享管理、Windows Mail 优化和 IE 修复等。

Part

6

第 6 部分
高级管理与应用
技巧篇

Chapter

21

磁盘管理与电源管理

　　磁盘是计算机文件的存放中心，而电源是计算机的动力能源。本章详细介绍了磁盘和电源在日常的使用过程中出现的问题以及解决方案，另外列举了一些有效管理磁盘和电源的经典技巧。

21-1　常见磁盘文件系统有哪些

问：选择一款好的文件系统模式，可以有效地提高系统的性能，能否介绍几种常见的文件系统？

答：FAT16、FAT32、NTFS 是目前最常见的三种文件系统。

FAT16：以前用的 DOS、Windows 95 都使用 FAT16 文件系统，现在常用的 Windows 98/2000/XP 等系统均支持 FAT16 文件系统。它最大可以管理 2GB 的分区，但每个分区最多只能有 65 525 个簇。

FAT32：FAT32 是 FAT16 的增强版本，可以支持 2TB（2 048GB）的分区。FAT32 使用的簇比 FAT16 小，从而有效地节约了硬盘空间。

NTFS：微软 Windows NT 内核的系列操作系统支持的一个特别为网络和磁盘配额、文件加密等管理安全特性设计的磁盘格式。NTFS 也以簇为单位来存储数据文件，但 NTFS 中簇的大小并不依赖于磁盘或分区的大小。NTFS 支持文件加密管理功能，可为用户提供更高层次的安全保证。

21-2　如何将磁盘 FAT 分区转换为 NTFS

问：既然 NTFS 文件系统比 FAT 文件系统性能优越，如何将 FAT 分区转换为 NTFS 分区格式呢？

答：Windows 2000/XP 提供了分区格式转换工具 "Convert.exe"。通过这个工具可以直接在不破坏 FAT 文件系统的前提下，将 FAT 转换为 NTFS。在 Windows Vista 系统下同样可以使用该工具将 FAT 分区转换为 NTFS。

选择 "开始" | "所有程序" | "附件" 命令，右击 "命令提示符" 选项，在其快捷菜单中选择 "以管理员身份运行" 命令，弹出 "命令提示符" 窗口。如希望将磁盘分区 H 盘的 FAT32 文件系统转换为 NTFS 格式，则可在命令提示符后输入 convert H: /FS:NTFS，按【Enter】键，用户按照提示输入卷标信息后按【Enter】键即可执行文件系统转换操作，如图 21-1 所示。

图 21-1

21-3　能否将磁盘 NTFS 分区转换为 FAT

问：能否将 NTFS 分区转换 FAT？

答：如果使用系统自带的 Convert.exe 命令，则无法将 NTFS 分区转换 FAT，目前比较常用的方法就是用 PQ Magic 软件进行转化。其具体的操作步骤如下。

第 1 步 运行 PQ Magic，在右侧的磁盘区域选中需要转换的 NTFS 磁盘，如图 21-2 所示。

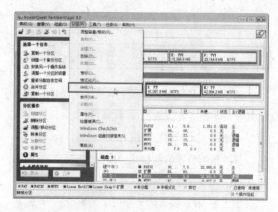

图 21-2

第 2 步 选择 "分区" | "转换" 命令，弹出 "转换分区" 对话框，在 "转换为" 选项区域中选中 FAT32 单选按钮，如图 21-3 所示。

第 3 步 单击 "确定" 按钮，弹出 "过程" 对话框，开始将 NTFS 分区转换为 FAT32，稍等片刻即可完成分区格式的转换，如图 21-4 所示。

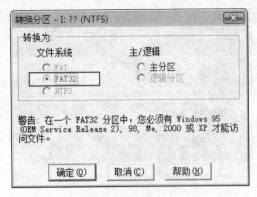

图 21-3

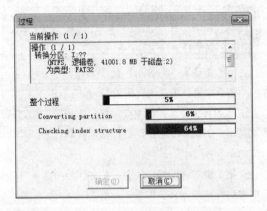

图 21-4

21-4 怎样压缩分区，节省磁盘空间

问： 如果某个磁盘分区空间紧张，而该分区中的数据并不是经常读取的，可以对磁盘分区进行压缩以"增加"可使用空间吗？

答： 压缩分区的前提是必须在 NTFS 磁盘格式下进行。压缩磁盘分区的具体操作步骤如下。

第 1 步 右击要压缩的分区（如 F 分区），选择"属性"命令，打开其属性对话框，如图 21-5 所示。

第 2 步 切换到"常规"选项卡，选中"压缩此驱动器以节约磁盘空间"复选框。

第 3 步 单击"确定"按钮，打开"确认属性更改"对话框，选中"将更改应用于驱动器 F:\、子文件夹和文件"单选按钮，如图 21-6 所示。

第 4 步 单击"确定"按钮，即可压缩紧张的磁盘分区，节省磁盘空间。

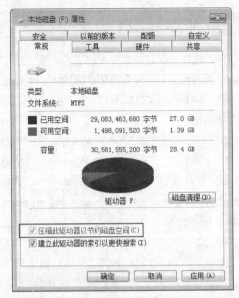

图 21-5

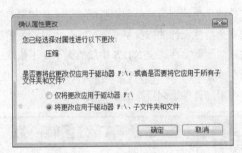

图 21-6

21-5 磁盘访问控制权限丢失怎么办

问： 在访问某个磁盘时提示用户没有访问权限，请问是什么原因？如何解决此问题？

答： 可能该用户账户是受限账户，如果需要恢复磁盘访问控制权限，则需要以管理员身份登录 Windows Vista 系统，然后执行如下操作。

第 1 步 打开"计算机"窗口，右击需要设置访问权限的硬盘分区，在其快捷菜单中选择"属性"命令，打开其属性对话框，如图 21-7 所示。

第 2 步 单击"编辑"按钮，打开设置权限对话框，在"组或用户名"列表框中选中需要设置权限的组或用户名，在下方的权限设置栏中的"允许"列中选中用户访问该磁盘的权限，如图 21-8 所示。

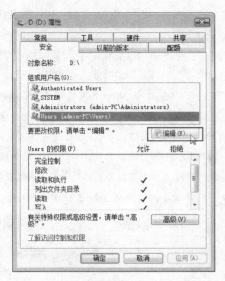

图 21-7

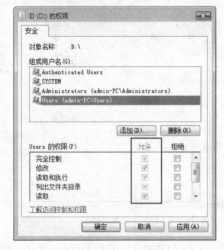

图 21-8

第3步 单击"确定"按钮即可。

提示 如果用户需要设置权限的组或用户账户不存在于"组或用户名"列表框，可单击"添加"按钮，按照系统提示自行添加组或用户名。

21-6 如何使用"磁盘清理"功能清理系统垃圾文件

问：为了计算机运行稳定，需要对系统中的垃圾文件进行清理，请问如何清理系统中的垃圾文件呢？

答：Windows Vista 系统的"磁盘清理"功能，作用就是清理系统中无用的垃圾文件。清理系统垃圾文件的具体操作步骤如下：

第1步 单击"开始"菜单，在"开始搜索"文本框中输入 cleanmgr，按【Enter】键即可弹出"驱动器选择"对话框，如图 21-9 所示。

图 21-9

第2步 磁盘的清理工作通常从系统分区开始，系统自动选中系统分区所在的驱动器，单击"确定"按钮即可自动分析选定中的垃圾文件。

第3步 完成分析后，会自动弹出清理的具体选择对话框，如图 21-10 所示。

图 21-10

第4步 在"要删除的文件"列表框中选中需要清理的垃圾文件类型所对应的复选框，然后单击"确定"按钮即可弹出对话框提示用户是否永久删除这些文件，单击"删除文件"按钮即可。

21-7 如何自动修复文件系统错误和磁盘坏扇区

问：为了更好地维护磁盘，需要对磁盘进行定期的检测，如果发现了磁盘存在坏扇区，应该如何解决？

答：Windows Vista 自带一款硬盘驱动器查错工具，利用此工具，可以轻易实现系统文件修复和坏扇区的修复操作。其具体操作步骤如下：

第1步 打开"计算机"窗口，右击需要实施查错操作的硬盘分区，在其快捷菜单中选择"属性"命令，打开其属性对话框，如图 21-11 所示。

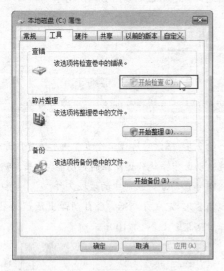

图 21-11

第2步 切换到"工具"选项卡，单击"查错"选项区域中的"开始检查"按钮，弹出"检查磁盘"对话框，如图 21-12 所示。

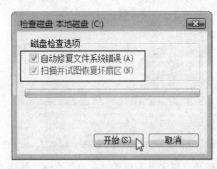

图 21-12

第3步 选中"自动修复文件系统错误"和"扫描并试图恢复坏扇区"复选框，再单击"开始"按钮即可快速修复。

21-8 如何使用"磁盘碎片整理程序"整理磁盘碎片程序

问：随着 Windows 系统操作的不断深入，文件

和硬盘本身都产生很多的碎片，如何对这些磁盘碎片进行整理呢？

答：当系统中的磁盘碎片过于混乱时，计算机的运行速度就会降低；这时就需要考虑对磁盘的碎片整理操作。Windows Vista 系统自带的"磁盘碎片整理程序"即可实现这样的目的，其具体的操作步骤如下：

第1步 打开"计算机"窗口，右击需要实施查错操作的硬盘分区，在其快捷菜单中选择"属性"命令，打开其属性对话框，如图 21-13 所示。

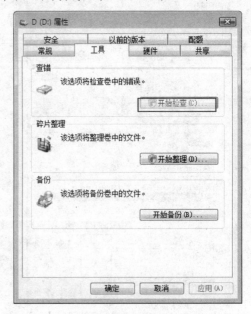

图 21-13

第2步 切换到"工具"选项卡，单击"碎片整理"选项区域中的"开始整理"按钮，打开"磁盘碎片整理程序"对话框，如图 21-14 所示。

图 21-14

第3步 单击"立即进行碎片整理"按钮，即

开始对当前系统所有磁盘进行分析，并会返回分析结果，提示用户进行整理操作。

提示 在弹出的"磁盘碎片整理程序"对话框中，上方还提供有一项"按计划运行"选项；其作用就是为碎片整理设定一个运行频率，这样就不必每次都手动启动程序，而会在规定时间里自动运行整理。

21-9　如何使用"Defrag"命令整理磁盘碎片

问： 如何在 DOS 状态下使用"Defrag"命令整理磁盘碎片，提高磁盘性能？

答： Defrag 命令可以帮助用户分析该分区是否需要整理磁盘碎片，使用户更明确何时需要整理，何时不需整理。

第1步 选择"开始"｜"所有程序"｜"附件"命令，右击"命令提示符"命令，在弹出的快捷菜单中选择"管理员身份运行"命令，打开"命令提示符"窗口。

第2步 在提示符后输入 defrag e: -a（注意 e 后面的半角冒号和空格），按【Enter】键即可分析磁盘分区 E 盘，分析后就可以得到是否需要整理磁盘碎片的提示，如图 21-15 所示。

图 21-15

第3步 如果需要整理，则输入"defrage: -v"（注意 e 后面的半角冒号和空格），按【Enter】键即可执行对 E 盘的磁盘碎片整理，如图 21-16 所示。

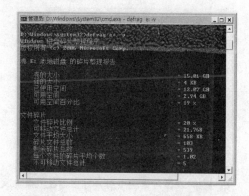

图 21-16

21-10　怎样更改脱机文件的磁盘使用限制

问： 如果在 Windows Vista 下保存了很多脱机文件，如何正确管理脱机文件的磁盘空间呢？

答： 脱机文件的机制在于自动在本地创建网络文件的副本。这样，即使在网络不可用时，也可以访问、使用这些文件。对于脱机文件，可以设置其使用的磁盘空间、是否加密等。管理脱机文件磁盘空间的具体操作步骤如下。

第1步 单击"开始"按钮，在"开始搜索"文本框中输入"脱机文件"，按【Enter】键即可弹出"脱机文件"对话框，如图 21-17 所示。

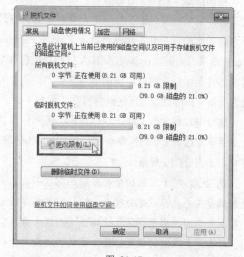

图 21-17

第2步 切换到"磁盘使用情况"选项卡，单击"更改限制"按钮，弹出"脱机文件磁盘使用限制"对话框，如图 21-18 所示。

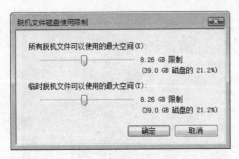

图 21-18

第 3 步 在该对话框中用户可任意设置脱机文件的磁盘使用空间，设置完毕后，单击"确定"按钮即可。

提示 事实上，在用户设置网络文件夹共享时，在高级共享属性中的"缓存"选项卡中也可以进行相关的脱机设置。

21-11 如何使用"磁盘管理器"压缩硬盘分区

问：在 Windows Vista 之前的 Windows 系统如 Windows XP 中，分区一旦设定再想改变其大小便成了很困难的事，要么重新分区，这需要备份硬盘上的所有个人数据。请问在 Windows Vista 下是否可以调整硬盘分区的大小？

答：Windows Vista 对磁盘分区调整进行了有益的改进：系统集成的磁盘管理单元能够动态调整硬盘分区的大小，虽然在功能特性上无法与 Partition Magic 等第三方磁盘管理程序相比，但与系统自身的紧密结合无疑会让用户在使用中更放心。使用"磁盘管理器"压缩硬盘分区的具体操作步骤如下。

第 1 步 在桌面上右击"计算机"图标，在其快捷菜单中选择"管理"命令，打开"计算机管理"窗口，如图 21-19 所示。

第 2 步 对于空间已全部分配的磁盘而言，要进行调整首先要释放部分硬盘空间，即首先压缩某个有剩余空间的磁盘分区，让磁盘上出现未分区空间。右击需要压缩的磁盘分区，在其快捷菜单中选择"压缩卷"命令，打开"压缩"对话框，如图 21-20所示。

第 3 步 输入需要压缩的磁盘空间量（不得大于磁盘剩余空间），单击"压缩"按钮即可。

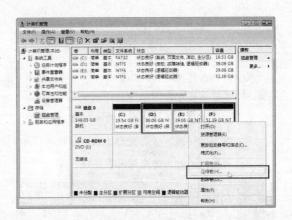

图 21-19

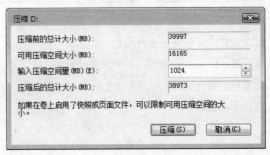

图 21-20

21-12 怎样使用"磁盘管理器"创建磁盘分区

问：如何使用未分配的磁盘空间来创建新分区呢？

答：如果硬盘上有未分配的可用空间，则可在此上创建新分区。其具体操作步骤如下。

第 1 步 打开"磁盘管理器"窗口，右击未分配空间，在其快捷菜单中选择"新建简单卷"命令（见图 21-21），弹出"新建简单卷向导"对话框。

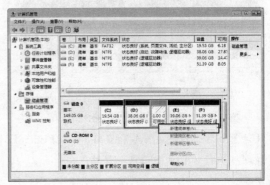

图 21-21

第 2 步 单击"下一步"按钮,弹出"指定卷大小"对话框,如图 21-22 所示。

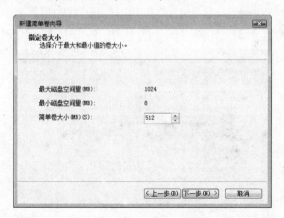

图 21-22

第 3 步 选择新建分区的容量大小,例如 512MB。单击"下一步"按钮,弹出"分配驱动器号和路径"对话框,如图 21-23 所示。

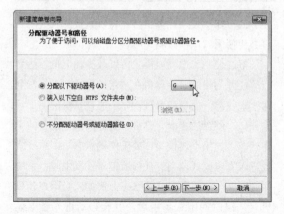

图 21-23

第 4 步 选中"分配以下驱动器号"单选按钮,在后面的下拉列表框中选择新建的分区号(如"G"),单击"下一步"按钮,弹出"格式化分区"对话框,如图 21-24 所示。

第 5 步 在该窗口中用户可以自定义格式化分区,包括文件系统类型、分配的单元大小、卷标等。

第 6 步 单击"下一步"按钮,弹出"正在完成新建简单卷向导"对话框,如图 21-25 所示。设置完成后单击"完成"按钮,然后对新分区进行格式化即可使用。

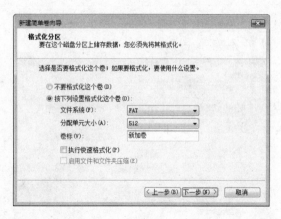

图 21-24

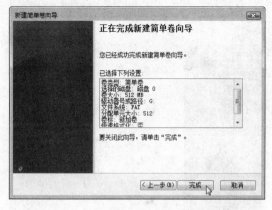

图 21-25

对磁盘分区进行操作总是存在风险的,因此,在调整分区之前,切记要备份重要文件,以免造成损失。

21-13　如何使用"磁盘管理器"扩展磁盘分区

问:如果需要对某个分区进行扩展,则使用磁盘管理器如何进行?

答:其具体操作步骤如下。

第 1 步 打开"磁盘管理器"窗口,右击需要扩展的磁盘分区,在其快捷菜单中选择"扩展卷"命令,弹出"扩展卷向导"对话框。

第 2 步 单击"下一步"按钮,弹出"选择磁盘"对话框,如图 21-26 所示。

第 3 步 在此可选择要操作的硬盘(注:图中示例为单硬盘设置),输入要扩展的空间大小,设定完成后单击"下一步"按钮，弹出"完成扩展卷向导"对话框，如图 21-27 所示。

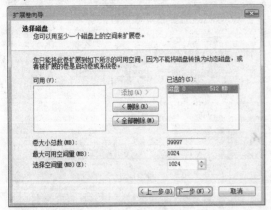

图 21-26

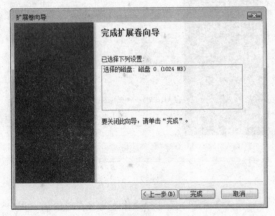

图 21-27

第 4 步 单击"完成"按钮即可。

 注意 如果要扩展的分区为启动分区或系统分区，则只能选择与该分区相邻的空间扩展。

21-14 我的计算机支持 ACPI 吗

问：目前运行 Windows 的计算机主要是通过 ACPI 进行电源管理的，不过一些较老的计算机仍旧保留着 APM 功能。怎样判断本地计算机是否支持 ACPI 呢？

答：通常，在 Windows Vista 的安装过程中，安装程序会自动判断当前系统是否支持 ACPI。如果系统支持，则会自动安装一个支持 ACPI 的硬件抽象层，否则会安装一个支持 APM 的硬件抽象层。

通常用户可以在"设备管理器"窗口的"系统设备"结点下查看是否包含"Microsoft ACPI-Compliant System"选项，如果包含该项目，则当前计算机支持 ACPI；反之，则不支持 ACPI。如图 21-28 所示。

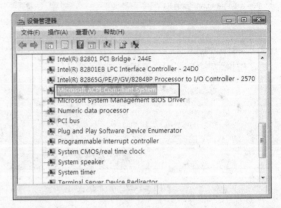

图 21-28

21-15 使用省电模式有哪些好处

问：在不使用计算机时，可以直接将其关闭。有必要使用省电模式吗？

答：使用省电功能模式可以减少耗电量，达到节约能源的目的。计算机在平常操作时，工作在全速模式状态，而电源管理程序会监视系统的图形、串并口、硬盘的存取、键盘、鼠标及其他设备的工作状态，如果上述设备都处于停顿状态，则系统就会进入省电模式，当有任何监控事件发生时，系统即刻回到全速工作模式的状态。例如，当用户计算机有一段时间闲置不用后，就会自动进入省电模式，并关闭显示器。

假如计算机的平均功率为 300W，每天使用 8 小时，并且使用电源管理功能，则可节约电能 4.8kw•h。因此使用省电模式还是有必要的。

21-16 "睡眠"模式有何优势

问：Windows Vista 系统中的电源管理功能强大，而且推出了一项全新的省电模式——睡眠。能否介绍一下"睡眠"模式的好处？

答：这种新的节能模式整合了"待机模式"的恢复速度以及"休眠模式"的能源节省效率。这就意味着，用户可以使用新的睡眠模式使系统进入深度的休眠状态，以最大限度节省能耗，同时又能够通过轻轻按【Space】键，使系统在几秒之内恢复到工作状态。

计算机在睡眠模式下，会把当前内存中的数据都转存到硬盘上，然后关闭除内存外其他所有硬件的供电。这样在恢复时，系统会首先向从待机状态恢复，直接使用内存中的数据；如果在睡眠过程中断电了，那么系统也只需要像从休眠状态下恢复那样从硬盘中读取数据即可。真正意义上实现了不怕断电和快速恢复的优点。

除了设定系统在一定时间的静止状态之后自动进入睡眠模式之外，也可以通过单击"开始"按钮，在弹出的"开始"菜单中单击"电源"按钮，即可使 Windows Vista 直接进入睡眠状态，如图 21-29 所示。

图 21-29

21-17　首选电源计划有哪些方案

问：我们知道电源计划可以帮助用户节省能量、使系统性能最大化，或者使二者达到平衡。能否详细介绍一下电源的首选计划呢？

答：Windows Vista 提供了 3 种适用于不同环境的电源计划：已平衡、节能程序和高性能，这 3 种电源计划的特点如表 21-1 所示。

表 21-1　使用于不同环境的电源计划方案的特点

电源计划	省电程度	系统性能表现
已平衡	中等	中等
节能程序	最省电	最低
高性能	最耗电	最高

打开"控制面板"窗口，切换到经典视图下，然后双击"电源选项"图标，即可进入"电源选项"窗口，如图 21-30 所示。

用户可以看到系统推荐的 3 种首选电源计划，以供用户选用。根据实际需求直接选中合适的电源

计划单选按钮即可。

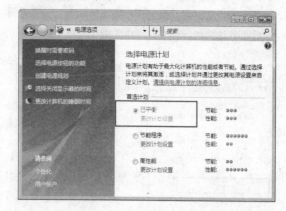

图 21-30

提示　在使用交流电供电的时候，可以将电源计划设置为"已平衡"或"高性能"，以便充分发挥硬件设备的性能，提高效率；但在使用电池供电的时候，则可以改为"节能程序"方案，尽量延长电池的使用时间。

21-18　怎样更改电源计划方案

问：如果需要更改已设定的电源首选计划，则如何进行？

答：在"电源选项"窗口中可以管理所有的电源计划设置。而且通过更改高级电源设置，可以进一步优化计算机的电能消耗和系统性能。更改电源计划方案的具体步骤如下。

第 1 步　在"电源选项"窗口中单击要更改设置的电源计划名称下方的"更改计划设置"链接，如图 21-31 所示。

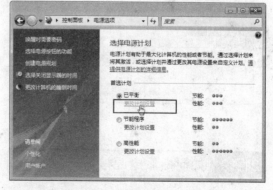

图 21-31

第 2 步　打开"编辑计划设置"窗口（见图

21-32），在这里可以选择希望计算机使用的睡眠设置和显示设置，再单击"保存更改"按钮。如果希望对更多选项进行调整，可以单击"更改高级电源设置"链接。

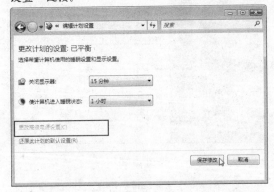

图 21-32

第3步 打开"电源选项"对话框（见图21-33），在这里可以调整更多属性。对于使用电池的便携式计算机，大部分选项都可以分别针对用电池和接通交流电两种情况分别设置；但对于台式机，通常都只有一种设置。

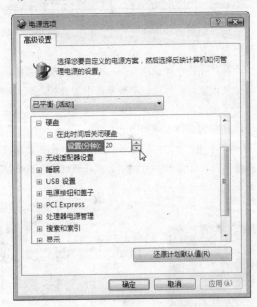

图 21-33

21-19　如何指派电源按钮对应操作

问： 单击"开始"菜单中的"电源"按钮，即可快速将计算机转入睡眠状态，如果不希望使用睡眠功能，能否给"电源"按钮指定一个其他的操作呢？

答： 在"电源选项"窗口中单击要更改设置的电源计划名称下方的"更改计划设置"链接，弹出"编辑计划设置"窗口。单击"更改高级电源设置"链接。弹出"电源选项"对话框（见图21-34），在最下方的列表框中依次展开"电源按钮和盖子"|"睡眠按钮操作"|"设置"选项，在其下拉列表框中指定电源按钮的操作。设置完成后单击"确定"按钮即可。

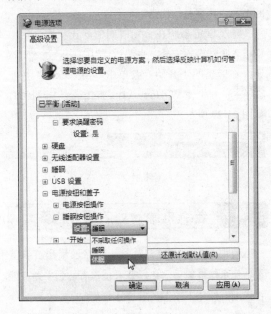

图 21-34

21-20　可以自定义电源计划方案吗

问： 如果系统预设的电源计划无法满足要求，但又不想修改预设的方案，可以按照自己的需要创建电源计划吗？

答： 用户可通过单击"电源选项"窗口左侧任务列表中"创建电源规划"链接创建新的电源计划。其具体操作步骤如下。

第1步 打开"控制面板"窗口，切换到经典视图下，然后双击"电源选项"图标即可进入"电源选项"窗口，如图21-35所示。

第2步 单击"创建电源计划"选项，打开"创建电源计划"窗口，如图21-36所示。

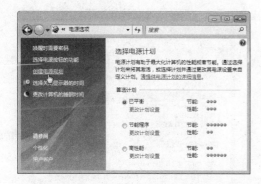

图 21-35

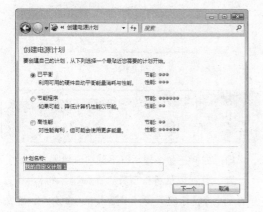

图 21-36

第 3 步 从系统预设的电源计划中选择一个和自己的目标最贴合的计划，在"计划名称"中输入自定义方案的名称（默认为"我的自定义计划 1"）。单击"下一步"按钮，弹出"更改计划设置"对话框，如图 21-37 所示。

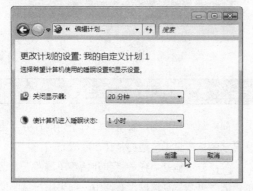

图 21-37

第 4 步 在"我的自定义计划 1"页面选择希望计算机使用的睡眠设置和显示设置，单击"创建"按钮即可。

21-21　我的计算机支持休眠功能吗

问：现在的大部分计算机都支持"休眠"功能，但是仍然有少数老旧的计算机不支持该功能，那么如何来判断一台计算机支不支持"休眠"功能呢？

答：用户可以使用以下的步骤进行查看。

第 1 步 单击"开始"菜单，选择"附件"｜"命令提示符"，右击"命令提示符"命令，然后在快捷菜单中选择"以管理员身份运行"命令（如果系统提示您输入管理员密码或进行确认，请键入密码或单击"继续"按钮）。

第 2 步 打开"命令提示符"窗口，输入 powercfg /a 命令，按【Enter】键即可显示该计算机是否支持"休眠"功能，如图 21-38 所示。

图 21-38

21-22　为什么"休眠"选项会丢失

问：很多人在 Windows Vista 使用"休眠"功能来待机，但却发现"开始"菜单的电源选项菜单中没有提供"休眠"选项。请问这是什么原因？

答：如果"关闭 Windows"对话框中也没有找到"休眠"选项，那么出现这种问题的原因可能有以下 4 种：

- 已使用磁盘清理实用工具删除了休眠文件清理程序。
- 计算机不支持休眠功能。
- 休眠功能被禁用。
- 启用了"混合睡眠"功能。当用户在电源选项菜单中选择"睡眠"选项时，"混合睡眠"功能会将计算机置于睡眠状态并生成一个休眠文件。因此，如果启用了"混合睡眠"，"休眠"将不会显示为电源选项。

21-23 如何启用/关闭"休眠"功能

问：如果我们需要启用计算机的"休眠"功能，则如何实现？

答：可以使用 Powercfg 命令启用休眠功能。以管理员身份运行"命令提示符"功能，在"命令提示符"窗口中输入 powercfg /hibernate on 命令，按【Enter】键即可启用休眠功能。如果需要关闭"休眠"功能，则需要在"命令提示符"窗口中输入 powercfg /hibernate off 命令，按【Enter】键即可关闭 Windows Vista 系统的"休眠"功能，如图 21-39 所示。

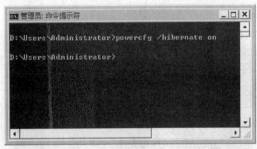

图 21-39

21-24 如何在图形界面下禁用"休眠"功能

问：听说 Windows Vista 系统中可以在图形界面和 DOS 命令下禁用"休眠"功能，如何在图形界面下禁用"休眠"功能呢？

答：在图形界面下禁用"休眠"功能的具体操作步骤如下。

第 1 步 单击"开始"按钮，在"开始搜索"文本框中输入 cleanmgr，按【Enter】键即可弹出"驱动器选择"对话框。

第 2 步 磁盘的清理工作通常从系统分区开始，系统自动选中系统分区所在的驱动器，单击"确定"按钮即可自动分析待定盘符中的垃圾文件。

第 3 步 完成分析后，会自动弹出磁盘清理对话框，如图 21-40 所示。在"要删除的文件"列表框中选中"休眠文件清理器"复选框，然后单击"确定"按钮即可，系统会提示用户是否永久删除这些

文件，单击"删除文件"按钮即可。

图 21-40

21-25 如何在命令提示符下禁用"休眠"功能

问：如何在命令提示符下禁用"休眠"功能？

答：以管理员身份运行"命令提示符"，在打开的"命令提示符"窗口中输入 powercfg –h off 命令，按【Enter】键即可禁用"休眠"功能，如图 21-41 所示。

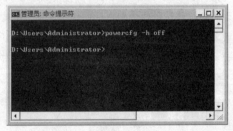

图 21-41

21-26 电池图标怎么丢失了

问：每次开机后，发现窗口右下角的任务栏电池显示图标不见了，请问是什么原因？

答：有可能是"任务栏和开始菜单属性"对话框内的"电源"复选框没有选中，如果用户需要使电源图标显示可右击空白"任务栏"，在其快捷菜单中选择"属性"命令，弹出"任务栏和开始菜单属性"对话框，切换到"通知区域"选项卡，在"系

统图标"区域选中"电源"复选框，然后单击"确定"按钮即可，如图 21-42 所示。

图 21-42

21-27　无法自动进入待机或睡眠状态怎么办

问：我的计算机完全支持 ACPI 标准，可计算机无法自动进入待机或睡眠状态。请问是何原因？如何解决？

答：首先，尝试通过手动让计算机待机或休眠，如果能够正常进入待机或睡眠状态即表示问题不是出现在驱动程序上了。如果不能进入待机或睡眠状态，则表示是由于驱动程序导致。最好的解决方法是升级硬件设备的驱动程序，例如可通过 Windows Update 网站检查有新版本的驱动程序或者直接访问硬件设备制造商的网站下载最新的驱动程序，然后进行安装即可。

12-28　计算机无法从省电模式唤醒怎么办

问：如果每次将计算机转入省电模式下都无法正常唤醒，则如何解决此问题？

答：可以首先向计算机制造商查询主板是否有了最新版本的 BIOS，如果有，则可尝试升级到最新的 BIOS。

在某些情况下，有问题的设备驱动会导致其对应的设备唤醒失败，用户可以通过禁止有问题的设备唤醒计算机的方法解决此问题，方法如下：

第 1 步 单击"开始"按钮，在"开始搜索"文本框中输入 devmgmt.msc，按【Enter】键即可打开"设备管理器"窗口。

第 2 步 在设备列表中展开需要设置的硬件，如"鼠标和其他指针设备"。右击该设备，在其快捷菜单中选择"属性"命令，弹出属性对话框，如图 21-43 所示。

图 21-43

第 3 步 切换到"电源管理"选项卡，取消选中"允许计算机关闭次设备以节约电源"复选框。

第 4 步 单击"确定"按钮，退出"设备管理器"窗口。

Chapter

22

命令行与注册表
应用技巧

命令行和注册表的功能强大，熟练的掌握命令
行和注册表可以帮助用户对系统中很多设置进行
管理。本章详细列举了一些较为常用的命令行和注
册表的使用技巧。

22-1 如何调用 DOS 命令帮助信息

问： 听说 Windows Vista 中的命令种类繁多，主要包含哪些命令呢？

答： 用户可在"命令提示符"窗口中输入"help"命令，按【Enter】键即可显示全部 DOS 命令的详细信息，如图 22-1 所示。

图 22-1

 提示 如果用户需要查看某个命令的详细信息，可在"help"命令后添加 DOS 命令名称，如输入"help del"即可显示"del"命令的详细信息。

22-2 怎样快速开启 DOS 命令行窗口

问： 在工作中我们需要经常进行 Windows 窗口和命令行窗口之间切换，那么如何进行 DOS 命令行窗口的快速切换呢？

答： 在 Windows Vista 中，按住【Shift】键不放，右击计算机中的任意文件夹，在其快捷菜单中选择"在此处打开命令窗口"命令（见图 22-2），即可快速打开以此文件路径为提示符的 DOS 命令行窗口，如图 22-3 所示。

图 22-2

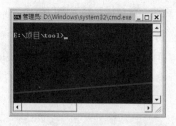

图 22-3

22-3 如何更改"命令提示符"窗口

问： "命令提示符"窗口颜色、字体、布局通常采用默认格式，用户可以根据使用习惯更改其窗口吗？

答： 用户可通过"命令提示符属性"对话框修改"命令提示符"窗口。单击"开始"菜单，选择"所有程序"｜"附件"｜"命令提示符"，右击"命令提示符"，在其快捷菜单中选择"属性"命令，打开"命令提示符属性"对话框，在该对话框内切换到相应的选项卡下，即可对"命令提示符"窗口的颜色、字体、布局等进行设置。下面以更改"命令提示符"窗口的颜色和布局为例进行介绍。

1. 更改"命令提示符"窗口颜色

切换到"颜色"选项卡，选中需要更改对象（包括屏幕文字、屏幕背景、弹出文字、弹出背景）所对应的单选按钮，在后面的"红"、"绿"、"蓝"列表框中设定指定对象的颜色，或者直接选中下面的颜色条的颜色，如图 22-4 所示。

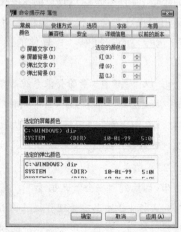

图 22-4

2. 更改"命令提示符"窗口布局

切换到"布局"选项卡，用户可对"命令提示符"的屏幕缓冲区、窗口大小、窗口位置的高度和宽度进行设置，用户可通过"窗口预览"栏预览"命令提示符"的窗口变化，如图 22-5 所示。

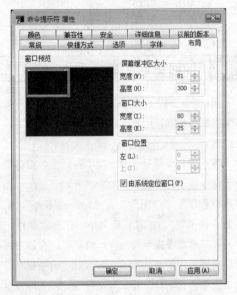

图 22-5

22-4 如何提升用户运行命令行权限

问：我们知道，在 Windows Vista 中，当打开 DOS 命令行窗口时，即使当前登录用户具有管理员身份，但其以默认的标准用户权限运行，这在很多时候带来不便。如何提升用户运行 DOS 命令的权限呢？

答：用户可在"命令提示符属性"对话框中提升用户运行 DOS 权限，其具体的操作步骤如下。

第 1 步 以"管理员"身份登录系统后单击"开始"菜单，依次选择"所有程序" | "附件" | "命令提示符"，右击"命令提示符"，在其快捷菜单中选择"属性"命令，弹出"命令提示符属性"对话框，如图 22-6 所示。

第 2 步 切换到"安全"选项卡下，在"组或用户名"列表框中选中具有管理员权限的用户名，单击"编辑"按钮，弹出"命令提示符的权限"对话框，如图 22-7 所示。

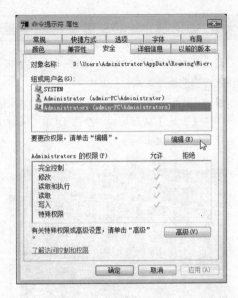

图 22-6

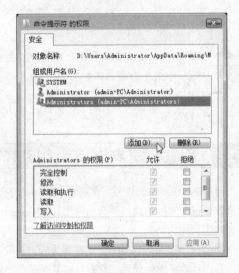

图 22-7

第 3 步 单击"添加"按钮，弹出"选择用户或组"对话框，如图 22-8 所示。

图 22-8

第 4 步 输入需要提升权限的用户名，如"hsf"。

单击"确定"按钮,返回到"命令提示符的权限"对话框,选中新添加的用户,单击"编辑"按钮,在显示的"权限"列表框中的"允许"列下选中"完全控制"复选框,如图 22-9 所示。

图 22-9

第 5 步 单击"确定"按钮即可。

22-5 如何在命令行下速查 Vista 系统信息

问: 如何在命令提示符窗口查看 Windows Vista 系统信息?

答: 按【Win+R】快捷键,输入 cmd,单击"确定"按钮,在弹出的"命令提示符"窗口下输入 systeminfo 命令,按【Enter】键就可以查看到 Windows Vista 的安装日期。除此之外,还可在此看到系统的所有信息,如主机名、处理器、网卡、以及系统打了多少补丁等,如图 22-10 所示。

图 22-10

22-6 无法使用格式化命令怎样办

问: 在 Windows Vista 运行的过程中出现系统错误,以"管理员身份运行"格式化(format)命令,格式化系统分区,但是提示无法使用格式化,是何原因?

答: 以前在 Windows XP 中可以格式化系统所在的分区,但是在 Windows Vista 下却不允许用户执行此操作,如图 22-11 所示。

图 22-11

22-7 怎样在命令行下查看当前 TCP 连接的 IP

问: 在命令提示符下,如何知道当前计算机所有的活动连接?

答: 每个网络连接都会产生一个反馈的 IP 地址信息,即所谓的 TCP 连接的 IP,例如,在使用 QQ 聊天时,经常会遭到不明身份的网友的骚扰,这时用户可以使用 netstat 命令,快速看到对方的 IP 地址。使用 netstat 命令查看当前活动的 TCP 连接的 IP 的具体操作如下。

在"命令提示符"窗口中输入 netstat –n 命令,按【Enter】键即可显示当前活动的 TCP 连接的 IP 地址,如图 22-12 所示。

图 22-12

22-8 如何在命令行下查看本机所有用户账户

问：在命令提示符中，如何通过 DOS 命令查看当前计算机的所有用户账户呢？

答：如果用户需要查看本地计算机中的所有用户账户，则可使用 net user 命令进行查看，其具体操作如下。

在"命令提示符"窗口中输入 net user 命令，按【Enter】键即可显示当前本地计算机中所有的用户账户，如图 22-13 所示。

图 22-13

22-9 如何在命令行下创建用户账户和密码

问：可以在命令行下创建一个新的用户账户，并且为这个用户账户设置密码吗？

答：在 Windows Vista 中创建新用户账户一般是通过"控制面板"窗口中的"用户账户"向导进行设置，非常烦琐。而在"命令提示符"窗口中可以利用"net user"命令轻松创建账户与密码，具体操作如下。

在"命令提示符"窗口（以管理员身份运行）中输入 net user zslyq 123456 /add 命令，按【Enter】键即可创建账户名为 zslyq，密码为 123456 的新账户，如图 22-14 所示。

图 22-14

在"命令提示符"窗口中输入 net user 命令，按【Enter】键即可看到刚刚创建的新用户账户。

22-10 如何在命令行下添加共享资源

问：想要对本地计算机的文件进行共享，如何在命令行下实现呢？

答：如果希望在局域网中共享本机中的资源，可以使用 net share 命令完成。以共享 E 盘中的 downloads 文件夹为例，其具体的操作如下：

在"命令提示符"窗口（以管理员身份运行）中输入 net share gx=e:\downloads 命令，按【Enter】键，即可将 D 盘中的 downloads 文件夹成功共享，共享名为 gx，如图 22-15 所示。

图 22-15

22-11 如何在命令行下查看共享资源

问：在局域网中，共享文件可以方便计算机文件数据的交互，如何查看局域网中某个用户中的共享文件信息呢？

答：net view 命令主要用于查看局域网中的共享资源。如果用户想要查看局域网中某台计算机中的所有共享资源，则可使用 net view 命令实现，其具体操作如下：

在"命令提示符"窗口中输入 net share 192.168.0.110 命令，按【Enter】键即可显示 IP 为 192.168. 0.110 的计算机的共享资源列表，如图 22-16 所示。

图 22-16

22-12　如何在命令行下查看当前运行的服务

问：怎样通过 DOS 命令查看当前计算机正在运行的服务列表？

答：net start 命名主要用于启动服务，如果在不带参数的情况下使用，net start 命令将显示当前运行的服务列表。

如果需要查看当前计算机中所开启的服务，只需在"命令提示符"窗口中输入"net start"命令，按【Enter】键即可显示当前计算机中所开启的服务，如图 22-17 所示。

图 22-17

22-13　怎样在命令行下使用【Tab】键自动功能

问：在 Windows Vista 的命令行窗口下如何快速填充文件路径和文件名？

答：在命令行窗口按下【Tab】键后，系统可以自动填充路径、文件名等，下面通过具体的例子来说明。

在当前目录下，存在着名为 Program Files 的目录，当输入 cd p 并按下【Tab】键后，系统即会自动寻找在当前目录结构中第一个以"P"开头的目录，并将该目录名自动填充到 cd p 中。如果存在着一个名为 Pauto 的目录，这时【Tab】键的自动填充内容则会成为该子目录(默认以字符升序排列)，如果想进入的是 Program Files 目录，则需要更详细的限定，如输入 cd pr 后再按下【Tab】键，如图 22-18 所示。

图 22-18

提示　当然，以上只是以 cd 命令为例说明，绝不是意指【Tab】键的自动填充功能仅针对 cd 命令存在，事实上，该功能支持命令行窗口中的大部分命令。

22-14　能否将文件或快捷方式拖入命令行窗口

问：在 Windows 系统下，很多窗口支持文件或快捷方式的拖放操作。"命令提示符"窗口是否也支持文件或快捷方式的拖放操作呢？

答：Windows Vista 中不支持将文件或快捷方式拖入"命令提示符"窗口。但是，如果要在命令提示符窗口中快速输入文件或快捷方式的路径，可以使用"复制为路径"命令。使用"复制为路径"命令的步骤如下：

第 1 步　单击"开始"按钮，在"开始搜索"文本框中输入 cmd 命令，按【Enter】键即可打开"命令提示符"窗口。

第 2 步　按住【Shift】键不放，右击需要复制其路径的快捷方式或文件，在其快捷菜单中选择"复制为路径"命令，如图 22-19 所示。

图 22-19

第 3 步 切换到 "命令提示符" 窗口，在需要输入路径的位置右击，在其快捷菜单中选择 "粘贴" 命令，即可将该文件或快捷方式的路径粘贴到 "命令提示符" 窗口中。

22-15 如何在命令行下查找计算机的 IP 地址

问： 如果我们的计算机设置自动获取 IP 地址，在 "网络连接属性" 对话框中不显示获取的 IP 地址。那么如何查看该计算机的 IP 地址呢？

答： 单击 "开始" 按钮，在 "开始搜索" 文本框中输入 cmd 命令，按【Enter】键即可打开 "命令提示符" 窗口。输入 ipconfig 命令，按【Enter】键即可显示系统自动分配的 IP 地址、网关等信息，如图 22-20 所示。

图 22-20

 提示 有关 ipconfig 命令的详细信息，可在 "命令提示符" 窗口，输入 ipconfig /?命令，按【Enter】键即可显示其帮助信息。

22-16 怎样使用 DOS 命令测试计算机通信状况

问： 如何测试本地计算机与局域网内的其他计算机的通信情况呢？

答： 单击 "开始" 按钮，在 "开始搜索" 文本框中输入 "cmd" 命令，按【Enter】键即可打开 "命令提示符" 窗口，输入 "ping 要测试的计算机的 IP 地址或域名"（如 ping 192.168.1.110），按【Enter】键即可进行测试，如图 22-21 所示。

系统默认发送 4 个 "32" 字节的数据包，在家庭网络中，如果在一秒或两秒钟内仍未获得响应，则无法识别该网络中的其他计算机。数据包成功发送即表示网络连接正常，反之则连接不正常。

图 22-21

22-17 如何使用 chkdsk 命令修复有误磁盘

问： 当磁盘出现逻辑错误时，可以使用 DOS 命令进行修复吗？

答： 可以在 DOS 或命令提示符（以管理员身份运行）下使用 chkdsk /f 命令进行修复，其具体操作如下。

在命令提示符窗口中输入 chkdsk h: /f 命令，按【Enter】键即可对 H 盘的分区出现的逻辑错误进行检查和修复，如图 22-22 所示。

图 22-22

当磁盘出现物理错误时，系统会自动对磁盘进行修复，修复完成后提示用户 "是否将丢失的链接转换为文件"，输入 "Y" 确认转换即可，如图 22-23 所示。

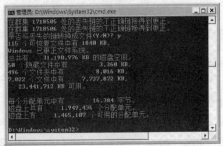

图 22-23

22-18 如何使用netstat命令查找打开可疑端口的恶意程序

问： 可以使用 DOS 命令查看计算机所有已打开的端口，并且根据这些可疑端口锁定恶意程序吗？

答： 通过 netstat 程序可以查看系统开放的端口，但不能直接查看开放端口对应的程序。一个可行的解决办法就是借助进程表示符 PID。其具体的操作步骤如下：

第 1 步 打开 "命令提示符" 窗口，输入 netstat -ano 命令，按【Enter】键即可显示当前活动端口及对应的进程标识（PID），如图 22-24 所示。

图 22-24

第 2 步 执行 tasklist 命令显示当前系统中正在运行的应用程序及其对应的进程标识，如图 22-25 所示。

图 22-25

第 3 步 先从 netstat –ano 命令显示的结果找到可疑端口，然后根据其 PID 在 tasklist 命令中查找对

应的程序，就能知道可疑端口对应的程序名了，从而判断可疑端口是否是由一个恶意程序打开的，进而采取终止进程、删除恶意程序的安全措施。

22-19 如何使用 FDISK 修复引导区

问： 启动计算机时，屏幕提示 No System，System Halted，如何解决此问题？

答： 可以判断问题肯定出在硬盘的引导区上。这种情况一般是引导记录损坏或被病毒感染，或是分区表中无自举标志，还有可能是结束标志 55AAH 被改写而造成的。

用 DOS 引导盘启动计算机，在提示符下执行 fdisk /mbr 命令，如图 22-26 所示。

图 22-26

提示 fdisk 命令中本身就包含有主引导程序代码和结束标志 55AAH，这一命令对于修复主引导记录和结束标志 55AAH 既快又灵，而且不用担心会损坏硬盘上的任何文件。

22-20 如何展开、浏览注册表项

问： 要使用注册表进行系统设置的编辑配置，首先应该对其基本的浏览方法有所了解。如何浏览注册表呢？

答： 进入注册表编辑后，通过左方的树形目录来依次展到需要的路径。操作过程如下：

第 1 步 使用【Win+R】组合键打开 "运行" 对话框，如图 22-27 所示。

图 22-27

第 2 步 在 "运行" 对话框中的 "打开" 文本

框中输入 regedit 命令后（或直接在开始菜单的"开始搜索"文本框中输入），按【Enter】键，即可打开"注册表编辑器"窗口，如图 22-28 所示。

图 22-28

第 3 步 在打开的编辑器左侧的树形目录中，通过依次单击展开的树形目录，即可找到需要的键值项。

22-21 如何搜索注册表项、值、数据

问：由于注册表中包括的项目非常多，当需要从中定位自己需要的项或子项时非常麻烦，有更为简单、快捷的方法吗？

答：当需要从中定位自己需要的项或子项时使用"查找"功能是最快捷的办法。在主菜单上单击"编辑"菜单，在下拉菜单中选择"查找"命令，弹出"查找"对话框（见图 22-29）。输入查找目标的名称，并选择查看的选项（包括项、值、数据），再单击"查找下一个"按钮即可开始查找。

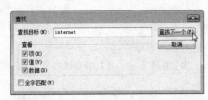

图 22-29

提示 选择查找命令之前应该单击最上方的"计算机"名称。这样实现的查找就是全局性的。

稍候即可返回给用户详细的查找结果，注册表自动定位查找关键字所在项或值，如图 22-30 所示。

提示 如果初次返回的结果中没有用户需要的信息，可以重复按下键盘上的【F3】键继续查找。

图 22-30

22-22 怎样修改、编辑注册表键值

问：当进入具体的注册表项后，即可进行需要的编辑操作。如何进行注册表键值的修改呢？

答：进行注册表键值修改的具体操作步骤如下。

第 1 步 使用【Win+R】组合键打开"运行"对话框，输入"regedit"后（或直接在开始菜单的"开始搜索"文本框中输入）。按【Enter】键，即可打开"注册表编辑器"窗口，如图 22-31 所示。

图 22-31

第 2 步 定位到需要修改的键值，右击该键值，在其快捷菜单中选择"修改"命令（或者直接双击该键值），弹出编辑键值的对话框，如图 22-32 所示

图 22-32

第 3 步 在"数值数据"文本框中修改其值，然后单击"确定"按钮即可。

22-23 如何新建注册表键值

问：通常情况下，当需要对系统环境进行个性定制时，即可通过在注册表中新建相应的注册表键值完成。那么如何新建注册表键值呢？

答：新建注册表键值的具体操作步骤如下：

第 1 步 使用【Win+R】组合键打开"运行"对话框，输入 regedit 后（或直接在开始菜单的"开始搜索"文本框中输入）。按【Enter】键，即可打开"注册表编辑器"窗口，如图 22-33 所示。

图 22-33

第 2 步 在键值项区空白处右击，然后在快捷菜单中选择"新建"命令，在级联菜单中选择合适的键值类型，如选择"字符串值"命令，输入键值名称（如 text）。

第 3 步 右击该键值，在其快捷菜单中选择"修改"命令（或者直接双击该键值），打开编辑键值的对话框，如图 22-34 所示。

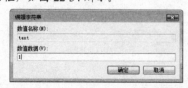

图 22-34

第 4 步 在"数值数据"文本框中修改其值，然后单击"确定"按钮即可完成新建注册表键值。

22-24 如何加载注册表配置单元

问：怎样利用加载配置单元恢复部分注册表呢？

答：利用加载配置单元恢复注册表的具体步骤如下：

第 1 步 使用【Win+R】组合键打开"运行"对话框，输入 regedit 后（或直接在开始菜单的"开始搜索"文本框中输入）。按【Enter】键，即可打开"注册表编辑器"窗口。

第 2 步 选中需要还原的主键，单击"文件"菜单，选择"加载配置单元"命令，弹出"加载配置单元"对话框。

第 3 步 选择要还原的注册表文件，然后单击"打开"按钮，在弹出的对话框中输入项名称即可，如图 22-35 所示。

图 22-35

22-25 怎样修改注册表的管理权限

问：为了防止其他用户恶意修改注册表，系统默认了各用户管理注册表的权限。如果需要提高或降低某个用户管理注册表的权限时，则如何进行修改呢？

答：设置权限是有效的保护注册表项目的重要方法，使用此项功能可以指定能打开该项的用户和组。具体的修改办法如下。

第 1 步 使用【Win+R】组合键打开"运行"对话框，输入 regedit 后（或直接在开始菜单的"开始搜索"文本框中输入）。按【Enter】键，即可打开"注册表编辑器"窗口。

第 2 步 在注册表编辑器中选定要设置权限的注册表项，然后单击"编辑"菜单，选择"权限"命令，弹出权限设置对话框，如图 22-36 所示。选中用户名后，再选中其权限复选框为不同的用户设置"完全控制"、"读取"、"特殊"等不同的权限级别。

第 3 步 单击"确定"按钮即可。

提示 如果当前账户列表中没有需要设置权限的用户名，可以单击"添加"按钮后进入"选择用户或组"对话框。打开"选择用户或组"对话框，单击"立即查找"按钮，然后在高级状态下查找所有账户并添加进来即可，如图 22-37 所示。

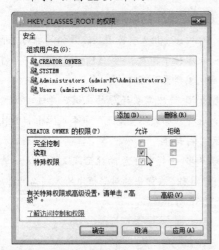

图 22-36

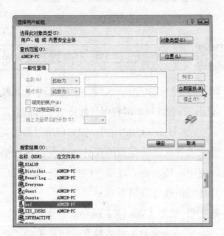

图 22-37

22-26　如何连接/断开远程网络注册表

问：为了方便管理员通过注册表管理网络中的其他计算机，如何连接/断开远程网络注册表呢？

答：连接/断开远程网络注册表的具体操作步骤如下：

第 1 步 使用【Win+R】组合键打开"运行"对话框，输入 regedit 后（或直接在开始菜单的"开始搜索"文本框中输入）。按【Enter】键，即可打开"注册表编辑器"窗口。

第 2 步 单击"文件"菜单，选择"连接网络注册表"命令，弹出"选择计算机"对话框，如图

22-38 所示。

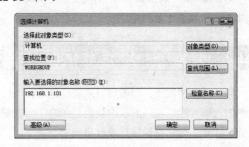

图 22-38

第 3 步 输入要选择的计算机 IP 地址（如192.168.1.101，单击"确定"按钮，弹出"Windows安全"对话框，如图 22-39 所示。

图 22-39

第 4 步 输入正确的远程用户网络密码，单击"确定"按钮，返回"注册表编辑器"窗口，在左侧窗格中即可显示远程计算机的注册表信息，如图 22-40 所示。

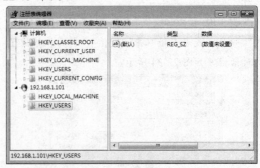

图 22-40

如果用户需要断开网络注册表，则可在"注册表编辑器"窗口单击"文件"菜单，选择"断开网络注册表"命令，即可弹出"断开网络注册表"对话框，选中需要断开的连接，单击"确定"按钮即可，如图 22-41 所示。

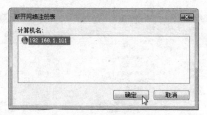

图 22-41

> **提示** 如果用户需要连接远程网络注册表，则远程计算机必须开启 RemoteRegistry 服务，否则无法连接远程计算机注册表。

22-27 怎样禁止远程操作注册表

问： 为了系统的安全，如何禁止对注册表的远程访问呢？

答： 在缺省情况下，所有基于 Windows 的计算机的注册表在网络上都可以被访问到；这样极易造成黑客入侵的安全隐患。因此建议在计算机接入网络后，需要禁止对注册表的远程访问。其具体的操作步骤如下：

第 1 步 使用【Win+R】组合键打开"运行"对话框，输入 regedit 后（或直接在开始菜单的"开始搜索"文本框中输入）。按【Enter】键，即可打开"注册表编辑器"窗口，如图 22-42 所示。

图 22-42

第 2 步 在右侧窗格中依次展开到 HKEY_LOCAL_MACHINE\SYSTEM\CurrentControlSet\Control\SecurePipeServers\winreg 分支；然后在右方窗格中，查看 Description 键值数据，保证其为 Registry Server。

第 3 步 在左方树形目录下，右击 Winreg 分支项名，在其快捷菜单下选择"权限"命令，弹出"winreg 的权限"对话框（见图 22-43），首先确保本地系统管

理员组拥有全部的访问权后；然后其他的所有用户只设置"读取"权限即可，如图 22-44 所示。

图 22-43

图 22-44

第 4 步 打开"控制面板"窗口，从"管理工具"下双击打开"服务"管理器。在窗口右侧服务列表中，双击 Remote Registry 选项，在弹出的属性对话框中单击"停止"按钮即可停止此服务，如图 22-45 所示。

图 22-45

22-28 为什么注册表会被锁定

问：上网时经常会发生因为浏览网页而造成注册表被锁定的情况。为什么注册表会被锁定呢？

答：这都是由于安全隐患对注册表造成的影响，当用户上网时，恶意网页中的代码自动执行修改注册表的操作。注册表被锁定的原理其实就是注册表中的一个键值被修改，其键值所在位置为 HKEY_CURRENT_USER\Software\Microsoft\Windows\CurrentVersion\Policies\System 分支，然后代码将其下的键值项 Disableregistrytools 的值修改为"1"（默认为 0），如图 22-46 所示。

图 22-46

 当再次启动注册表编辑器时，即会出现已被禁用的提示，如图 22-47 所示。

图 22-47

22-29 怎样解除注册表锁定

问：如果需要对注册表进行修改，而注册表被锁定，则怎样解除注册表的锁定呢？

答：可用使用 Windows Vista 系统自带的"组策略"编辑器来实现。其具体的操作步骤如下。

第 1 步 单击"开始"按钮，在"开始搜索"框中输入 gpedit.msc 命令，按【Enter】键即可打开"组策略对象编辑器"窗口，如图 22-48 所示。

图 22-48

第 2 步 在窗口左侧树形控制台展开"本地计算机策略" | "用户配置" | "管理模板" | "系统"，然后在右侧的策略列表框找到并双击"阻止访问注册表编辑工具"策略项，弹出属性对话框，如图 22-49 所示。

图 22-49

第 3 步 选中"已禁用"单选按钮，再单击"确定"按钮即可解除注册表的锁定。

22-30 如何备份注册表

问：注册表是系统的核心组件，如何对注册表进行备份呢？

答：为了防止修改注册表不当造成注册表相关项目损坏或整个系统运行故障，因此对注册表进行编辑前，需要事先备份注册表。其具体的操作步骤如下：

第 1 步 使用【Win+R】组合键打开"运行"对

话框，输入 regedit 后（或直接在开始菜单的"开始搜索"文本框中输入）。按【Enter】键，即可打开"注册表编辑器"窗口。

第 2 步 在注册表编辑器中，选中需要备份的注册表项，再单击"文件"菜单，选择"导出"命令，弹出"导出注册表文件"对话框，如图 22-50 所示。

图 22-50

第 3 步 定义文件名及保存路径，并注意在"导出范围"中确认需要导出的注册表项，再单击"保存"按钮即可，如图 22-51 所示。

图 22-51

22-31　怎样恢复已备份的注册表

问： 当系统发生故障时，如何恢复先前备份的注册表呢？

答： 当需要恢复注册表文件时，可在"注册表编辑器"窗口中选择"文件"|"导入"命令，弹出"导入注册表文件"对话框，如图 22-52 所示。

图 22-52

选择以前保存的注册表文件，单击"打开"按钮"注册表编辑器"会自动导入备份文件的所有信息到当前注册表文件中，由此也就完成了恢复工作，注册表恢复完成后弹出确认恢复对话框，单击"确定"按钮退出即可，如图 22-53 所示。

图 22-53

Chapter

23

用组策略配置高级设置

组策略和注册表是管理系统的两大利器，然而使用注册表管理系统需要具备高深的计算机知识，不太适用于广大的初级用户。而组策略则将系统重要的配置功能汇集成各种配置模块，供用户直接使用，从而达到方便管理计算机的目的，本章主要介绍如何使用组策略配置 Windows Vista 设置。

23-1 为什么组策略打不开

问：单击"开始"按钮，在"开始搜索"文本框中运行 gpedit.msc，但是却提示找不到文件，请问是何原因？

答：应该是安装的 Windows Vista 的版本问题，在 Windows Vista Home Basic 版本（Windows Vista 家庭基础版）、Windows Vista Home Permium 版本（Windows Vista 家庭高级版）中不包含组策略功能。

23-2 怎样让"运行"在开始菜单中现身

问：Windows 系统早期版本的开始菜单中包含有"运行"选项，但在 Windows Vista 开始菜单中却不见了"运行"选项的踪影，如何找回"运行"选项呢？

答：可以通过组策略找回"运行"选项，具体操作如下。

第 1 步 选择"开始"｜"所有程序"｜"附件"｜"运行"命令（或按【Win+R】组合键），在弹出的"运行"对话框中输入 gpedit.msc，单击"确定"按钮启动"组策略"窗口。

第 2 步 在"组策略"窗口的左侧窗格中选择"用户配置"｜"管理模板"｜"开始菜单和任务栏"选项，然后在右侧窗格中双击"将运行命令添加到「开始」菜单"策略，如图 23-1 所示。

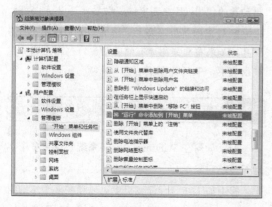

图 23-1

第 3 步 在打开的"将运行命令添加到「开始」菜单属性"对话框中的"设置"选项卡下选中"已

启用"单选按钮，如图 23-2 所示。

图 23-2

第 4 步 单击"确定"按钮退出，这样"运行"就会在"开始"菜单中现身。

23-3 如何取消开始菜单中"注销"选项

问：如何在组策略下删除开始菜单中的"注销"选项？

答：删除开始菜单中的"注销"选项的具体操作步骤如下：

第 1 步 选择"开始"｜"所有程序"｜"附件"｜"运行"命令（或按【Win+R】组合键），在打开的"运行"对话框中输入 gpedit.msc，单击"确定"按钮启动"组策略"窗口，如图 23-3 所示。

图 23-3

第 2 步 在"组策略"窗口的左侧窗格中选择"用户配置"｜"管理模板"｜"开始菜单和任务

栏"选项，在右侧窗格中双击"删除「开始」菜单上的'注销'"选项，如图 23-4 所示。

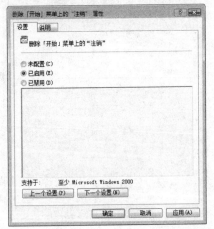

图 23-4

第 3 步 在弹出的"删除「开始」菜单上的'注销'属性"对话框中的"设置"选项卡下选中"已启用"单选按钮，然后单击"确定"按钮退出。这样"注销"项就会在开始菜单中消失。

提示 这样设置仅对"开始"菜单起作用，但是并不影响"Windows 安全性"对话框（可以按【Ctrl+Alt+Del】组合键打开）上的"注销"项目。

23-4 如何限制用户访问驱动器

问： 办公场合的计算机由于位置开放，通常会有多人共用或被他人临时使用的可能性，这对于个人用户的数据保密和安全性提出了严重挑战。那该怎么办呢？

答： 如果用户不想让别人使用自己的驱动器，如系统盘 C 盘，光驱等，可以进行如下操作：

第 1 步 按【Win+R】组合键，在弹出的"运行"对话框中输入 gpedit.msc，单击"确定"按钮进入"组策略对象编辑器"窗口，如图 23-5 所示。

第 2 步 在左侧窗格中选择"本地计算机策略" | "用户配置" | "管理模板" | "Windows 组件" | "Windows 资源管理器"命令。双击右侧窗口的"防止从'我的电脑'访问驱动器"策略，打开其属性对话框，如图 23-6 所示。

图 23-5

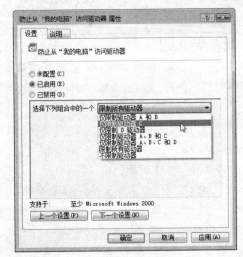

图 23-6

第 3 步 选中"已启用"单选按钮，在下面就会出现选择驱动器的下拉列表，如果希望限制某个驱动器的使用，只要选中该驱动器就可以了。例如，要限制 C 盘的使用，选中"仅限制驱动器 C"选项即可。如果希望关闭所有的驱动器，包括光驱等，可以选中"限制所有驱动器"选项。

23-5 怎样设置多个本地组策略对象

问： 如何在 Windows Vista 系统中设置多个本地组策略对象？

答： 如果在一台计算机上可以存在多个本地组策略对象，这样在应用中用户可根据具体需要为不同的用户组甚至特定的用户设定不同的本地组策略，这对于多人应用环境而言是极为出色的改进。

设置多个本地组策略对象的具体操作步骤如下：

第 1 步 单击"开始"按钮，在"开始搜索"文本框中输入 gpedit.msc，按【Enter】键即可打开"组策略对象编辑器"窗口。

第 2 步 单击"开始"按钮，在"开始搜索"栏中输入 mmc，按【Enter】键即可打开"控制台"窗口，如图 23-7 所示。

图 23-7

第 3 步 单击"文件"菜单，选择"添加/删除管理单元"命令，弹出"添加或删除管理单元"对话框，如图 23-8 所示。

图 23-8

提示 控制台是 Windows 系统用来管理网络、计算机、服务及其他系统组件的管理工具。

第 4 步 在"可用的管理单元"列表框中找到"组策略对象编辑器"，单击"添加"按钮弹出"欢迎使用组策略向导"对话框，如图 23-9 所示。

第 5 步 单击"浏览"按钮，弹出"浏览组策略对象"对话框（见图 23-10），切换到"用户"选项卡，选中"非管理员"选项，单击"确定"按钮。

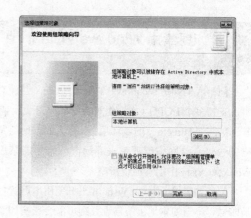

图 23-9

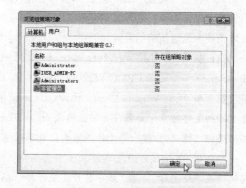

图 23-10

提示 这里的"非管理员"组并不是真正意义上的用户组，而是 Windows Vista 用来标识计算机上除本地管理员组之外所有用户的伪"群组"。

第 6 步 选定完成后即可在"控制台"窗口中看到对选定的每个群组或用户，都会显示对应的本地组策略对象，格式为"本地计算机\用户名 策略"，这样，便可以有针对性地对具体的群组或用户进行相应的设置了，如图 23-11 所示。

图 23-11

23-6 如何禁用 Windows Vista 本地组策略

问：我们知道 Windows Vista 可以在一台计算机上支持多个 LGPO（本地组策略对象），不过，在基于 Active Directory 的域环境下，强大的本地组策略则也许会给网络管理带来麻烦，如何才能禁用 Windows Vista 中的本地组策略呢？

答：如果 Windows Vista 客户机使用本地管理员账号，不当的本地组策略设置则可能会影响如企业局域网的统一设置，或者造成冲突。因此建议网络管理员设定客户机禁用本地组策略。

禁用本地组策略的步骤如下：

第 1 步 在 Windows Vista 客户机上运行 Gpmc.msc 命令，启动 GPMC（组策略管理控制台）。

第 2 步 找到 Windows Vista 所属 OU（组织单元）的组策略对象。如果没有相应的设置，则应根据网络应用情况，创建一个 OU 或域的组策略对象。

第 3 步 在相应的组策略对象上右击编辑，在其快捷菜单中选择"属性"命令打开其属性对话框，如图 23-12 所示。

图 23-12

第 4 步 选中"禁用用户配置设置"复选框，单击"确定"按钮，关闭"组策略管理控制台"窗口，重启计算机即可。

23-7 如何拒绝所有类型的可移动存储访问

问：可移动设备能够非常方便地在两台计算机

之间进行数据传送。不过，它们也伴随着较大的安全问题，如何很好地控制可移动设备呢？

答：用户可通过组策略控制可移动媒介对本地计算机的访问。其具体的操作步骤如下：

第 1 步 单击"开始"按钮，在"开始搜索"文本框中输入 gpedit.msc，按【Enter】键即可打开"组策略对象编辑器"窗口，如图 23-13 所示。

图 23-13

第 2 步 在窗口左侧的树形目录中选择"计算机配置"｜"管理模板"｜"系统"｜"可以动存储访问"，右边的窗格列表显示可以设置的策略项。选择想要控制的可移动存储的类型。例如，可以通过双击右边窗格中的"所有可移动存储类：拒绝所有权限"策略来对所有类型的可移动存储的访问拒绝。

第 3 步 在弹出的策略属性对话框（见图 23-14）中，选中"已启用"单选按钮，再单击"确定"按钮即可。

图 23-14

提示 还可以通过对策略进行设置来分别拒绝读取或者是写入的权限，因此，用户能够允许用户从设备中读取数据但无法将数据保存在其中。

23-8　如何控制可移动存储访问权限

问：在 Windows Vista 系统下如何通过组策略设置 U 盘、移动硬盘、软盘、CD 光盘等可移动存储设备的访问权限？

答：在组策略下控制可移动存储访问权限的具体操作步骤如下：

第 1 步 单击"开始"按钮，在"开始搜索"文本框中输入 gpedit.msc，按【Enter】键，打开"组策略对象编辑器"窗口，如图 23-15 所示。

图 23-15

第 2 步 在左侧窗口选择"计算机配置"｜"管理模块"｜"系统"｜"可移动存储访问"命令，在右侧窗口中双击需要设置的权限，打开其属性对话框。

第 3 步 选中"已启用"单选按钮，单击"确定"按钮即可。

23-9　如何关闭系统"气球"通知

问：正在工作时 Windows Vista 系统突然冒出"气球"通知一段提示语，非常让人讨厌，如何关闭"气球"通知呢？

答：在打开的"组策略对象编辑器"窗口中的左侧窗格中选择"用户配置"｜"管理模板"｜"开始菜单和任务栏"选项，然后在右侧窗格中双击"关闭所有气球通知"策略，在打开的"关闭所有气球通知属性"对话框中的"设置"选项卡下选中"已启用"单选按钮，然后单击"确定"按钮退出即可，如图 23-16 所示。

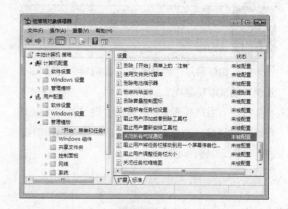

图 23-16

23-10　怎样记录上次登录系统时间

问：总是怀疑自己系统的登录密码泄露，如何通过组策略设置记录上次系统登录时间呢？

答：通过组策略 Windows Vista 系统能记录下用户的登录信息，这样每次登录系统时就可以将前后两次登录的时间做对比，如果发现时间不一致，就说明有人曾经试图非法登录该账户。

在打开的"组策略对象编辑器"窗口中的左侧窗格中选择"计算机配置"｜"管理模板"｜"Windows 组件"｜"Windows 登录选项"选项，然后在右侧窗格中双击"在用户登录期间显示有关以前登录的信息"策略，在打开的"在用户登录期间显示有关以前登录的信息属性"对话框中的"设置"选项卡下选中"已启用"单选按钮，单击"确定"按钮退出。这样下次启动计算机时，Windows Vista 系统就会在用户进入系统桌面前提示用户上次的登录时间了，如图 22-17 所示。

图 22-17

23-11 如何通过组策略关闭自动播放功能

问：如何通过"组策略对象编辑器"窗口关闭系统自动播放功能呢？

答：当用户插入某些可移动存储设备时（如U盘、移动硬盘、光盘），系统会自动播放里面的内容，如图 23-18 所示。

图 23-18

但是此功能经常被 U 盘病毒利用，充当触发病毒运行的媒介，因此建议将系统自动播放功能关闭。

在打开的"组策略对象编辑器"窗口中的左侧窗格中选择"本地计算机策略"｜"计算机配置"｜"用户配置"｜"管理模板"｜"Windows 组件"｜"自动播放策略"选项，在右侧窗格中双击"关闭自动播放"策略（见图 23-19），在弹出的"关闭自动播放属性"对话框的"设置"选项卡下选中"已启用"单选按钮，单击"确定"按钮，自动播放设置会全部关闭。

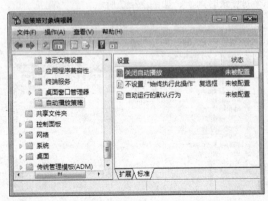

图 23-19

23-12 如何自动清除虚拟内存页面文件

问：虚拟内存页面文件经常会占用大量的硬盘空间，我们可以在 Windows Vista 中设置自动清除虚拟内存页面文件吗？

答：采用组策略对象编辑器是解决这一问题最简单的方法。设置步骤如下：

第 1 步 按【Win+R】组合键，在弹出的"运行"对话框中输入 gpedit.msc，单击"确定"按钮进入"组策略对象编辑器"窗口，如图 23-20 所示。

图 23-20

第 2 步 在左侧窗格中选择"计算机配置"｜"Windows 设置"｜"安全设置"｜"本地策略"｜"安全选项"选项，在右侧的窗口中双击"关机:清除虚拟内存页面"策略，弹出属性对话框，如图 23-21 所示。

图 23-21

第 3 步 选中"已启用"单选按钮后单击"确定"按钮即可。

23-13　怎样给来宾账户换个名字

问：可以通过组策略修改来宾账户的名称吗？

答：通过组策略修改来宾账户的名称的具体修改步骤如下：

第 1 步 按【Win+R】组合键，在弹出的"运行"对话框中输入 gpedit.msc，单击"确定"按钮进入"组策略对象编辑器"窗口，如图 23-22 所示。

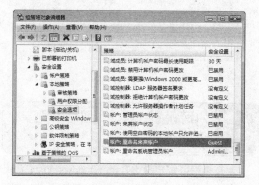

图 23-22

第 2 步 在左侧窗格中选择"计算机配置"|"Windows 设置"|"安全设置"|"本地策略"|"安全选项"选项，在右侧的窗口中双击"账户：重命名来宾账户"策略，弹出属性对话框，如图 23-23 所示。

第 3 步 为来宾账户重新命名（如 myguest），单击"确定"按钮即可。

图 23-23

23-14　如何进行用户账户控制设置

问：Windows Vista 中最为突出的一项安全改进

就是用户账户控制（UAC）。利用组策略如何实现用户账户的控制设置呢？

答：其具体的操作步骤如下：

第 1 步 单击"开始"按钮，在"开始搜索"文本框中输入 gpedit.msc，按【Enter】键即可打开"组策略对象编辑器"窗口，如图 23-24 所示。

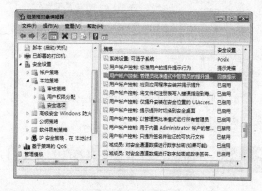

图 23-24

第 2 步 在窗口左侧的树形目录中选择"计算机配置"|"Windows 设置"|"安全设置"|"本地策略"|"安全选项"选项，其中包含了 9 项策略能够用来更改用户账户控制功能的具体工作方式。

第 3 步 双击需要进行用户控制操作的选项，在打开的属性对话框中根据需要选中"已启用"或"已禁用"单选按钮，单击"确定"按钮即可。

23-15　怎样禁止其他用户更改组策略

问：为了系统的安全我们可以在组策略中阻止其他用户更改策略呢？

答：用户可以使用组策略中的"禁止用户更改策略"功能，阻止其他用户随意的更改组策略，其具体的操作步骤如下：

第 1 步 单击"开始"按钮，在"开始搜索"框中输入 gpedit.msc，按【Enter】键即可打开"组策略对象编辑器"窗口，如图 23-25 所示。

第 2 步 在左侧窗格中选择"计算机配置"|"管理模块"|"Windows 组件"|"Internet Explorer"，在右侧窗口中双击"安全区域：禁止用户更改策略"策略，弹出其属性对话框。

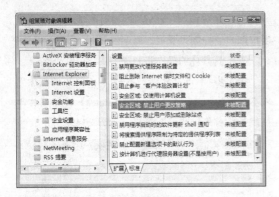

图 23-25

图 23-27

第 3 步 选中"已启用"单选按钮,单击"确定"按钮即可。

23-16 如何设置密码最长使用期限

问:密码的使用时间是有期限的,能否通过组策略延长密码最长的使用期限呢?

答:通过组策略的设置可以将密码设置为在某些天数(介于 1 到 999 之间)后到期,或者将天数设置置为 0,指定密码永不过期。具体操作如下:

第 1 步 按【Win+R】组合键,在打开的"运行"对话框中输入 gpedit.msc,单击"确定"按钮进入"组策略对象编辑器"窗口,如图 23-26 所示。

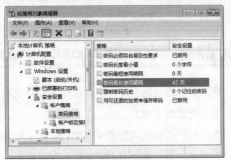

图 23-26

第 2 步 在左侧窗格中选择"计算机配置"|"Windows 设置"|"安全设置"|"账户策略"|"密码策略"选项,在右侧的窗口中双击"密码最长使用期限"策略,打开属性对话框,如图 23-27 所示。

第 3 步 在"密码过期时间"列表框中设置密码过期时间(如"80"),单击"确定"按钮即可。

23-17 如何设置 UAC 允许安装驱动程序权限

问:以受限账户身份登录 Windows Vista 系统后,发现硬件缺少驱动程序,如何通过组策略设置用户在不经过 UAC 的允许下安装驱动程序呢?

答:Windows Vista 是允许没有管理员权限的用户去安装计算机设备的驱动的,但这个功能需要在组策略里为每个设备进行配置。

第 1 步 按【Win+R】组合键,在打开的"运行"对话框中输入 gpedit.msc,单击"确定"按钮进入"组策略对象编辑器"窗口,如图 23-28 所示。

图 23-28

第 2 步 在左侧窗格中选择"计算机配置"|"管理模板"|"系统"|"驱动程序安装"选项,双击右侧的"允许非管理员用户安装下列设备安装程序类中的驱动程序"策略,打开其属性对话框,如图 23-29 所示。

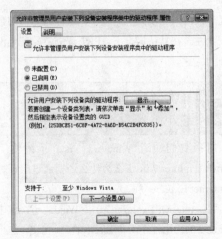

图 23-29

第 3 步 选中"已启用"单选按钮，单击"显示"按钮，就可以在里面添加一个设备设置类的GUID（比如{25DBCE51-6C8F-4A72-8A6D-B54C2B4FC835}），如图 23-30 所示。

图 23-30

第 4 步 单击"确定"按钮之后，用户就可以在不通过 UAC 的情况下来安装、更新驱动了。

提示 设备设置类 GUID 可以去 http://msdn2.microsoft.com/en-us/library/ms791134.aspx 页面中查询，如图 23-31 所示。

图 23-31

23-18 常见 UAC 相关的策略配置有哪些

问： 常见的用户账户控制（UAC）包括哪些？

答： 在 Windows Vista 中可进行的与 UAC 相关的策略配置包括以下常见的 9 种：

1. 标准用户的提升提示行为

在默认情况下，以标准用户账户登录都会被提示输入管理员凭据来提升权限。如果用户启用了此项策略，用户就可以通过当标准用户试图进行一项需要提升的权限的操作时反馈一条拒绝访问的信息来增强安全性。

2. 管理员批准模式中管理员的提升提示行为

在默认情况下，除了内置管理员账户外的所有账户都会在需要提升权限前被提示同意操作。如果用户启用了此项策略，用户就可以选择要求管理员提供凭据来获得提升权限或者是通过无须提示凭据或同意操作来降低安全性。

在"组策略对象编辑器"窗口右侧的策略列表中双击"用户账户控制：管理员批准模式中管理员的提升提示行为"策略项，弹出策略属性对话框（见图 23-32），可以通过选择与管理员提示的相关操作来增强或减弱安全性。

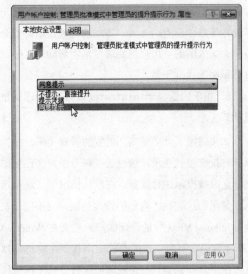

图 23-32

3. 检测应用程序安装并提示提升

如果启用了此项策略，要求提升的权限应用程

序安装包则会通过启发式的算法进行检测，并会在
打开时出现需要提升权限的提示。

4．将文件和注册表写入错误指定到每个用户位置

这是用户账户控制的一种兼容性设置。主要是
让一些旧版应用程序能够在 Windows Vista 上正常
运行。

5．仅提升安装在安全位置的 UIAccess 应用程序

如果启用了此项策略，UIAccess 应用程序则不
能够打开，除非它们是存储在安全位置下。安全位
置包括 Program Files 目录以及 Windows\System32\
r-_\Program Files （x86）目录。这项策略在默认情况下
是启用的，但用户如果想要存储在其他位置的UIAccess
应用程序能够运行的话，用户可以将它禁用。

6．提示提升时切换到安全桌面

这项策略在默认情况下是启用的；当要求权限
时，桌面就会被锁定，并且没有应用程序能够解开
此锁定。用户可以仅用此项策略来去掉对提升时的
要求，让其显示在正常的桌面上，但这样就会降低
安全性。

7．以管理员批准模式运行所有管理员

这项策略在默认情况下是启用的，并且它是
Windows Vista 的 UAC 保护的核心部分。如果禁用
了此项策略，所有的 UAC 策略就会被禁用，安全
性也会大大削弱。用户需要通过重新启动才能够让
这些策略的设置生效。

8．用于内置 Administrator 账户的管理员批准模式

如果启用了此项策略，内置的管理员账户就会
以管理批准模式登录，这也就意味着用户会在权限
提升之时被提示进行同意。在默认情况下，这项策
略是禁用的，因此，内置的管理员账户（不同于其
他 Windows Vista 中的管理账户）就会在 Windows
XP 兼容模式下登录；所有的应用程序也能够在默
认情况下具有完整管理员权限而运行。启用这项组
策略会增加安全性。

9．只提升签名并验证的可执行文件

该策略能够让用户通过实施PKI的签名检测需

要提升权限的互动式应用程序，这样做的目的是增
强安全性。在默认情况下，PKI 证书链验证是没有
实施的。

23-19　使用组策略配置 Internet Explorer 7.0 有哪些好处

问： 我们知道 Windows Vista 系统使用了
Internet Explorer 7.0，那么为什么还要通过组策略配
置 Internet Explorer 呢？

答： Internet Explorer 7.0 是 Windows Vista 中一
个很重要的应用程序，和老版本的 IE 相比，这个版
本增加了很多新功能。不过其中的大部分功能并不能
通过 IE 自身的选项进行设置，而是隐藏在了组策略
中。通过组策略，用户可以设置大量的 IE 隐藏选项。

23-20　怎样合理分配 Windows Vista 访问权限

问： 在之前的 Windows 2000/XP 系统默认只有
Adminstrators 组的成员才可以有远程关闭计算机的
权限，不知道在 Windows Vista 中，我们是否也具
有此权限呢？

答： 通过组策略可以设置。由于很多时候用户
是以 Guest 账号登录某台位于局域网的计算机，所
以这里就以给 Guest 账户赋予远程关机权限举例。
具体步骤如下。

第 1 步 按【Win+R】组合键，在弹出的"运行"
对话框中输入 gpedit.msc，单击"确定"按钮进入
"组策略对象编辑器"窗口，如图 23-33 所示。

图 23-33

第 2 步 在左侧窗格中选择"计算机配置"｜
"Windows 设置"｜"安全设置"｜"本地策略"｜

"用户权限指派"选项。想实现远程关闭改计算机，首先双击右侧窗口的"从网络访问计算机"策略，弹出属性对话框，如图23-34所示。

图 23-34

第 3 步 默认情况下 Guest 用户是没有权限关闭计算机的，单击"添加用户或组"按钮，弹出"选择用户或组"对话框。

第 4 步 单击"高级"按钮，弹出"选择用户或组"对话框，单击"立即搜索"按钮即可显示当前计算机中所有的用户和组，如图23-35所示。

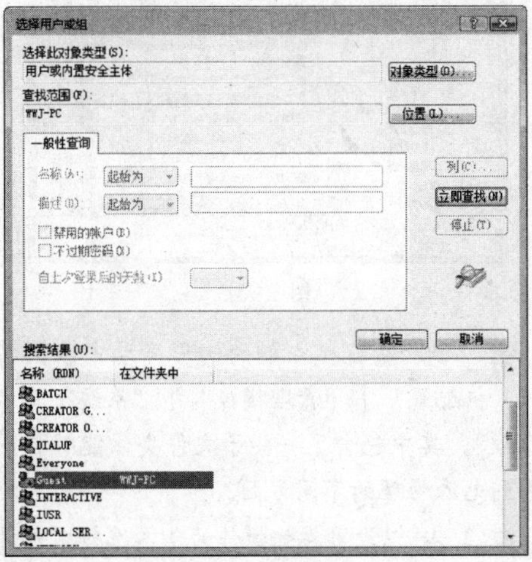

图 23-35

第 5 步 选择"搜索结果"列表框中的"Guest"选项，单击"确定"按钮即可将 Guest 用户添加到"输入对象名称来选择"列表框中，如图23-36所示。

第 6 步 在"本地安全设置"控制台窗口的"用户权限指派"找到"远程强制关机"策略并双击该项目。

图 23-36

第 7 步 在弹出的窗口和上面一样添加"Guest"账户后单击"确定"按钮完成。

23-21 如何通过组策略配置某个程序的 QoS

问： 当网络过载或拥塞时，QoS 能确保重要业务量不受延迟或丢弃，同时保证网络的高效运行。请问如何在组策略中配置某个程序的 QoS？

答： QoS 的英文全称为"Quality of Service"，中文名为"服务质量"。QoS 是网络的一种安全机制，可以用来解决网络延迟和阻塞等问题的一种技术，在组策略中配置某个程序的 QoS 的具体操作步骤如下。

第 1 步 打开"开始"菜单，在"开始搜索"框中输入 gpedit.msc，按【Enter】键，打开"组策略对象编辑器"窗口。

第 2 步 在窗口左侧的树形目录中定位到"计算机配置"｜"Windows 设置"｜"基于策略的 QoS"，右击，在其快捷菜单中选择"新建策略"命令，弹出"基于策略的 QoS"对话框，如图 23-37 所示。

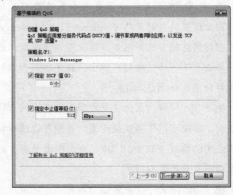

图 23-37

第 3 步 输入 "策略名"（如 "Windows Live Messenger"），选定 "DSCP" 值，单击 "下一步" 按钮，弹出 "此 QoS 策略应用于" 对话框，如图 23-38 所示。

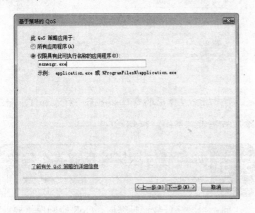

图 23-38

第 4 步 选择 "仅限具有此可执行名称的应用程序" 单选按钮，然后输入 msnmsgr.exe。单击 "下一步" 按钮，打开 "指定源及目标 IP 地址" 对话框，如图 23-39 所示。

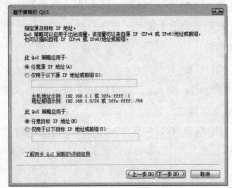

图 23-39

第 5 步 在这里可以设置这条策略应用的范围。因为这里的目的是对 Windows Live Messenger 的所有访问连接都进行限制，因此可以保持默认设置。单击 "下一步" 按钮，弹出 "指定协议和端口号" 对话框，如图 23-40 所示。

第 6 步 同样，因为这里希望对所有访问都进行限制，因此可以保持默认设置。否则可以选择该策略应用的协议（TCP、UDP，或者两者兼有）以及来源或目标的端口号。

第 7 步 单击 "完成" 按钮即可。

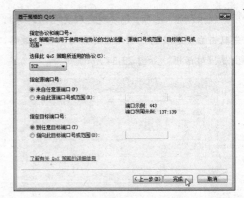

图 23-40

23-22 如何控制电源管理设置

问：为了发挥电源最佳的使用状态，如何使用组策略控制电源的管理设置呢？

答：在 Windows Vista 中，用户能够通过组策略来控制电源管理，可以有效地实现节省用电。其具体的操作步骤如下。

第 1 步 单击 "开始" 按钮，在 "开始搜索" 框中输入 gpedit.msc，按【Enter】键即可打开 "组策略对象编辑器" 窗口，如图 23-41 所示。

图 23-41

第 2 步 在窗口左侧的树形目录中依次单击 "计算机配置" | "管理模板" | "系统" | "电源管理"，其中包含了一些子文件夹，能够将策略应用到电源管理的不同方面。

第 3 步 以设置按钮操作为例，选择 "电源管理" | "按钮设置" 选项，右侧窗格显示按钮设置的详细策略。以双击 "选择电源按钮操作（接通电源）" 策略为例，弹出 "选择电源按钮操作（接通电源）" 策略属性对话框，如图 23-42 所示。

第 4 步 在 "设置" 选项卡下选中 "已启用" 单选按钮，在电源按钮操作下拉列表框中选择合适的操作（如"关机"）。然后单击"确定"按钮保存设置即可。

图 23-42

除按钮设置外，还可以设置视频与显示设置、睡眠设置、通知设置和硬盘设置。操作方法大致相同。

- 视频与显示设置可以分别设置在计算机接通电源和使用电池情况下，控制在显示关闭之前计算机非活动状态的时长。
- 睡眠设置可以分别设置在计算机接通电源和使用电池情况下，睡眠模式的相关设置。
- 硬盘设置策略可以用来控制当计算机处在非活动状态时 Windows 关闭硬盘前的时间长度。
- 通知设置策略能够让用户设定当计算机处于电量不足或严重短缺时计算机的提示。

23-23　怎样使用组策略进行硬盘设置

问： 如何使用组策略进行硬盘设置和通知设置？

答： "硬盘设置"文件夹中仅包含两项策略：关闭硬盘（接通电源）和关闭硬盘（使用电池）。用户可以使用这些策略控制当计算机处在非活动状态时 Windows 关闭硬盘前的时间长度。对硬盘进行设置的具体操作步骤如下。

第 1 步 打开"开始"菜单，在"开始搜索"框中输入 gpedit.msc，按【Enter】键，打开"组策略对象编辑器"窗口。

第 2 步 在左侧窗口依次展开"计算机配置"|"管理模块"|"系统"|"电源管理"|"硬盘设置"，在窗口右侧双击需要操作的策略，弹出其属性对话框，如图 23-43 所示。

图 23-43

第 3 步 选中"已启用"单选按钮，在激活的"关闭硬盘"列表框中选择或输入当计算机处在非活动状态时 Windows 关闭硬盘前的时间长度，如"10"秒。

提示 输入时间长度时必须以秒为单位，用户输入需要的值，范围是 1 到 999 999。

23-24　怎样设置组策略的通知设置

问： 当我们的电源出现电量不足或严重短缺时，如果系统没有提示，突然断电则会给用户的工作带来相当大的麻烦。使用组策略可以为电源设置通知信息吗？

答： 通过使用组策略，用户能够设置通知需要在什么程度会被触发。设置组策略的通知信息的步骤如下：

第 2 步 打开"开始"菜单，在"开始搜索"文本框中输入 gpedit.msc，按【Enter】键，打开"组策略对象编辑器"窗口。

"通知设置"包括以下 5 种策略：

- 电池电量严重短缺通知操作。
- 电池电量不足通知操作。
- 电池电量严重短缺通知级别。
- 关闭电池电量不足用户通知。
- 电池电量不足级别通知。

第 2 步 在左侧窗口选择"计算机配置"|"管理模块"|"系统"|"电源管理"|"硬盘设置"选项，在窗口右侧双击需要操作的策略，以设置"电池电量不足通知级别"策略为例，双击"电池电量不足通知级别"策略，弹出其属性对话框，如图 23-44 所示。

图 23-44

第3步 选中"已启用"单选按钮，在激活的通知级别列表框中选择或输入电池电量不足通知级别，该级别代表电池容量的百分比，例如，如果想要在电池容量剩下 10% 的时候进行通知，那么就将通知级别设为 10，单击"确定"按钮。

第4步 接下来设置通知操作，通知操作策略能够让用户设定当计算机处于电量不足或严重短缺时计算机的提示。在"组策略对象编辑器"窗口中双击需要进行的通知，弹出其属性对话框，如图 23-45 所示。

图 23-45

第5步 选中"已启用"单选按钮，用户就可以从下拉列表框中进行选择：不执行操作、关机、睡眠、休眠。

第6步 单击"确定"按钮即可

23-25 怎样使用组策略进行睡眠设置

问：如何使用组策略进行 Windows Vista 系统的睡眠设置？

答：单击"开始"按钮，在"开始搜索"框中输入 gpedit.msc，按【Enter】键，打开"组策略对象编辑器"窗口。在左侧窗口选择"计算机配置"｜"管理模块"｜"系统"｜"电源管理"｜"睡眠设置"选项。

Windows Vista 系统组策略下"睡眠设置"包含了 12 个策略项目。每个操作则又包含了两类策略，一类是控制当用户的计算机接通电源时，另一类是控制当用户的计算机使用电池时的，它们分别是：

1. 启用应用程序以防止睡眠转换

如果启用了此项策略，应用程序或服务就能够防止系统进入混合睡眠、待机或是休眠模式。

2. 指定系统休眠超时

如果启用了此项策略，用户就可以设置 Windows 须经过多长的非活动时间让系统进入休眠状态。在此可输入的值的范围是从 1 到 999 999，单位为秒。

3. 唤醒计算机时需要密码

如果启用了此项策略或不对其进行配置，那么当唤醒系统时用户就会被提示输入密码；因为，在默认情况下系统就是要求密码的。如果用户不希望被提示输入密码的话，那么就可以将此策略禁用。

4. 指定系统休眠超时

如同休眠超时策略，在此，值也是以秒为单位输入。

5. 关闭混合休眠

如果用户启用了此项策略，系统就不会在睡眠时让其进入到休眠状态。

6. 睡眠时允许待机状态（S1-S3）

如果用户启用此项策略，Windows 就能够在计算机睡眠时使用待机状态。如果此项策略是禁用的，那么计算机就会进入休眠状态，也就是混合睡眠模式。

在早期版本的 Windows 中，待机能够将工作保存到内存中，并让计算机处在一种省电的状态，而休眠则是将工作保存到硬盘中。而 Windows Vista 将待机和休眠结合成了一个状态：混合睡眠。在这样的状态下，工作会被存在硬盘中，且当计算机被唤醒时，之前工作所进行到的阶段也可以恢复。

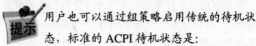

用户也可以通过组策略启用传统的待机状态，标准的 ACPI 待机状态是：

S0: 系统是开启的并随时准备投入工作的。

S1: CPU 电源是关闭的；RAM 空闲但会被更新。系统可以通过鼠标、键盘等唤醒。

S2（并非很经常实施）：所有的设备电源关闭，就像 S3 那样，但 RAM 更新加快。

S3: 所有的设备电源被关闭，工作都被保存到 RAM 中。键盘、鼠标是否能够唤醒系统则取决于用户的控制。

S4: 所有的硬件关闭，工作保存到硬盘中，与休眠状态等同。

23-26 如何使用组策略设置视频、显示

问： 为了节约用电，我们可以在组策略中设置 Windows Vista 系统下的视频与显示器吗？

答： 单击"开始"按钮，在"开始搜索"框中输入 gpedit.msc，按【Enter】键，打开"组策略对象编辑器"窗口。在左侧窗口选择"计算机配置"|"管理模块"|"系统"|"电源管理"|"视频和显示设置"选项。

Windows Vista 有四项策略包含在"视频与显示设置"文件夹中，实际上是两组分别当计算机接通电源和使用电池情况下的策略设置：

1. 关闭显示器

根据使用环境双击"关闭显示器"策略，在弹出的属性对话框中选中"已启用"单选按钮，用户可以需要以秒为单位制定一个在显示器关闭之前计算机非活动状态的时长，如"10"秒，如图 23-46 所示。

图 23-46

2. 关闭自适应显示超时

这项设置是控制在显示关闭之前计算机非活动状态的时长。双击该策略，弹出其属性对话框，选中"已启用"单选按钮，Windows 会自动根据用户对输入设备的设置来调节此项设置，如图 23-47 所示。

图 23-47

23-27 如何阻止系统忽略证书错误

问： Windows Vista 系统对于数字证书的要求非常严格，如果用户安装了没有数字证书的程序，则系统会弹出对话框阻止其运行。如果确定该程序是正确的，并确定要安装，则如何使用组策略忽略证书错误呢？

答： 忽略证书错误具体的操作步骤如下。

第 1 步 单击"开始"按钮，在"开始搜索"文本框中输入 gpedit.msc，按【Enter】键打开"组策略对象编辑器"窗口，如图 23-48 所示。

图 23-48

第 2 步 在左侧窗格中选择"计算机配置"|"管理模块"|"Windows 组件"|"Internet Explorer"|"Internet 控制面板"选项,在右侧窗口中双击"阻止忽略证书错误"策略,弹出其属性对话框。

第 3 步 选中"已禁用"单选按钮,单击"确定"按钮即可。

23-28 如何关闭 Windows Vista 故障检测

问:Windows Vista 系统一旦遇到系统故障,则会自动进行检测。这种方法虽然对故障的排除有一定的帮助,但是却占用了系统的大部分资源。在组策略中是否可以关闭 Windows Vista 的故障检测功能呢?

答:组策略中关闭 Windows Vista 的故障检测功能的具体操作步骤如下。

第 1 步 单击"开始"按钮,在"开始搜索"文本框中输入 gpedit.msc,按【Enter】键打开"组策略对象编辑器"窗口,如图 23-49 所示。

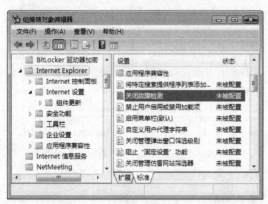

图 23-49

第 2 步 在左侧窗格中选择"计算机配置"|"管理模块"|"Windows 组件"|"Internet Explore"选项,在右侧窗口中双击"关闭故障检测"策略,弹出其属性对话框。

第 3 步 选中"已启用"单选按钮,单击"确定"按钮即可。

23-29 怎样禁用 Windows 错误报告

问:通常 Windows Vista 系统检测到系统发生错误时,会利用大量的时间发送 Windows 错误报告。为了提高用户的工作效率,如何通过组策略关闭 Windows 错误报告呢?

答:通过组策略关闭 Windows 错误报告的具体操作步骤如下。

第 1 步 单击"开始"按钮,在"开始搜索"文本框中输入 gpedit.msc,按【Enter】键打开"组策略对象编辑器"窗口,如图 23-50 所示。

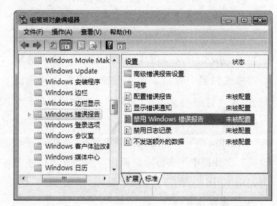

图 23-50

第 2 步 在左侧窗格中选择"计算机配置"|"管理模块"|"Windows 组件"|"Windows 错误报告"选项,在右侧窗口中双击"禁用 Windows 错误报告"策略,打开其属性对话框。

第 3 步 选中"已启用"单选按钮,单击"确定"按钮即可。

提示 如果启用了此设置,Windows 错误报告功能将不向 Microsoft 发送任何问题信息。另外,解决方案信息也将不会在"问题报告"和"解决方案"控制面板中提供。

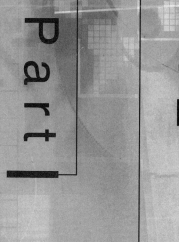

Part 7

第 7 部分
系统安全与网络
安全篇

Chapter

24

NTFS 文件系统与
数据保护

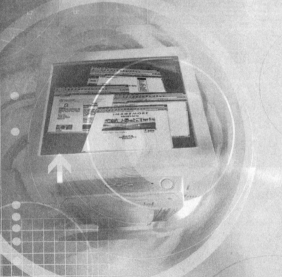

NTFS 文件系统性能优越，相对于老的文件系统类型（指 FAT 文件系统），NTFS 安全性更好、容错能力更强，同时还具有诸如压缩、磁盘配额、加密和权限设置等高级的功能，已经成为 Windows Vista 默认的文件系统类型。

24-1　Windows Vista 必须安装在 NTFS 分区下吗

问：在安装 Windows Vista 时，必须将其安装在 NTFS 分区下吗？

答：Windows Vista 必须安装到 NTFS 分区。在之前的 Windows Vista 测试版本中，曾有人发现当将 Windows Vista 安装到扩展分区而启动分区(主分区)使用 FAT32 格式时，系统有时会出现不可预知的错误，因此，为了充分享受 Windows Vista 带来的增强功能，特别是提高的安全性，建议所有的硬盘分区均使用 NTFS 格式。

 Windows Vista 中的 NTFS 文件系统使用了更新的版本，因此，使用第三方工具软件如 Partitions Magic 建立的 NTFS 分区可能会导致 Windows Vista 出现严重错误，因此，为硬盘分区时不要使用这些未通过 Windows Vista 兼容性测试的第三方软件，此时可通过 Windows Vista 下的磁盘管理器或在安装过程中由 Windows Vista 安装程序来创建分区。

24-2　为什么"属性"对话框上没有"高级"按钮

问：想要加密一个文件，但是"属性"对话框上没有"高级"按钮，怎么办？

答：加密文件系统（EFS）只能在使用 NTFS 文件系统的计算机上使用。如果要加密的文件位于使用 FAT 或 FAT32 文件系统的卷上，则需要将该卷转换成 NTFS 格式才能出现"高级"按钮。

24-3　更改 NTFS 磁盘簇大小有何好处

问：NTFS 磁盘分区的簇的大小对磁盘性能有哪些影响？

答：理想的簇大小可以将 I/O（数据输入和输出）时间降到最低，并最大限度地利用磁盘空间。但是有一点需要注意：无论在任何情况下，使用大于 4KB 的簇都会出现一些负面影响，比如不能使用

NTFS 的文件压缩功能及浪费的磁盘空间等。在 NTFS 文件系统中，簇的大小会影响到磁盘文件的排列，设置适当的簇大小可以减少磁盘空间丢失和分区上碎片的数量。如果簇设置过大，会影响到磁盘存储效率；反之如果设置过小，虽然会提高利用效率，但是会产生大量磁盘碎片。

24-4　如何查看 NTFS 磁盘簇的大小

问：如何查看 NTFS 磁盘簇的大小，增强 NTFS 磁盘利用率？

答：以"管理员身份"运行"命令提示符"程序，在"命令提示符"窗口下输入 chkdsk 命令，可以得到这个卷上的文件数和已经使用的磁盘空间，用文件数去除以已经使用的磁盘空间大小，就可以得到理想的簇（分配单元）的大小，如图 24-1 所示。

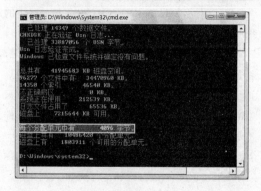

图 24-1

24-5　在 NTFS 文件系统中如何设置簇大小

问：在 NTFS 文件系统中如何设置磁盘簇大小？

答：默认的情况下，在格式化的时候如果没有指定簇的大小，那么系统会根据分区的大小选择默认的簇值。其实在 NTFS 文件系统中格式化的时候，可以在 Format 命令后面添加 /a:UnitSize 参数来指定簇的大小，UnitSize 表示簇大小的值，NTFS 支持 512/1024/2048/4096/8192/16K/32K/64K。例如 format d:/fs:NTFS /a:2048 命令，表示将 D 盘用 NTFS 文件系统格式化，簇的值为 2 048B。

24-6 如何找回 NTFS 格式分区下意外丢失的文件

问：如何找回 NTFS 格式分区下意外丢失的文件

答：可以使用专门的软件，如 Final Data for NTFS，或者是 Get Data Back for NTFS。这两个软件的文件恢复效果都不错。如果在文件删除后没有任何文件操作，恢复率接近 100%。所以不要等到文件删除后再安装这个软件，最好是与 Windows 系统一起安装，并在出现文件误删除后立刻执行恢复操作，一般可以将删除的文件恢复回来。

24-7 为什么 NTFS 系统分区下的系统文件无法删除

问：为什么 Windows Vista NTFS 系统分区下的系统文件无法删除呢？

答：在当试图删除 Windows Vista 等文件夹时，系统会提示"无法删除，访问被拒绝"的报警信息。主要原因是 Windows Vista 对其系统文件夹（Windows 文件夹、程序文件夹等）与其子文件（夹）都详细设置了访问权限。这是 NTFS 磁盘一个重要的特性之一，所以在其他的系统中试图删除文件夹时由于没有相应的权限，会遭到访问拒绝。

24-8 为加密的 NTFS 分区制作"钥匙"

问：在 Windows Vista 的 NTFS 分区下，如何对数据进行了加密，保护数据安全呢？

答：可以制作备份密钥，以防万一。密钥的制作方法如下：

第 1 步 按【Win+R】组合键，在打开的"运行"对话框中输入 certmgr.msc，单击"确定"按钮，打开"证书——当前用户"窗口，如图 24-2 所示。

第 2 步 在"当前用户"｜"个人"｜"证书"分支下，可以看到一个以用户的用户名为名称的证书（如果还没有在 NTFS 分区上加密任何数据，这里是不会有证书的）。右击这个证书，选择"所有任务"下的"导出"命令，弹出"证书导出向导"

对话框，如图 24-3 所示。

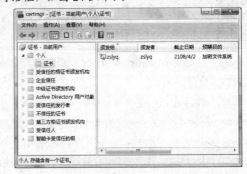

图 24-2

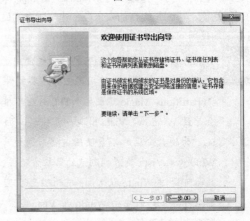

图 24-3

第 3 步 单击"下一步"按钮，直至向导询问是否导出私钥，选中"是，导出私钥"单选按钮即可（其他的选项均保留默认设置），如图 24-4 所示。

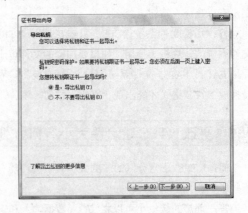

图 24-4

第 4 步 单击"下一步"按钮，弹出"密码"对话框，输入、确认私钥密码，如图 24-5 所示。

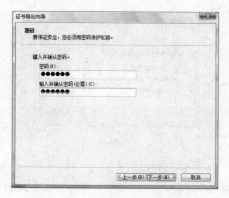

图 24-5

第 5 步 单击"下一步"按钮，最后确认私钥想要保存的路径并确认，导出工作就完成了。导出的证书是一个以 PFX 为后缀的文件。

提示　需要提醒用户的是，如果没有备份密钥，一旦操作系统出现问题需要重新安装，那么仅用相同的用户名是无法访问 NTFS 分区上的加密数据的。只有导入备份密钥才可以正确打开以前加密的数据文件。如果是压缩分区，需要按 Windows 的要求先进行解压缩。

24-9　加密文件证书能否备份到其他 NTFS 分区

问：常听别人说备份加密文件的证书解密很重要，请问将它备份到其他分区，或者是其他地方，也可以照常使用？

答：在确保证书解密文件不被破坏的情况下，把它放到任何地方都是没有问题的，甚至重新安装了系统或者更改了用户，只要证书解密文件没有问题，就可以正常解密文件。

24-10　怎样启用 NTFS 磁盘配额管理

问：如何为计算机上某位用户启用 NTFS 磁盘配额管理？

答：不管是家用还是商用计算机，多人共享一台计算机是很平常的事情。但是硬盘的容量永远赶不上需求的增长，所以对于多人共享的计算机，最好为每位用户设置磁盘配额，这样才能确保每位用

户都能获得合适的磁盘空间，而不至于发生某位用户占据绝大多数的磁盘空间，而使得其他用户由于没有足够的磁盘空间导至无法完成工作的情况。

假设对 D 盘启用磁盘配额，操作步骤如下：

第 1 步 打开计算机资源管理器窗口，右击 D 盘图标，在弹出的菜单中选择"属性"命令。

第 2 步 在属性对话框中切换到"配额"选项卡，然后单击"显示配额设置"按钮，如图 24-6 所示。

图 24-6

第 3 步 在弹出的配额设置对话框中选中"启用配额管理"复选框和"拒绝奖磁盘空间给超过配额限制的用户"复选框（见图 24-7）。

图 24-7

第 4 步 依次单击"确定"按钮即可。

24-11　如何为某用户设置 NTFS 磁盘配额

问：如果要限制某用户使用某分区上的指定的

空间，该如何配置磁盘配额？

答： 假设要对 D 盘设置磁盘配额，限制用户 Lee 只能使用 D 盘上的 5GB 的磁盘空间，超过 5GB 后将不允许该用户再写入磁盘。当 Lee 用户占用了 D 盘上 4 000MB 的磁盘空间时，系统将会向该用户发出警告。

第 1 步 打开 D 盘的配额设置对话框，单击"配额项"按钮，如图 24-8 所示。

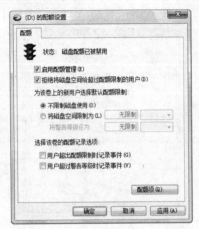

图 24-8

第 2 步 打开配额项窗口，选择"配额"|"新建配额项"命令，弹出"选择用户"对话框，输入"Lee"，然后单击"检查名称"按钮，并单击"确定"按钮，如图 24-9 所示。

图 24-9

第 3 步 弹出"添加新配额项"对话框，选中"将磁盘空间限制为"单选按钮，将磁盘空间限制为 5GB，并将警告等级设置为 4 000MB，单击"确定"按钮，如图 24-10 所示。

图 24-10

第 4 步 返回配额项窗口，可以看到用户 Lee 的磁盘限额和空间使用情况等信息（见图 24-11）。最后关闭打开的窗口，并在所有打开的对话框上单击"确定"按钮，保存设置。

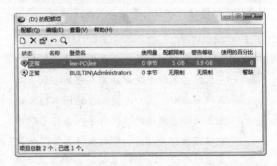

图 24-11

24-12 如何指定相同的 NTFS 磁盘配额设置

问： 在一个分区上设置了磁盘配额，如何快速将此配额设置应用到其他多个分区？

答： 在分区配额项窗口上选择"配额"|"导出"命令，在弹出的对话框中指定文件名、保存路径，如图 24-12 所示。

图 24-12

在其他分区上打开配额窗口，单击"配额"菜单，选择"导入"命令，导入刚刚导出的配额设置即可。

24-13 如何将 NTFS 加密的文件夹设置为私有

问：请问通过文件加密的文件夹能不能不让其他用户看到，就只有本人可见呢？

答：如果希望其他用户根本看不到用户的文件，可以将文件夹设置为私有（必须以管理员身份登录系统），指定其他用户为受限的用户就可以。

24-14 如何更改 NTFS 加密后文件夹颜色

问：对 NTFS 格式的文件加密后，文件夹的颜色变成了淡绿色，能否对这种颜色进行修改呢？

答：如果让加密文件呈现其他颜色，可以在注册表中找到 HKEY_CURRENT_USER\Software\Microsoft\Windows\CurrentVersion\Explorer，然后新建一个二进制值的 AltEncryptionColor，更改它的 RGB 方式，直接输入颜色数据，重新开机后就可以了。

24-15 NTFS 会对游戏运行有不良影响吗

问：NTFS 会对游戏运行有不良影响吗？

答：很多人关注这个问题，而有些人认为 FAT32 更适合玩游戏。其实，NTFS 只是一种管理文件的系统，和游戏没有任何直接联系。也就是说，NTFS 不会对游戏有特别优势，FAT32 也同样如此。

24-16 什么是加密文件系统（EFS）

问：什么是加密文件系统？

答：加密文件系统（EFS），英文为 Encrypting File System，是 NTFS 文件系统具有的一种安全特性。EFS 加密是一种非常强大，同时又非常易用的数据保护技术。和一些第三方工具，例如 WinRAR 提供的加密方法不同，EFS 加密并不需要用户提供密码，加密和解密的过程完全由系统自动完成，用户可以透明地访问被加密的数据，而不会感觉到加密的存在。EFS 加密只有授权用户才可以访问，而

其他登录用户，则无法访问加密文件。

访问加密文件非常快捷方便。如果用户持有一个已加密的 NTFS 文件的私钥，那么用户就能够打开这个文件，并将该文件作为普通文档透明地使用，所有的加密、解密都在 NTFS 文件系统的底层进行；反之，用户会被拒绝对文件的访问。EFS 加密并不像第三方加密软件一样在每次访问时都需要输入密码。

 只有 Windows Vista 商业版、企业版和旗舰版用户才能使用 EFS 加密功能。

24-17 EFS 加密和解密的过程是怎样的

问：EFS 加密和解密的过程是怎样的？

答：EFS 加密和解密的过程如下：

1．EFS 加密的过程如下

① 随机生成一把加密密钥，这把加密密钥成为 FEK（文件加密密钥）；

② 用生成的 FEK 对目标文件进行加密；

③ 如果是第一次使用，系统会自动为该用户生成一对公钥/私钥；

④ 用该用户的公钥对 FEK 进行加密；

⑤ 原始的 FEK 被删除，而加密后的 FEK 会作为加密文件的一个属性，和该加密文件保存在一起。

2．EFS 解密的过程如下

① EFS 系统先以用户的私钥解密 FEK；

② 用解密后的 FEK 将文件解密。

24-18 如何恢复对 EFS 加密文件的访问

问：重装系统后无法再访问原来的加密文件，这是为什么，怎么解决？

答：这是因为重装系统后，会把原来系统里的加密密钥删除，即便新系统里的用户账户名称和原来一样，还是无法访问原来系统里的加密文件。如果在重装系统前备份了加密密钥，则重装系统后只需导入加密密钥，就可以恢复对加密文件的访问。操作步骤如下：

第 1 步 打开资源管理器窗口，找到备份的 EFS.PFX 文件，右击，在弹出的快捷菜单中选择"安装 PFX"命令，如图 24-13 所示。

图 24-13

第 2 步 弹出"证书导入向导"对话框，如图 24-14 所示，单击"下一步"按钮。

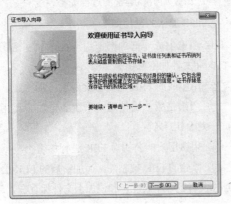

图 24-14

第 3 步 在"要导入的文件"对话框中单击"下一步"按钮，如图 24-15 所示。

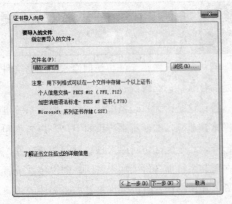

图 24-15

第 4 步 输入加密密钥的保护密码，然后单击"下一步"按钮，如图 24-16 所示。

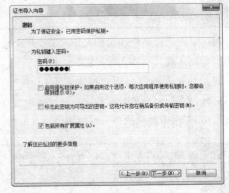

图 24-16

第 5 步 指定证书的存储区，默认选中"根据证书类型，自动选择证书存储"单选按钮，如图 24-17 所示。

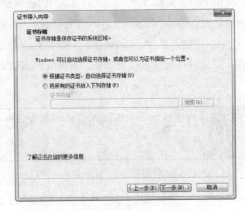

图 24-17

第 6 步 向导提示即将完成导入向导，如图 24-18 所示，单击"完成"按钮即可。

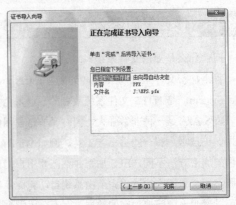

图 24-18

24-19　应用 EFS 加密应当注意哪些问题

问：应用 EFS 加密应当注意哪些问题？

答：尽管利用 EFS 加密功能对某个文件夹（或者文件）进行加密并不是什么难事，但是必须注意以下 4 个问题。

- 在第一次 EFS 加密后，必须备份文件加密密钥，以备不时之需。
- 加密和压缩不能同时使用，如果对某个文件夹启用 EFS 加密，那么就会对该文件进行解压缩。
- 不能对系统文件，以及位于 C:\Windows 下的任何文件或文件夹进行加密。如果试图加密某个系统文件，系统就会拒绝执行。
- 必须给 EFS 加密的账户设置可靠的密码，否则未授权用户很容易用该账户登录系统，从而轻松访问加密文件。

24-20　BitLocker 加密的作用是什么

问：何为 BitLocker 加密，它的作用是什么？

答：BitLocker 加密，原名 Secure Startup（安全启动），是 Windows Vista 中引入的一个全新安全功能，其全称是 BitLocker 驱动器加密（BitLocker Drive Encryption），只有在 Windows Vista 企业版和旗舰版上可用。

现在笔记本式计算机丢失或者失窃的问题日益严重，对于这类事故来说，最大的损失不是硬件设备本身，而是里面的重要数据泄露所带来的损失。而 BitLocker 可以对整个 Windows 分区进行加密，包括页面文件、注册表配置单元文件、休眠文件、EFS 密钥和系统错误转储文件等。一旦计算机丢失或者被窃，所保存的重要或者私密数据不会泄漏。

不仅如此，BitLocker 加密还可以缩短计算机的报废流程，现在不需要花费时间和精力清除报废计算机的硬盘数据。只需删除 BitLocker 的解密密钥，就可以确保报废计算机上的数据不会泄漏。

24-21　BitLocker 驱动器加密的硬件要求有哪些

问：要实现 BitLocker 驱动器加密的硬件要求有哪些？

答：因为 BitLocker 会将其自身的加密和解密密钥存储在硬盘之外的某个硬件设备上，所以用户必须具有以下硬件设备之一：

- 具有受信任的平台模块(TPM)（某些新型计算机中一种支持高级安全功能的特殊微芯片）的计算机。如果计算机配有 TPM 版本 1.2 或更高版本，则 BitLocker 会将其密钥存储在 TPM 中。
- 可移动 USB 内存设备，例如 USB 闪存驱动器。如果计算机没有 TPM 版本 1.2 或更高版本，则 BitLocker 会将其密钥存储在闪存驱动器中。

若要打开 BitLocker 驱动器加密，计算机硬盘必须满足以下条件：

- 至少具有 2 个分区。其中一个分区必须包含安装 Windows Vista 的驱动器。该驱动器是 BitLocker 将进行加密的驱动器。另一个分区是活动分区，必须保持未加密状态，以便可以启动计算机。
- 必须使用 NTFS 文件系统进行格式化。
- 所使用的 BIOS 与 TPM 兼容，并且在计算机启动时支持 USB 设备。如果情况并非如此，则用户将需要在使用 BitLocker 之前更新 BIOS。

24-22　BitLocker 加密和加密文件系统有哪些区别

问：BitLocker 驱动器加密和加密文件系统有哪些区别？

答：BitLocker 驱动器加密和加密文件系统之间有许多不同之处。BitLocker 专门用于保护在用户的计算机被盗或未经授权的用户试图访问计算机时，保护安装 Windows 的驱动器上的所有个人文件和系统文件。EFS 以每个用户为基础，保护任何驱动器上的单独文件。表 24-1 显示了 BitLocker 驱动器加密和 EFS 之间的主要不同之处。

表 24-1　BitLocker 与 EFS 对比

BitLocker	加密文件系统（EFS）
BitLocker 将加密安装 Windows 的驱动器上的所有个人文件和系统文件	EFS 将加密任何驱动器上的单独文件
BitLocker 并不依赖与文件关联的单独用户账户。总之，BitLocker 适用于所有用户或组	EFS 将根据与其关联的用户账户来加密文件。如果计算机具有多个用户或组，则每个用户（或组）可以单独加密各自的文件
BitLocker 使用受信任的平台模块（TPM），该模块是某些新型计算机中一种支持高级安全功能的特殊微芯片	EFS 并不需要（或不使用）任何特殊硬件
启用 BitLocker 加密之后，只有管理员才能打开或关闭 BitLocker 加密	而使用 EFS 则不必具有管理员身份

可以同时使用 BitLocker 驱动器加密和加密文件系统获取由这两种功能共同提供的保护。在使用 EFS 时，加密密钥将与计算机的操作系统一同存储。尽管进行了加密，但如果黑客能够启动或访问系统驱动器，则使用该安全级别仍可能存在危险。如果将 BitLocker 安装在另一台计算机上，则使用 BitLocker 对系统驱动器进行加密会防止启动或访问系统驱动器，从而帮助保护这些密钥。

24-23　BitLocker 加密的实现原理是什么

问：BitLocker 加密的实现原理是什么？

答：BitLocker 加密的模式有 2 种，分别有不同的条件。

- **TMP 模式**

要求计算机的主板带有 1.2 版本的 TPM 芯片，系统会将解锁磁盘所需的根密钥存放在 TPM 芯片里。

- **USB 闪盘模式**

如果没有 TPM 芯片，还可以采用 USB 闪盘。条件是计算机 BIOS 支持开机时访问 USB 闪盘。可以将解锁磁盘所需的启动密钥存放在 USB 闪盘里，开机时必须插入 USB 闪盘，才能解锁加密的 Windows 卷，以便正常访问 Windows Vista。

TPM 模式可以实现最严格的安全保护措施。TPM 模式除了可实现 USB 闪盘模式所支持的全卷加密外，还支持系统启动部件的完整性检测。

在设置 BitLocker 加密时，系统会把主引导记录（MBR）、NTFS 卷的引导扇区、NTFS 引导代码还有 BitLocker 密钥等启动部件做一个"快照"，保存在 TPM 芯片里。每次系统启动时，会自动与 TPM 芯片里保存的快照进行比较，只有发现这些启动部件没有发生变化，才会继续解密过程。很显然，USB 模式的 BitLocker 加密，无法实现启动部件的完整性检测。

24-24　如何确定计算机是否具有 TPM 安全硬件

问：如何确定计算机是否具有受信任的平台模块（TPM）安全硬件？

答：在开始菜单的"开始搜索"框中输入 BitLocker 并按【Enter】键，然后单击结果中的"BitLocker 驱动器加密"选项，打开 BitLocker 驱动器加密窗口。如果 TPM 管理链接出现在左侧窗格中，则表明计算机具有 TPM 安全硬件。如果此链接不存在，则需要可移动 USB 内存设备来打开 BitLocker 并存储重新启动计算机时需要的 BitLocker 启动密钥。

24-25　如何打开 BitLocker 仅 USB 闪盘加密

问：计算机主板没有 TPM 芯片，如何使用 USB 闪盘加密？

答：使用 TPM 模式的 BitLocker 加密要求计算机主板具有 TPM 芯片，而且还必须符合 1.2 标准，这对于一些老式的计算机来说，比较困难。不过幸运的是，Windows Vista 支持无 TPM 芯片的 BitLocker 加密，用户可以用 USB 闪盘来存放密钥。

不过要实现无 TPM 芯片的加密，需要满足一个条件：计算机 BIOS 支持开机时访问 USB 闪盘。

这样的话，就可以将解锁磁盘所需的启动密钥存放在 USB 闪盘里，开机时必须插入 USB 闪盘，才能解锁加密的 Windows 卷，以便正常访问 Windows Vista。

Windows Vista 默认不支持 USB 闪盘方式的 BitLocker 加密，需要在组策略里打开相应的设置，操作如下：

第 1 步　在开始菜单的"开始搜索"文本框中输入 gpedit.msc 并按【Enter】键，打开"组策略对象编辑器"窗口。

第 2 步　在左侧的控制台树选择"计算机配置"｜"管理模板"｜"Windows 组件"｜"BitLocker 驱动器加密"选项。

第 3 步　在右侧窗格双击"控制面板设置：启用高级启动选项"策略项，在弹出的对话框中选中"已启用"单选按钮，如图 24-19 所示。

图 24-19

第 4 步　确认选中"没有兼容的 TPM 时允许 BitLocker"复选框，再单击"确定"按钮。这样就可以在无 TPM 芯片时允许使用 BitLocker 加密了。

24-26　怎样设置 BitLocker 仅 USB 闪盘加密

问：如果计算机上没有 TPM，如何设置仅 USB 闪盘加密？

答：确保在组策略中设置了无兼容的 TPM 时允许 BitLocker 后，就可以设置 USB 闪盘加密了。

第 1 步　在开始菜单的"开始搜索"框中输入

BitLocker 并按【Enter】键，然后单击结果中的"BitLocker 驱动器加密"选项，即可启动"BitLocker 驱动器加密"控制面板组件。可以看到该窗口只显示安装 Windows Vista 的分区，表明 BitLocker 只会加密 Windows Vista 分区，而不会加密其他磁盘分区，如图 24-20 所示。

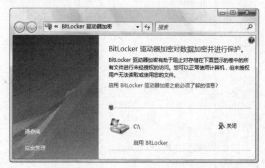

图 24-20

第 2 步　单击"启用 BitLocker"链接，即可弹出"BitLocker 驱动器加密"对话框（见图 24-21），单击"每一次启动时要求启动 USB 密钥"链接，然后单击随之出现的"下一步"按钮。

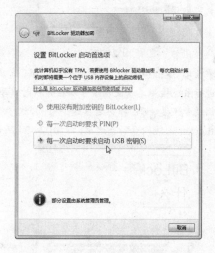

图 24-21

第 3 步　插入 USB 闪盘，并选中该闪盘所在的分区盘符（见图 24-22），然后单击"保存"按钮，即可把启动密钥保存在 USB 闪盘里。

第 4 步　接下来需要指定保存一个 48 位数字的恢复密码，这里有 3 个选项，保存在 USB 闪盘，保存在文件夹或打印（见图 24-23）。推荐同时使用这 3 种方法，需要注意的是，如果保存在 USB

闪盘里，确保不要和启动密钥保存在同一个 USB
闪盘里。

图 24-22

图 24-23

第 5 步 弹出如图 24-24 所示的对话框，选择是
否要进行系统检测，以便确认可以在开机时读取启
动密钥或者恢复密码。推荐运行这个检测，选中"运
行 BitLocker 系统检查"复选框，如图 24-24 所示。

图 24-24

第 6 步 单击"继续"按钮，系统会提示重新
启动计算机，如图 24-25 所示。

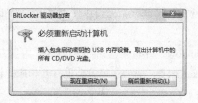

图 24-25

第 7 步 重新启动计算机后会自动进行检测，
以确保 BitLocker 工作正常，如果发现开机时无法
从 USB 设备中读取启动密钥或恢复密码，则会出现
报警消息（见图 24-26），这样的话，只能放弃
BitLocker 加密。如果没有发现任何问题，则可以开
始加密分区。

图 24-26

Chapter

25

权限管理与账户安全

在 Windows Vista 中，通过系统内置的权限和账户管理机制对机密文件进行安全方面的限制和管理，在一定程度上保证了系统和账户的安全。

25-1 权限管理可以实现哪些功能

问： 在 Windows Vista 中权限管理可以实现哪些功能？

答： 权限管理用来对系统里的文档、演示文稿和电子表格等重要指示信息进行保护，防止未授权的用户打印、转发或者复制文件里的机密内容。在使用 Windows 权限管理限制了对某个文件的访问后，由于该权限设置存储在文件内部，因此无论文件位于何处，都会对其强制实施访问限制。

权限管理可以帮助实现以下功能：

- 限制用户转发、复制、修改、打印、传真或粘贴文件的内容。
- 防止使用【Print Screen】键来复制文件内容。
- 可以设置过期时间，指定时间以后，用户将无法访问该文件。

权限管理无法阻止的操作

- 恶意程序（病毒、木马和间谍软件等）清除、盗取和捕获及传送文件内容。
- 用户可以手写或者用数码相机等设备拍摄屏幕内容。
- 使用第三方屏幕截取程序复制受限制内容。

提示 Windows 权限管理可以支持的文件格式包括 Microsoft Office 格式的文件（Word、Excel、PowerPoint），Windows Vista 引入的 XPS 文档也支持权限管理。

25-2 如何下载权限管理账户的证书

问： 如何给某个.net Passport 账户赋予文档的访问权限？

答： 要对某个.net Passport 账户赋予文档的访问权限，就必须到微软的免费权限管理服务器上下载对应的证书，这个证书绑定到该.net Passport 账户，以证明用户的身份。以对 XPS 文档进行权限管理设置为例，具体步骤如下。

第1步 双击所需的 XPS 文档，即可在 IE 浏览器里打开该 XPS 文档，在 IE 选项卡下方单击"权

限"按钮，弹出"权限管理设置"对话框，单击"下一步"按钮，如图 25-1 所示。

图 25-1

第2步 接下来需要选择赋予权限的账户类型，如果网络中部署了 RMS 服务器，则可以选择"网络用户账户"单选按钮，从内部 RMS 服务器申请证书。在这里选择".NET Passport 账户"单选按钮，单击"下一步"按钮，如图 25-2 所示。

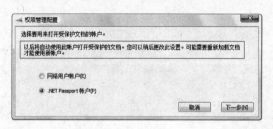

图 25-2

第3步 在弹出的"欢迎使用 Windows RM 账户证书向导"对话框中选中"是，我有.NET Passport"单选按钮，如图 25-3 所示。

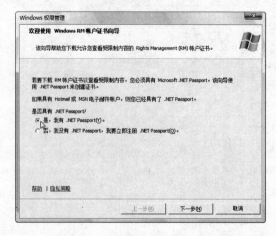

图 25-3

![提示] .NET Passport 账户也叫做 Windows Live ID，就是用来登录 Windows Live Messenger 和其他相关网站的账户。如果以前没有注册过.NET Passport 账户，可以单击"否，我没有.NET Passport，我要立即注册.NET Passport"单选按钮，到微软网站上注册一个.NET Passport 账户。

第 4 步　输入所需赋予权限的.NET Passport 账户名和密码，再单击"登录"按钮，如图 25-4 所示。

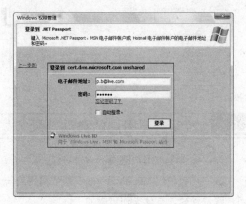

图 25-4

第 5 步　微软会验证.NET Passport 账户是否存在，如果验证通过，即可看到如图 25-5 所示的页面，提示输入.NET Passport 账户对应的电子邮件地址。输入完毕，单击"下一步"按钮。

图 25-5

第 6 步　向导提示下载证书，这里可以选择"标准"单选按钮，如图 25-6 所示。

第 7 步　向导将自动连接到 Windows 的权限管理证书服务器，下载账户对应的证书，下载完毕后，

提示下载成功，单击"完成"按钮即可，如图 25-7 所示。

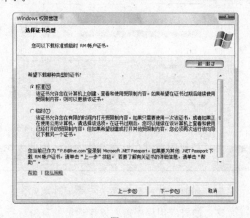

图 25-6

图 25-7

25-3　下载完证书后如何设置权限管理

问：下载完证书后如何设置权限管理？

答：证书下载完毕后，在账户证书向导窗口中单击"完成"按钮，会弹出"权限"对话框，选中"应用权限"单选按钮，可以看到账户已经出现在用户列表中，默认具有完全控制权限，如图 25-8 所示。

还可以输入其他账户名，并单击"添加用户"按钮，该账户即可被添加到用户列表中，默认拥有"读取"权限。设置完毕，单击"保存"按钮即可把权限管理设置信息保存到该 XPS 文档内部，所以无论 XPS 文档位于何处，即使通过 Internet 传输到远程计算机上，该权限管理设置依然有效。

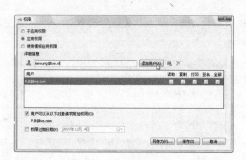

图 25-8

25-4 如何以管理员身份运行应用程序

问： 如何以管理员身份运行应用程序？

答： 如果应用程序需要以管理员的身份运行，就必须主动向 Windows 汇报。一般来说，常用的以管理员身份运行应用程序的操作为：右击应用程序，在弹出的菜单中选择"以管理员身份运行该程序"命令，如图 25-9 所示。

图 25-9

如果希望该程序每次都以管理员权限运行，而又不想每次都这样右击应用程序，可以采用以下操作进行设置。在资源管理器窗口中定位到应用程序所作的安装目录，右击主程序，在弹出的窗口中单击"属性"命令，打开"属性"对话框，切换到"兼容性"选项卡，在下方的"特权登记"选项框中选中"请以管理员身份运行该程序"复选框（见图25-10），单击"确定"按钮，此后每次用当前账户登录系统时，都可以用管理员身份启动该程序。

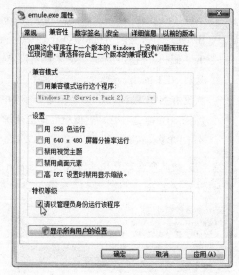

图 25-10

25-5 如何实现用户的自动登录

问： 如何实现用户账户的自动登录？

答： 可以使用 Windows Vista 系统自带的一个用户账户管理。具体操作步骤如下。

第 1 步 按【Win+R】组合键，在打开的"运行"对话框中输入 Control Userpasswords2，单击"确定"按钮，弹出"用户账户"对话框，如图 25-11 所示。

图 25-11

第 2 步 在"用户"选项卡下取消选中"要使用本机，用户必须输入用户名和密码"复选框。

第 3 步 单击"确定"按钮退出，重启计算机即可发现用户不需要输入密码即可登录系统。

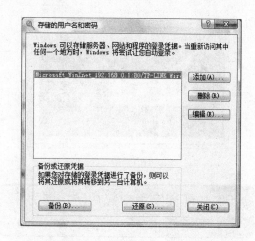

图 25-13

25-6 如何管理系统中存储的用户名和密码

问： 在使用 IE、各种软件时提示用户保存用户名和密码，如果保存了密码，在哪里可以查看、管理这些用户名和密码呢？

答： 可以在"用户账户"对话框的"高级"选项卡下管理这些保存的用户名和密码，具体操作如下。

第 1 步 按【Win+R】组合键，在打开的"运行"对话框中输入 Control Userpasswords2，单击"确定"按钮，弹出"用户账户"对话框，如图 25-12 所示。

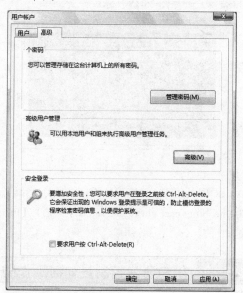

图 25-12

第 2 步 切换到"高级"选项卡，在"个密码"栏中单击"管理密码"按钮，弹出"存储用户名和密码"对话框，如图 25-13 所示。

第 3 步 此时用户可以发现系统中保存的"路由器、交换机管理密码"、"远程桌面连接"、"网站密码"、"MSN / Live Messenger 密码"等统统罗列出来，单击"添加"、"删除"按钮即可执行用户名和密码的添加、删除操作。

25-7 怎样快速获取当前用户账户类型

问： 怎样知道我当前的 Windows Vista 账户是管理员用户还是 Vista 标准用户？

答： 可以有如下几种简单的办法。

① 单击"开始"按钮，选择"控制面板"｜"用户账户"选项，在账户名称下方将直接显示当前是管理员还是标准用户，这样会比较直观，如图 25-14 所示。

图 25-14

② 当用户账户是普通用户时，在执行某些需要具有管理员权限的操作时系统将会提示需要以管理员身份登录。

③ 非管理员用户的桌面图标和开始菜单图标会有部分会显示一个盾牌标志

④ 以"管理员"身份运行命令提示符程序，如果是管理员，左上角会有"管理员"标志，如

图 25-15 所示。

"管理员"标志

图 25-15

25-8 如何锁定用户账户防止暴力密码破解

问： 如何锁定用户账户防止暴力密码破解？

答： 组策略下的"账户锁定策略"可设置导致用户账户被锁定的登录尝试失败的次数。具体操作步骤如下。

第1步 按【Win+R】组合键，在弹出的"运行"对话框中输入 Secpol.msc，单击"确定"按钮，打开"本地安全策略"窗口，如图 25-16 所示。

图 25-16

第2步 在左侧窗格中选择"账户策略"|"密码策略"|"账户锁定策略"选项，双击右侧的"账户锁定阈"策略，弹出"账户锁定阈值属性"对话框，如图 25-17 所示。

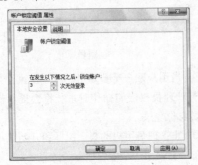

图 25-17

第3步 在"本地安全设置"选项卡下设置用户账户最大无效登录次数，如 3 次。

第4步 单击"确定"按钮即可。

注意 可以将登录尝试失败次数设置为介于 0 和 999 之间的值。如果将值设置为 0，则永远不会锁定账户。

25-9 如何在命令行下激活 Guest 账户

问： 默认状态下系统 Guest 账户处于未激活状态，如何在命令行下激活 Windows Vista Guest 账户？

答： 以管理员身份运行命令提示符，在打开的"命令提示符"窗口中输入 net user guest /active:yes，按【Enter】键即可激活 Windows Vista Guest 账户，如图 25-18 所示。

图 25-18

同理关闭 Guest 账户只要将原来的"yes"改为"no"（net user guest /active:no），然后按【Enter】键即可。

25-10 用户账户控制是如何工作的

问： Windows Vista 中的用户账户控制是如何工作的？

答： 用户账户控制（UAC）是 Windows Vista 中的一项功能，可以帮助防止对计算机进行未经授权的更改。UAC 的做法是，要求用户在执行可能会影响计算机运行的操作或执行更改影响其他用户的设置的操作之前，提供权限或管理员密码。看到 UAC 消息后，请认真阅读，然后确保将要启动的操作或程序的名称正是用户要启动的操作或程序的名称。

通过在这些操作启动前对其进行验证，UAC 可以帮助防止恶意软件和间谍软件在未经许可的情况下在计算机上进行安装或对计算机进行更改。

25-11 用户账户控制有哪些程序阻止方式

问：用户账户控制针对不同的程序所采取的阻止方式也不尽相同，如何区分这些程序阻止方式呢？

答：受 UAC 保护的任务或选项在其名称前都会有一个彩色的小盾牌，如果点击类似这样的项目，系统将会进入 UAC 进程，需要确认权限之后才可以设置，这时，UAC 窗口弹出，显示该操作的程序的名称，以及将要进行的操作，与此同时屏幕上的其他内容都会变暗，无法操作。当需要权限或密码才能完成任务时，UAC 会用下列消息中的一个警告用户。

1．Windows 需要您的许可才能继续

可能会影响本计算机其他用户的 Windows 功能或程序需要用户的许可才能启动。请检查操作的名称以确保它正是要运行的功能或程序。

2．程序需要您的许可才能继续

不属于 Windows 的一部分的程序需要用户的许可才能启动。它具有指明其名称和发行者的有效的数字签名，该数字签名可以帮助确保该程序正是其所声明的程序。确保该程序正是用户要运行的程序。

3．一个未能识别的程序要访问您的计算机

未能识别的程序是指没有其发行者所提供用于确保该程序正是其所声明程序的有效数字签名的程序。这不一定表明有危险，因为许多旧的合法程序缺少签名。但是，应该特别注意并且仅当其获取自可信任的来源（例如原装 CD 或发行者网站）时允许此程序运行。

4．此程序已被阻止

这是管理员专门阻止在用户的计算机上运行的程序。若要运行此程序，必须与管理员联系并且要求解除阻止此程序。

25-12 如何打开或关闭用户账户控制

问：在 Windows Vista 中怎样打开或关闭用户账户控制功能？

答：用户账户控制功能默认是开启的，要查看当前系统的用户账户控制工作状态，可以在控制面板中进入"用户账户和家庭安全"｜"用户账户"选项，在"用户账户"窗口单击"打开或关闭'用户账户控制'"链接。如图 25-19 所示。

图 25-19

进入"打开或关闭'用户账户控制'"窗口，确认已经选中"使用用户账户控制帮助保护您的计算机"复选框（见图 25-20）。如果要暂时关闭用户账户控制，取消选中该复选框即可。

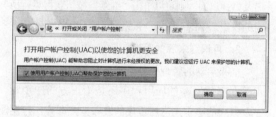

图 25-20

25-13 如何使用 UAC 保护管理员账户

问：在 Windows Vista 中，用户账户控制是如何保护管理员账户的？

答：在 Windows Vista 中，使用管理员账户登录系统，应用程序默认运行在标准用户权限下，不允许应用程序对系统关键区域进行修改，这样就可以阻止应用程序有意无意篡改系统设置，从而防止系统故障的出现。

在 Windows Vista 中如果进行一些需要修改系统配置、访问系统的关键区域等管理任务，都需要管理员权限，即便已经使用管理员账户登录系统，还会弹出一个确认对话框，由管理员决定是否需要继续执行。

提示 这里把需要管理员权限的应用程序、控制面板工具或者 MMC 管理单元，统称为管理任务。

1. Windows 自带的管理任务

如果启动的管理任务是 Windows Vista 自带的程序，弹出"用户账户控制"对话框，提示 Windows 需要用户的许可才能继续。

如图 25-21 所示，对话框标题栏下的色条呈墨绿色，色条左侧有一个 图标，同时对话框还会显示该程序的名称。

图 25-21

如果这个程序确实是用户自己启动的，而不是莫名其妙弹出的，则可以单击"继续"按钮获得运行所需的权限。单击"取消"按钮即可放弃本次操作。

2. 可识别来源的管理任务

如果启动的管理任务是后来安装的应用程序，不管是微软发布的应用程序还是第三方的应用程序，只要能够识别应用程序的发布方，即弹出"用户账户控制"对话框，并提示程序需要用户的许可才能继续。

如图 25-22 所示，对话框标题栏下的色条呈灰色，色条左侧有一个 图标，同时对话框还显示该程序的名称和程序发布方。

图 25-22

如果这个程序确实是用户自己启动的，而不是莫名其妙弹出的，则可以单击"继续"按钮获得运行所需的权限。单击"取消"按钮即可放弃本次操作。

3. 不可识别来源的管理任务

如果启动的管理任务 Windows Vista 无法识别其来源，弹出"用户账户控制"对话框，提示一个未能识别的程序要访问计算机。

如图 25-23 所示，对话框标题栏下的色条呈橙色，色条左侧有一个 图标，同时对话框还显示该程序的名称，但程序发布方显示为"未能识别的发布程序"。

图 25-23

这类应用程序需要提高警惕，除非用户知道此程序的来源或以前曾使用此程序，并且确认是自己所安装的应用程序，才可以单击"允许"选项以获得所需的运行权限。

25-14 如何使用 UAC 保护标准用户账户

问：在 Windows Vista 中，用户账户控制是如何保护标准用户账户的？

答：在 Windows Vista 中使用标准用户账户登录系统可以减少安全风险，在执行管理任务时，会弹出"用户账户控制"对话框。和使用管理员账户不同，这里并不能直接单击"继续"或"允许"按钮，而是要选择某个管理员账户，并输入其账户密码，才能获得相应的管理权限。

1. Windows 自带的管理任务

如果启动的管理任务是 Windows Vista 自带的程序，弹出"用户账户控制"对话框，提示 Windows 需要用户的许可才能继续。

如图 25-24 所示，对话框标题栏下的色条呈墨绿色，色条左侧有一个 图标，同时对话框还会显示该程序的名称。选择管理员账户，并输入管理员账户密码，再单击"确定"按钮即可。

图 25-24

2．可识别来源的管理任务

如果启动的管理任务是后来安装的应用程序，不管是微软发布的应用程序还是第三方的应用程序，只要能够识别应用程序的发布方，即弹出"用户账户控制"对话框，并提示程序需要用户的许可才能继续。

如图 25-25 所示，对话框标题栏下的色条呈灰色，色条左侧有一个 图标，同时对话框还显示该程序的名称和程序发布方。选择管理员账户，并输入管理员账户密码，再单击"确定"按钮即可。

图 25-25

3．不可识别来源的管理任务

如果启动的管理任务 Windows Vista 无法识别其来源，弹出"用户账户控制"对话框，提示一个未能识别的程序要访问计算机。

如图 25-26 所示，对话框标题栏下的色条呈橙色，色条左侧有一个 图标，同时对话框还显示该程序的名称，但程序发布方显示为"未能识别的发布程序"。选择管理员账户，并输入管理员账户密码，再单击"确定"按钮即可。

图 25-26

25-15　系统中标准用户有哪些权利

问：Windows Vista 中标准用户有哪些权利？

答：在 Windows 2000/XP 中，标准用户会感到处处受制约，为了缓解这种不便，Windows Vista 为标准用户提供了一些额外的特权，这样标准用户就有权限执行这些常规操作。之所以放开这些特权，是因为他们不会造成潜在的系统危害，同时又能减少用户对于管理员的依赖，提升系统安全性。这些额外的特权包括。

1．查看日历和更改时区

在 Windows2000/XP 下，无法在标准用户下查看日历。而在 Windows Vista 下，只需在任务栏通知区域上单击时钟区域，即可打开查看日历和更改时区，而无需管理员权限。

2．整理磁盘碎片

尽管标准用户没有权限直接启动磁盘碎片整理，但是在 Windows Vista 下的磁盘碎片整理程序经过重新设计，可以按计划进行，默认配置是每周星期三的凌晨 1 点自动进行磁盘碎片整理，这样标准用户无需访问磁盘碎片整理程序，就可以在管理员设定的时间自动进行碎片整理工作。

3．无线网络安全设置和 VPN 连接

Windows Vista 的标准用户有权限配置 WEP 以便加入安全无线网络，同时也有权限创建和配置 VPN 连接。

4. 安装经过授权的 ActiveX 控件

为了减少对管理员的依赖，提高管理员的工作效率，微软专门为 Windows Vista 开发了"ActiveX 安装程序服务"组件，管理员可以在企业网络中设置组策略，让标准用户可以安装经过授权的 ActiveX 控件。

5. 安装经过授权的驱动程序

在默认情况下，安装驱动程序需要管理员权限，为了减少对管理员的依赖，可以设置组策略，让标准用户可以安装经过授权的驱动程序。

25-16 标准用户和管理员账户有何区别

问：在 Windows Vista 中，选择标准用户账户，还是管理员账户？

答：对于用户来说，最痛苦的事情，莫过于在管理员和标准用户之间进行选择。

1. 管理员登录——方便而不安全

选择管理员账户可以自由安装应用程序、执行其他管理任务。然而管理员登录也有致命的弱点，病毒、木马和间谍软件等恶意程序也可以获得最高的权限，来危害用户的系统。

2. 标准用户登录——安全而不方便

安全专家推荐用户最好工作在标准用户状态下。这样的话，恶意程序就拿不到必须的权限来破坏系统安全。但缺点也同样突出，这时候用户既无法直接执行管理任务，也无法安装应用程序，还有不少旧版应用程序也无法在标准用户下正常工作。

25-17 为什么安全桌面会呈灰暗显示

问：弹出"用户账户控制"对话框时，桌面背景为什么会呈灰暗显示？

答：默认情况下，Windows Vista 弹出"用户账户控制"对话框时，桌面背景会呈灰暗显示，这样做的目的并不是为了突出显示"用户账户控制"对话框，而是为了安全。这个灰暗显示的桌面背景实际上是安全桌面，即"用户账户控制"对话框是运行在安全桌面上的。

当用户尝试登录时，看到的欢迎屏幕，实际上就是运行在安全桌面上。那么为什么看到的是灰暗显示的当前桌面，而不是类似欢迎屏幕这样的蓝绿色桌面呢？这是微软为了保持用户体验的一致性，对当前的用户桌面作了一个"快照"，并将其作为安全桌面的"墙纸"。

由于"用户账户控制"对话框运行在安全桌面上，所以安全性非常好。除了受信任的系统进程外，任何用户级别的进程都无法在安全桌面上运行。这样就阻止了恶意程序的仿冒攻击。

25-18 如何禁用切换到安全桌面

问：弹出"用户账户控制"对话框时，总是进入安全桌面，怎样禁用切换到安全桌面？

答：由于安全桌面功能需要重换当前的用户桌面，极个别的计算机可能由于显示器的原因，导致显示器的刷新比较慢，影响使用效果，还有一些显示器会显示"无信号"的错误提示，干扰用户使用"用户账户控制"对话框。在这种情况下，可以考虑禁用安全桌面的功能，方法如下。

第1步 在开始菜单的"开始搜索"文本框中输入"secpol.msc"，并按【Enter】键，打开"本地安全策略"窗口。

第2步 在左侧的控制台树中选择"本地策略"|"安全选项"选项，在右侧的详细窗格里双击"用户账户控制：提示提升时切换到安全桌面"策略项。

第3步 在打开的如图 25-27 所示对话框中选中"已禁用"单选按钮，单击"确定"按钮保存设置。

图 25-27

25-19　如何消除用户账户控制的弹出提示

问： 在 Windows Vista 中，怎样消除用户账户控制的弹出提示？

答： 按照以下步骤操作，可以消除用户账户控制弹出的提示。只要应用程序标识为需要管理员权限，就会自动以管理员的身份运行，而不需要在"用户账户控制"对话框上进行确认；其他应用程序，则一律自动以标准用户的身份运行。

第 1 步 在开始菜单的"开始搜索"文本框中输入 secpol.msc，并按【Enter】键，打开"本地安全策略"窗口。

第 2 步 在左侧的控制台树中选择"本地策略"｜"安全选项"选项，在右侧的详细窗格里双击"用户账户控制：管理员批准模式中管理员的提升提示行为"策略项。

第 3 步 在打开的如图 25-28 所示的对话框中选中"不提示，直接提升"选项，单击"确定"按钮保存设置。

图 25-28

这样，当执行管理任务时，会自动提升到管理员权限，而无须用户在"用户账户控制"对话框上进行确认。如果某个应用程序并不需要管理员权限，则会自动以标准用户身份运行。

 注意 这种方法看上去比较完美，而且还可以启用 IE 保护模式等安全特性，但还是存在一个安全隐患：如果恶意程序把自己标识

为需要管理员权限，那么这时候系统就会直接提供管理员权限，这样就会破坏系统安全。

25-20　如何启用或关闭家长控制功能

问： 在 Windows Vista 中，如何启用或关闭家长控制功能？

答： 要启用或关闭家长控制功能，操作步骤如下。

第 1 步 打开"控制面板"中的"用户账户和家庭安全"窗口。在窗口中单击"家长控制"链接。

第 2 步 进入"家长控制"窗口，选择要控制的标准用户账户，如图 25-29 所示。

图 25-29

 提示 家长控制不能用于管理员账户。

第 3 步 在打开的"用户控制"窗口中，选中"家长控制"栏下的"启用，控制当前设置"单选按钮，如图 25-30 所示。

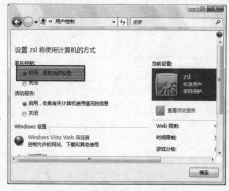

图 25-30

第 4 步 单击"确定"按钮保存设置，如果需要关闭家长控制则在图 25-30 中的"家长控制"区域选中"关闭"单选按钮即可。

25-21 怎样使用家长控制允许特定网站访问

问： 在 Windows Vista 中，如何使用家长控制允许特定的网站访问？

答： 如果想自行设定对一些网站的访问限制，可以在"用户控制"窗口中单击"Windows Vista Web 筛选器"链接，打开"Web 限制"窗口，如图 25-31 所示。

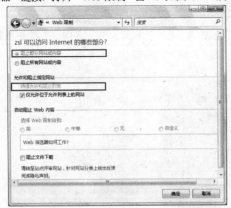

图 25-31

如果选中"阻止所有网站或内容"单选按钮可以将上网权限全部禁用；如果要设定允许访问的网站，选中"阻止部分网站或内容"单选按钮和"仅允许位于允许列表上的网站"复选框。然后单击"编辑允许和阻止列表"链接。进入"允许或阻止网页"编辑窗口（见图 25-32），在"网站地址"文本框中输入要允许访问或禁止访问的网址，然后单击"允许"按钮，即可将其添加到允许列表中，最后单击"确定"按钮保存列表。

图 25-32

25-22 如何使用家长控制限制使用时间

问： 在 Windows Vista 中，如何使用家长控制限制账户使用计算机的时间？

答： 为了防止孩子每天用计算机时间过长，可以在家长控制中设定计算机的使用时间限制。

第 1 步 打开"用户控制"窗口，单击"时间限制"链接，如图 25-33 所示。

图 25-33

第 2 步 打开"时间限制"窗口（见图 25-34），将一周的时间全都划成固定区间的小格，每一格代表一天中一个小时。鼠标单击一个空白小格，自动将其标上蓝色，表示这个小时内不允许使用计算机。若拖动鼠标，可以划定一批阻止的时间方格。

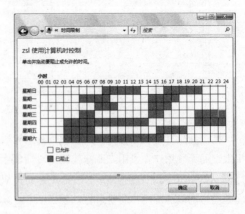

图 25-34

第 3 步 设置完毕，单击"确定"按钮保存设置。

25-23　如何使用家长控制限制玩游戏

问：在 Windows Vista 中，如何使用家长控制限制某个账户玩游戏？

答：除了限制上网和使用计算机时间，家长还可以限制孩子在计算机上玩游戏的内容。

第 1 步 打开"用户控制"窗口，单击"游戏"链接，如图 25-35 所示。

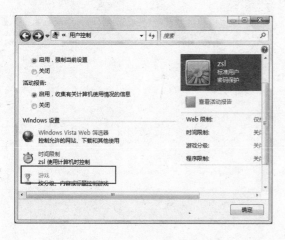

图 25-35

第 2 步 打开"游戏控制"窗口（见图 25-36），单击相应的链接，可以设定是否禁止玩游戏；按分级和内容类型阻止（或允许）游戏；按名称阻止（或允许）计算机上的任何游戏。

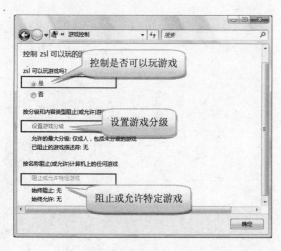

图 25-36

25-24　如何使用家长控制限制运行程序

问：在 Windows Vista 中，如何使用家长控制限制某个账户运行指定程序？

答：如果用户只希望孩子在计算机上进行特定的操作，如只允许进行 Office 办公软件的使用，可以按照以下步骤设置。

第 1 步 在"用户控制"窗口中，单击"阻止或允许特定程序"链接，如图 25-37 所示。

图 25-37

第 2 步 打开"应用程序限制"窗口（如图 25-38）。默认选中"账户只能使用允许的程序"复选框，在显示的应用程序列表中，选中 Office12 的所有程序文件，再单击"确定"按钮即可。

图 25-38

25-25 如何使用家长控制查看活动记录

问：在 Windows Vista 中，如何使用家长控制查看某个账户的活动记录？

答：通过家长控制功能，家长可以完全限制子女使用计算机进行的活动。还可以使用家长控制的活动日志功能，查看子女使用计算机进行过的所有操作。例如，浏览过哪些网站，玩过哪些游戏等。

在"用户控制"窗口中单击"查看活动报告"链接，如图 25-39 所示，即可打开"活动查看器"窗口，在左边展开活动项目录，单击一个活动项，在右边就会显示出相应的报告内容，如图 25-40 所示。

图 25-40

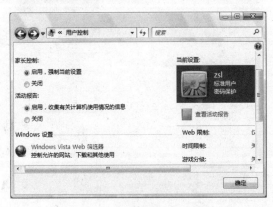

图 25-39

Chapter

26

Windows Vista
网络安全应用

　　Windows Vista 作为新一代的操作系统，安全性
较之其他操作系统有明显的提高，然而再安全的操
作系统也难免有安全漏洞，给系统带来安全风险，
用户只有充分利用好各种安全工具，才能保护系统
不受来自网络的攻击。

26-1 Windows Vista 中缺乏恶意软件保护会怎样

问：如果 Windows Vista 中未安装安全工具会怎样？

答：如果系统中没有安装必须的安全工具，如杀毒软件，或者这些安全工具工作不正常，则安全中心会在系统托盘区弹出气球图标，并且"恶意软件保护"部分会以醒目的红色显示。在"恶意软件保护"部分的"病毒防护"栏可以看到"Windows 在这台计算机上未找到防病毒软件"的消息，如图 26-1 所示。

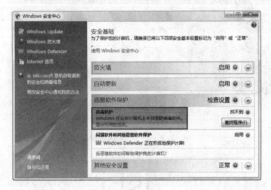

图 26-1

26-2 怎样禁止安全中心的报警通知

问：如何禁止经常弹出安全中心的报警信息？

答：如果想彻底阻止安全中心的报警信息，对任何错误的安全设置都不加提醒，则可以进行如下设置：

第 1 步 打开安全中心窗口，单击窗口左侧的"更改安全中心通知我的方法"链接，如图 26-2 所示。

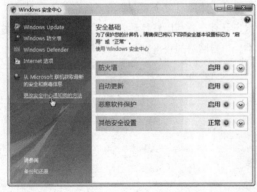

图 26-2

第 2 步 在弹出的对话框中单击"不通知我，且不显示该图标"选项即可，如图 26-3 所示。

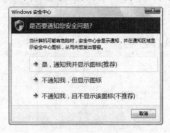

图 26-3

 注意 如果不是因为特殊原因，推荐不要禁用安全中心的提醒功能，否则用户无法了解系统的安全状态，很容易被恶意程序钻空子。

26-3 如何启用第三方反间谍软件

问：禁用系统自带的 Windows Defender 会怎样，如何启用第三方反间谍软件？

答：如果是系统自带的 Windows Defender 被禁用，安全中心会立即在系统托盘区弹出气球图标，提示反间谍软件已关闭，如图 26-4 所示。

图 26-4

单击该气球图标，即可打开安全中心，并以醒目的颜色提示间谍软件和其他恶意软件保护关闭。要重新启用反间谍软件（第三方），可以执行以下步骤：

第 1 步 如果此时已经安装了第三方反间谍软件，可以单击"启用"按钮，如图 26-5 所示。

图 26-5

第 2 步 弹出选择对话框，提示选择反间谍软件。若选择"启用 Windows Defender"选项即可启动 Windows Defender 功能。这里选择"启用 Norton AntiVirus"选项，如图 26-6 所示。

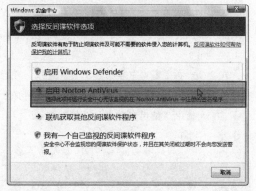

图 26-6

第 3 步 如果选择非系统自带的反间谍软件工具，系统会弹出消息框，提示该工具不是 Windows 附带的，需要用户确认该程序是可信任的，单击"是，我信任这个程序，可以运行"选项（见图 26-7）即可启用第三方反间谍软件程序。

图 26-7

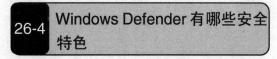

提示 现今大多数杀毒软件都附带有反间谍软件工具，无须另外专门安装独立的反间谍软件。

26-4 Windows Defender 有哪些安全特色

问：Windows Defender 是怎样的一种安全工具，它有何功能？

答：Windows Vista 系统自带有一个恶意软件扫描与监控工具 Windows Defender，其主要功能就是可以帮助计算机抵御间谍软件和其他有害软件导致的弹出窗口、降低性能和安全威胁。在 Windows 安全中心主窗口左侧的任务栏中单击"Windows

Defender"链接或在开始菜单中的程序列表中单击"Windows Defender"即可打开功能主界面，如图 26-8 所示。

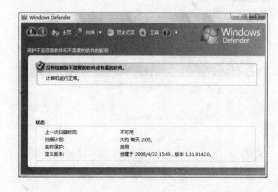

图 26-8

Windows Defender 是 Windows Vista 系统的一项全新功能。其特色介绍如下：

总的说来，Windows Defender 提供了三种途径来帮助阻止间谍软件和其他可能不需要的软件感染计算机。

1．实时保护

当间谍软件或其他可能不需要的软件试图在计算机上自行安装或运行时，Windows Defender 会发出警报。如果程序试图更改重要的 Windows 设置，它也会发出警报。

2．SpyNet 社区

联机 Microsoft SpyNet 社区可帮助用户查看其他人是如何响应未按风险分类的软件的。查看社区中其他成员是否允许使用此软件，能够帮助用户选择是否允许此软件在计算机上运行。

3．扫描选项

使用 Windows Defender 可以扫描可能已安装到计算机上的间谍软件和其他可能不需要的软件，定期计划扫描，还可以自动删除扫描过程中检测到的任何恶意软件。

26-5 如何实现 Windows Defender 实时保护

问：Windows Defender 的实时保护功能是如何工作的？

答： Windows Defender 默认启用实时监护功能，一旦检测到对系统有危害的动作，就会立即弹出警告消息框。单击"全部删除"按钮即可清除该恶意软件，如图 26-9 所示。

图 26-9

若在"Windows Defender 警告"窗口中单击"审阅"按钮，即可查看该恶意软件的详细信息，如图 26-10 所示。

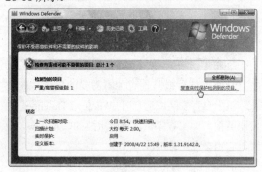

图 26-10

提示 如果在弹出警告消息框中单击"忽略"按钮，则允许软件在计算机上安装或运行。如果在下次扫描过程中此软件仍在运行，或此软件试图更改计算机上与安全相关的设置，Windows Defender 将再次发出有关此软件的警报。

26-6 如何自定义设置 Windows Defender 实时保护

问： 如何打开 Windows Defender 实时保护，并且自定义设置实时保护？

答： 若要阻止间谍软件和其他可能不需要的软件感染计算机，请打开 Windows Defender 实时保护

并选择所有实时保护选项。当间谍软件和其他可能不需要的软件试图在计算机上安装或运行时，实时保护会发出警报。如果程序试图更改重要的 Windows 设置，也会发出警报。

第 1 步 单击开始菜单，选择"所有程序"|"Windows Defender"命令，打开 Windows Defender 窗口。

第 2 步 在主窗口中单击"工具"选项，然后单击"选项"链接，进入选项页面，在"实时保护选项"下，选中"使用实时保护（推荐）"复选框，如图 26-11 所示。

图 26-11

第 3 步 选中所需的选项后，单击"保存"按钮即可。

注意 为帮助用户保护隐私和计算机，建议用户选择所有实时保护选项。

26-7 如何启动 Windows Defender 手动扫描功能

问： 如何启动 Windows Defender 手动扫描间谍软件？

答： 如果在操作系统的运行过程中，感觉可能有间谍软件存在；或是 Windows Defender 多次出现安全提醒，则应启动此程序的扫描功能，来为系统进行一次全面的安全扫描。

第 1 步 在 Windows Defender 主窗口的"扫描"下拉菜单中选择"自定义扫描"命令，如图 26-12 所示。

图 26-12

提示 如果已经事先配置好了扫描的相关选项，则可直接单击"快速扫描"或"完全扫描"即可。

第 2 步 在弹出的选择扫描选项对话框中，单击"选择"按钮，在弹出的窗口中指定需要扫描的特定文件或文件夹，如图 26-13 所示。

图 26-13

第 3 步 单击"立即扫描"按钮，开始进行对系统的安全扫描操作。需要注意的是，此扫描功能并不能实现对扫描结果的杀毒处理等安全应用。

26-8　如何自定义 Windows Defender 允许列表中的项目

问：如何添加或删除 Windows Defender 允许列表中的项目？

答：如果信任 Windows Defender 检测到的软件，则可以阻止 Windows Defender 发出提示该软件可能会给用户的隐私或计算机带来风险的警报。若要阻止警报，需要将软件添加到 Windows Defender 允许列表中。如果决定要稍后再监视该软

件，则可以随时将其在 Windows Defender 允许列表中删除。

1．将项目添加到允许列表中的步骤

当 Windows Defender 再次对该软件发出警报时，单击"操作"，在下拉列表中选择"始终允许"选项，再单击"应用操作"按钮即可，如图 26-14 所示。

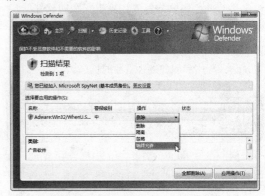

图 26-14

2．从允许列表中删除项目的步骤

在 Windows Defender 主窗口单击"工具"，然后单击"允许的项目"链接，进入"允许的项目"窗口，在"选择要应用的操作"栏中选择要再次监视的项目，然后单击"从列表中删除"按钮即可，如图 26-15 所示。

图 26-15

 请勿允许具有严重警报级别或高警报级别的软件在计算机上运行，因为它会给用户的隐私和计算机安全带来风险。

16-9 Windows Defender "软件资源管理器" 有何特点

问：Windows Defender 中的"软件资源管理器"是一个什么工具？

答：Windows Defender 的高级工具中有一个"软件资源管理器"，使用它可以查看有关当前在计算机上运行的会影响隐私或计算机安全的软件的详细信息。例如，可以看到哪些程序会在启动 Windows 时自动运行，以及有关这些程序如何与重要的 Windows 程序和服务进行交互的信息。

26-10 如何查看 Windows Defender "软件资源管理器"

问：在 Windows Vista 中，如何查看 Windows Defender 中的"软件资源管理器"？

答：在 Windows Defender 主窗口中单击"工具"按钮，在其设置界面下，单击"软件资源管理器"图标，即可进入"软件资源管理器"窗口，如图 26-16 所示。

图 26-16

26-11 如何使用 Windows Defender 管理自启动程序

问：如何使用"软件资源管理器"管理随 Windows 自动启动程序？

答：打开"软件资源管理器"窗口，在"类别"列表中，选择"启动程序"选项，即可在页面左侧显示当前系统的所有自启动进程，并且按照所属厂商进行归类。从名称栏选中软件名称，单击"禁用"

按钮即设置其不再启动，如图 26-17 所示。

图 26-17

26-12 怎样使用 Windows Defender 管理当前运行程序

问：如何使用 Windows Defender 的"软件资源管理器"管理当前运行的程序？

答：打开"软件资源管理器"窗口，在"类别"列表中，选择"当前运行的程序"选项，即可在页面左侧显示当前用户身份启动的进程，并且按照所属厂商进行归类。从名称栏选中进程名称，单击"结束进程"按钮即可终止该进程，如图 26-18 所示。

图 26-18

26-13 如何使用 Windows Defender 查看网络连接的程序

问：如何使用 Windows Defender 的"软件资源管理器"查看网络连接的程序？

答：打开"软件资源管理器"窗口，在"类别"

列表中，选择"网络连接的程序"选项，即可在页面左侧显示当前用户身份启动的具有网络连接的进程，并且按照所属厂商进行归类。在左侧的程序列表中选中某一进程，即可在右侧的详细窗格看到其具体信息，如图 26-19 所示。

图 26-19

26-14 怎样在 Windows 安全中心获取免费杀毒软件

问： 手中暂时没有合适的杀毒软件，如何在 Windows 安全中心获取免费的杀毒软件？

答： 虽然 Windows Vista 内置了全新的间谍软件防护工具 Windows Defender，但是这并不能代替杀毒软件的功能。因此，有必要选择一款可靠的，并且能够与 Windows Vista 完美兼容的杀毒软件，来为计算机的安全运行保驾护航。

如果系统没有安装杀毒软件，而要想申请试用免费的杀毒软件，可以在安全中心的"恶意软件防护"部分单击"查找程序"按钮，如图 26-20 所示。

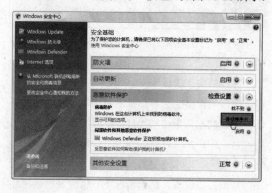

图 26-20

启动 IE 浏览器，进入"Microsoft 防病毒合作伙伴"页面（见图 26-21）。页面显示了可以在 Windows Vista 中运行的杀毒软件，选择合适的杀毒软件进行试用。

图 26-21

26-15 Windows Vista 找不到已安装的杀毒软件怎么办

问： 计算机上安装了一款杀毒软件，但 Windows Vista 检测不到，却弹出安全通知，怎么办？

答： Windows Vista 会进行定期检查，以查看计算机上是否已安装防病毒软件，其是否正在运行以及是否为最新。如果 Windows Vista 不能检测出所有的防病毒程序，并且收到有关病毒防护软件的安全相关通知，则可以按照下面的步骤停止接收这些通知。

 只有当确定已在计算机上完整安装了防病毒程序而且该程序处于最新状态，并且打开了实时扫描（实时扫描将在文件打开或使用前对文件进行检查）时，用户才应该这样做。

第 1 步 打开安全中心窗口，单击"恶意软件防护"，然后在"病毒防护"下单击"显示可用选项"链接，如图 26-22 所示。

第 2 步 弹出"Windows 安全中心"对话框，单击"我有一个自己监视的防病毒程序"选项（见图 26-23）。安全中心将把用户的防病毒设置显示为"未监视"，将不再收到有关病毒防护软件的通知。

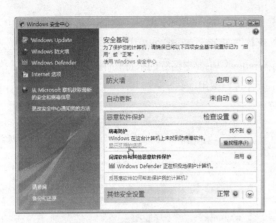

图 26-22

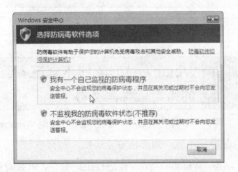

图 26-23

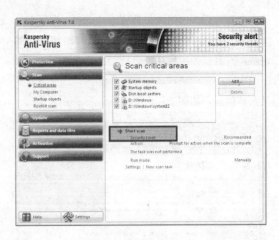

图 26-24

开始扫描进程，默认情况下，将扫描系统内存、启动对象、系统文件夹等关键区域。可以在窗口中查看扫描的进度等相关信息，如图 26-25 所示。

图 26-25

26-16 Kaspersky Anti-Virus 有哪些病毒扫描方式

问：我安装了 Kaspersky Anti-Virus7.0，该杀毒软件包括哪几种扫描方式？

答：Kaspersky Anti-Virus7.0 安装好之后，就会在系统托盘区看到 █ 图标，双击该图标即可打开其主窗口。在主窗口左侧的任务列表中单击"Scan"选项可以看到 Kaspersky 提供了"扫描关键区域"、"扫描我的电脑"、"扫描启动对象"等多种扫描方式。

26-17 如何使用 Kaspersky Anti-Virus 扫描系统关键区域

问：在 Windows Vista 下，如何使用 Kaspersky Anti-Virus 扫描系统关键区域？

答：单击"Scan"下的"Critical areas"选项，即可在右侧窗格中查看扫描的关键区域，这些区域是可以自行订制的，确定扫描区域后，单击"Start Scan"按钮即可开始扫描，如图 26-24 所示。

26-18 如何使用 Kaspersky Anti-Virus 扫描我的计算机

问：如何使用 Kaspersky Anti-Virus 扫描系统关键区域？

答：单击"Scan"下的"My Computer"选项，即可在右侧窗格中查看扫描的范围，这些范围是可以自行订制的，单击"Add"按钮可以添加新的扫描对象（见图 26-26），确定扫描区域后，单击"Start Scan"按钮即可开始扫描。

开始扫描进程，默认情况下，将扫描包括用户文件夹、关键区域、可移动磁盘等在内的整个计算

机系统。可以在如图 26-27 所示的窗口中查看扫描
的进度等相关信息。

图 26-26

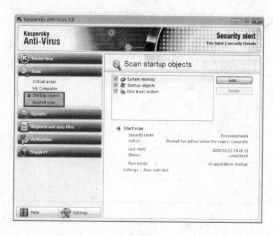

图 26-28

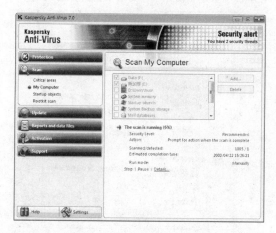

图 26-27

26-19　如何使用 Kaspersky Anti-Virus 扫描启动对象

问：在 Windows Vista 下，如何使用 Kaspersky Anti-Virus 扫描系统关键区域？

答：单击"Scan"下的"Startup objects"选项，即可在右侧窗格中查看扫描启动对象的范围，这些范围同样是可以自行订制的。确定扫描区域后，单击"Start Scan"按钮即可开始扫描，如图 26-28 所示。

开始扫描进程，默认情况下，将扫描系统内存、启动对象灯区域。可以在如图 26-29 所示的窗口中查看扫描的进度等相关信息。

图 26-29

26-20　怎样使用 McAfee Virus Scan 查杀病毒

问：我安装了 McAfee，该怎样使用它查杀病毒？

答：McAfee 安装好后，就会在任务栏的通知区域出现一个 ⓜ 图标，双击该图标即可打开 McAfee Security Center 主窗口。

McAfee Security Center 主窗口显示了当前系统的受保护状况。单击窗口左上方的"Scan"按钮即可开始系统全盘扫描，如图 26-30 所示。

开始扫描进程后，右侧窗格显示扫描的进度、位置等相关信息（见图 26-31）。

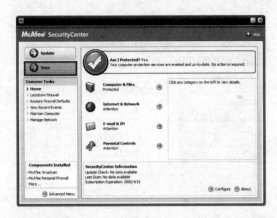

图 26-30

图 26-32

第 3 步 弹出"Windows 防火墙设置"对话框（见图 26-33），选中"关闭（不推荐）"单选按钮，再单击"确定"按钮即可关闭 Windows 防火墙。

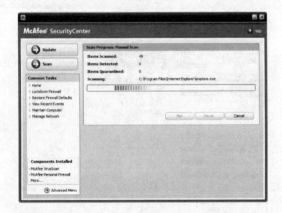

图 26-31

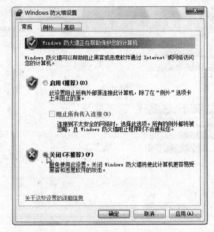

图 26-33

26-21 怎样启用或关闭 Windows 防火墙

问： 如何暂时关闭 Windows 防火墙？关闭之后又如何再重新启用？

答： 默认情况下，Windows Vista 是开启了防火墙功能的；但有时如果需要安装另外的病毒查杀软件时，需要先将此功能关闭再行安装，否则容易出现兼容性问题。关闭 Windows 防火墙的步骤为：

第 1 步 在 Windows 安全中心左侧的任务列表中单击"Windows 防火墙"链接。

第 2 步 打开"Windows 防火墙"窗口，显示 Windows 防火墙正在帮助保护用户的计算机。在这里可以大致浏览到当前防火墙的配置信息，单击旁边的"更改设置"链接选项即可进入具体的配置窗口，如图 26-32 所示。

同样地，如果要重新启用防火墙，在 Windows 防火墙设置对话框中选中"启用（推荐）"单选按钮即可。

26-22 怎样停止尚未启用防火墙的提醒

问： 已关闭 Windows 防火墙，该如何停止尚未启用防火墙的提醒呢？

答： 要禁止尚未启用防火墙的提醒，操作为。

第 1 步 进入安全中心窗口，单击"防火墙"区域的箭头按钮展开该区域，然后单击"显示可用选项"，如图 26-34 所示。

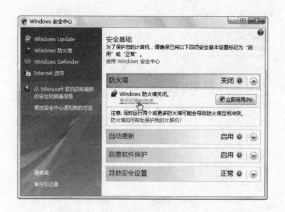

图 26-34

第 2 步 弹出 "Windows 安全中心" 对话框，单击 "我有一个自己监视的防火墙程序" 选项即可，如图 26-35 所示。

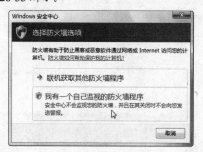

图 26-35

为了加强系统安全性能，建议用户始终启用 Windows 防火墙。

26-23 如何指定例外程序解除防火墙阻止

问：怎样指定例外程序解除防火墙阻止？

答：当启用了防火墙后，运行需要访问网络的程序，将会弹出安全警报，需要用户确定程序是否安全，再选择单击 "解除锁定" 或 "保持阻止" 按钮。

如果之前觉得一个程序是不安全的，在安全警报中将其设为 "保持阻止"，但事后发现是安全的，想让其不受 Windows 防火墙的影响，还可以对例外进行管理。

第 1 步 打开 "Windows 防火墙设置" 对话框，并切换到 "例外" 选项卡。

第 2 步 选中之前设置为 "保持阻止" 的程序。

第 3 步 单击 "确定" 按钮保存设置，如图 26-36 所示。

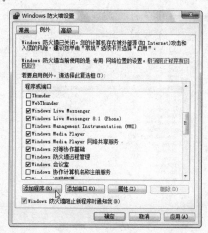

图 26-36

"例外" 选项卡可让用户能够将指定的程序或端口排除在 Windows 防火墙所阻止的名单之外。如果想要添加的程序并不在此列表中，可以单击下方的 "添加程序" 按钮。进入 "添加程序" 对话框（见图 26-37），选择好要配置的程序名，再单击 "确定" 按钮即可。

图 26-37

26-24 如何配置新的防火墙安全规则

问：如何配置新的防火墙安全规则？

答：要想对 Windows 防火墙配置新的安全规则，需要借助 "高级安全 Windows 防火墙" 管理单元。在 "开始" 菜单的 "开始搜索" 文本框中输入 "高级安全 Windows 防火墙"，按【Enter】键即可打开 "高级安全 Windows 防火墙" 管理单元窗口。

如果需要根据实际情况新建一条安全规则时，

可按如下步骤进行：

第 1 步 在"高级安全 Windows 防火墙"管理单元窗口进入具体的规则选项页面，然后单击右侧操作窗格的"新规则"按钮，如图 26-38 所示。

图 26-38

第 2 步 进入"新建入站规则向导"窗口（见图 26-39），首先选择规则类型，再单击"下一步"按钮。

图 26-39

第 3 步 进入程序选择页面（见图 26-40），在这里可以选择接受新规则约束的程序和服务。选中"此程序路径"单选按钮，单击"浏览"按钮选择接受新规则约束的应用程序所在的路径，再单击"下一步"按钮。

第 4 步 进入"操作"页面，制定在连接与规则中指定的条件相匹配时要执行的操作，以选中"阻止连接"单选按钮为例（见图 26-41），单击"下一步"按钮。

第 5 步 进入"配置文件"对话框，会提示用户选择相应的配置文件：域、专用和公用，这就会对新规则应用选择；通常情况下选择所有选项即

可，单击"下一步"按钮，如图 26-42 所示。

图 26-40

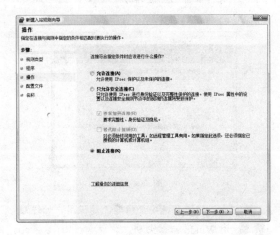

图 26-41

图 26-42

第 6 步 最后为此新规则定义一个名称以及相关的描述，单击"完成"按钮即可。当完成了新规

则的创建后，它就会出现在防火墙配置主窗口的列表中，如图 26-43 所示。

图 26-43

26-25 如何查看与下载 Windows 更新

问： 在 Windows Vista 中如何查看、下载 Windows 更新？

答： Windows Update 主要用于升级系统的组件，并通过它来更新当前系统，能够扩展系统的功能，让系统支持更多的软、硬件，解决各种兼容性问题，从而达到让系统更安全、更稳定的目的。要使用 Windows Update 更新系统，操作步骤如下：

第 1 步 在安全中心窗口左侧任务列表中单击"Windows Update"选项，即可打开 Windows Update 窗口。单击"查看可用更新"按钮查看微软网站最新可用的系统更新程序，如图 26-44 所示。

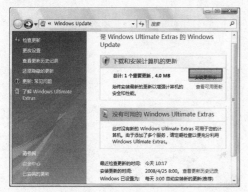

图 26-44

第 2 步 打开"查看可用更新"窗口，列表中自动选中需要安装的 Windows Vista 系统更新程序

所对应的复选框，如图 26-45 所示。

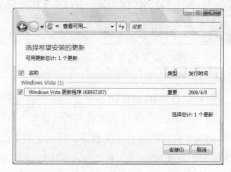

图 26-45

第 3 步 单击"安装"按钮，Windows Update 开始下载所需的更新程序（见图 26-46），下载完成后，会自动安装所下载的更新。

图 26-46

提示 在安装前，会自动创建一个还原点，供特殊情况下利用还原点恢复到先前状态。

第 4 步 安装完成后，提示成功地安装了更新，如果 Windows 无法更新系统正在使用的重要文件和服务，还将提示重新启动计算机，如图 26-47 所示。

图 26-47

26-26 如何自定义 Windows Update 安装更新时间

问：怎样自定义设置 Windows Update 安装更新的时间？

答：可以在 Windows Update 窗口左侧任务列表中单击"更改设置"链接，进入"更改设置"窗口，对 Windows 更新进行自定义设置。默认选中"自动安装更新"单选按钮，在下拉列表框中可以自定义设置安装新更新的时间，如图 26-48 所示。

 若选中"下载、安装或通知更新时包括推荐的更新"复选框，将不但下载、安装重要的更新程序，还可以下载、安装推荐的更新。

图 26-48

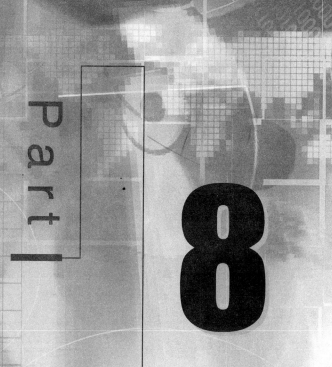

Part

8

第 8 部分
系统维护与故障
恢复篇

27

系统维护与备份

使用计算机的过程中，有时安装一个程序或驱动程序会导致系统的异常甚至崩溃，通常卸载程序或驱动程序可以解决。但也有卸载不能修复问题的情况，这时可以尝试使用系统自带还原功能来恢复系统。而系统使用过程中，一些重要的文件，应该及时备份。当出现文件丢失情况时，可以用备份的资料来恢复文件。

27-1　怎样缩短操作系统的启动时间

问：在安装 Windows Vista 和 Windows XP 的双系统中，Windows Vista 默认的启动时间为 30s，如何修改此时间使 Windows Vista 快速启动？

答：缩短 Windows Vista 启动时间的操作步骤如下。

第 1 步 在桌面右击"计算机"图标，在弹出的快捷菜单中选择"属性"，在打开的"系统"界面中单击右侧的"高级属性设置"选项，打开"系统属性"对话框，如图 27-1 所示。

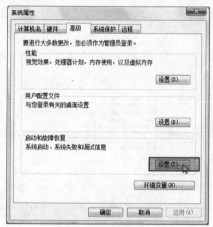

图 27-1

第 2 步 在"高级"选项卡中的"启动和故障恢复"区域单击"设置"按钮，打开"启动和故障恢复"对话框，如图 27-2 所示。

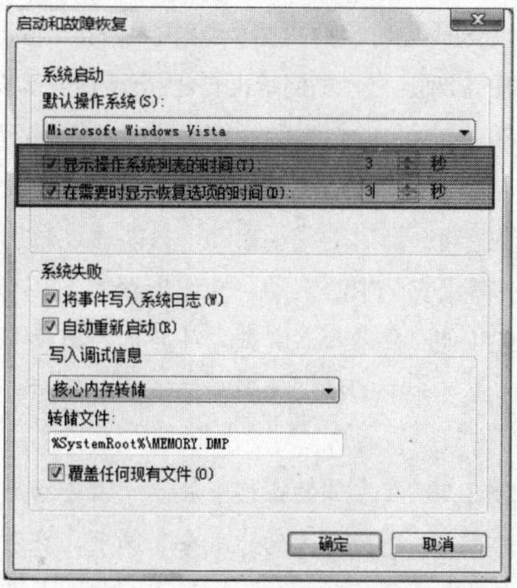

图 27-2

第 3 步 在"默认操作系统"区域，选中"显示操作系统列表的时间"和"在需要时显示恢复选项的时间"复选框，并在左侧的输入框设置系统启动的时间（设置成 3 秒），单击"确定"按钮，重新启动计算机时，Windows Vista 启动的时间即可缩短为 3s。

27-2　如何共享双操作系统虚拟内存

问：在 Windows Vista 和 Windows XP 的双系统中，如何共享虚拟内存？

答：内存的功能非常重要，所有运行的程序都需要经过内存来存放，当内存的空间紧张时，Windows 会启用虚拟内存来填补内存空间的不足，在 Windows Vista 和 Windows XP 的双系统中可以设置共享虚拟内存，从而优化系统的性能，同时也节省磁盘空间。

在 Windows Vista 和 Windows XP 双系统中共享虚拟内存的操作步骤如下：

第 1 步 在 Windows Vista 的桌面上右击"计算机"图标，在弹出的快捷菜单选择"属性"命令，在打开的"系统"界面中单击右侧的"高级属性设置"选项，弹出"系统属性"对话框。

第 2 步 在"性能"区域单击"设置"按钮，打开"性能选项"对话框，如图 27-3 所示。

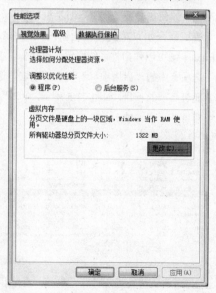

图 27-3

第 3 步 在"高级"选项卡中的"虚拟内存"区域，单击"更改"按钮，打开"虚拟内存"对话框，取消选中"自动管理所有驱动器的分页文件大小"复选项，并在"驱动器"列表框中选择 Windows XP 所安装的分区，如图 27-4 所示。

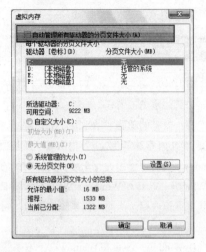

图 27-4

第 4 步 单击"确定"按钮即可在 Windows Vista 和 Windows XP 双系统中共享虚拟内存。

27-3 如何使用"系统配置"管理系统自启动项

问：Windows Vista 启动时，总是加载不需要的启动项，如何在"系统配置"对话框中禁止？

答：在开始菜单的搜索框输入 msconfig，按【Enter】键可以弹出"系统配置"对话框，在"启用"选项卡中的"启用项目"列表框中取消选中不需要随机启动的项目，如图 27-5 所示，单击"确定"按钮即可禁止启动项。

图 27-5

27-4 如何启用系统自带工具

问：维护系统需要的工具不能正常运行，Windows Vista 总是弹出阻止提示框，如何解决？

答：平时维护 Windows Vista 系统时会用到很多系统自带工具，如注册表编辑器、系统属性、性能监视器、启用 UAC 或禁用 UAC 等操作，运行这些程序，Windows Vista 总是弹出阻止提示框。可以在开始菜单的搜索框中输入 msconfig，按【Enter】键可以弹出"系统配置"对话框，在"工具"选项卡即可看到 Windows Vista 系统自带的工具调用，只要选中后单击右下角的"启动"按钮即可，如图 27-6 所示。

图 27-6

27-5 如何禁止安全中心开机启动

问：Windows Vista 成功安装后，安全中心总是在计算机启动时自行启动，这样不仅占用内存，还会影响计算机的启动速度，如何禁止安全中心随机启动？

答：安全中心在系统设置完成后就没有什么作用了，微软的这个功能非常霸道，安全中心没有任何选项能够选择启动或不启动，只能通过禁用服务的方法禁止安全中心启动，操作步骤如下：

第 1 步 在桌面上右击"计算机"图标，在弹出的快捷菜单中选择"管理"选项，打开"计算机管理"窗口。

第 2 步 在左侧的窗格中展开"服务和应用程序"选项，并选择下方的"服务"选项，在右侧窗口中拖到滚动条找到 Security Center 服务，如图 27-7 所示。

图 27-7

第 3 步 双击 "Security Center" 选项，打开其属性对话框，在 "常规" 选项卡的 "启动类型" 列表框中选择 "禁用"，如图 27-8 所示。

图 27-8

第 4 步 单击 "确定" 按钮，重新启动计算机时，即可禁止安全中心运行。

27-6 怎样禁用 Windows Vista "同步中心"

问： Windows Vista 的同步中心可以帮助用户将计算机与其他计算机、智能手机或 PDA 等设备上的资料进行同步，默认开机后会自动运行，如果不需要此功能，如何禁止？

答： 如果不需要使用同步中心功能，可以进行禁用，操作步骤如下。

第 1 步 选择 "开始" | "所有程序" | "附件" | "系统工具" | "任务计划程序" 命令，打开 "任务计划程序" 窗口，在左侧窗格中依次展开 "任务

计划程序库" | Microsoft | Windows | MobilePC 分支，如图 27-9 所示。

图 27-9

第 2 步 双击主窗口的 "TMM" 任务选项，在弹出的属性对话框中的 "触发器" 选项卡中选择 "登录时" 选项，如图 27-10 所示。

图 27-10

第 3 步 单击 "编辑" 按钮，弹出 "编辑触发器" 对话框，在下方取消选中 "启用" 复选项，如图 27-11 所示。

图 27-11

第 4 步 依次单击"确定"按钮关闭有关的对话框即可同步中心自动运行。

27-7 如何回滚旧版驱动程序

问: 更新硬件的驱动程序后,系统不稳定,如何找回以前的驱动程序?

答: Windows Vista 对驱动程序的要求更为苛刻,不当的驱动程序往往是影响稳定性的最主要原因,在这种情况下,可行的解决方案是将驱动程序回复到更新前的旧版本,毕竟,保证系统的稳定运行是第一位的要求。

在 Windows Vista(包括 Windows XP)中,系统在应用新版本的驱动程序前都会自动备份旧版的驱动,以备出现问题时可以让用户简单地切换回原来可正常使用的驱动程序。以 Windows Vista 为例切换回旧版的驱动程序操作步骤如下。

第 1 步 以管理员或具有管理员权限的用户登录 Windows Vista,在桌面上右击"计算机"图标,在弹出的快捷菜单中选择"属性"命令,打开"系统属性"对话框。

第 2 步 在"系统属性"对话框中的任务列表中选择"设备管理器",根据具体需要,在设备管理器中找到相应的设备,对折叠项可通过单击旁边的"+"展开,在欲切换回旧版驱动程序的设备项上右击,选择"属性"命令,打开对应驱动程序属性对话框。

第 3 步 在驱动程序属性对话框中的"驱动程序"选项卡中,可以看到"回滚驱动程序"按钮,单击此按钮并在弹出询问窗口时确认,即可将该设备使用的驱动程序切换到旧版的驱动程序,即让 Windows Vista 重新安装旧版的驱动程序。如果登录用户不具有管理员权限,或该设备驱动并未更新仍然使用初始的驱动程序,则"回滚驱动程序"按钮显示为灰色的不可选状态,如图 27-12 所示,这样,即可让 Windows Vista 卸载更新的驱动程序而仍然使用稳定性更佳的旧版驱动了。

图 27-12

27-8 系统还原有哪些功能

问: Windows Vista 中的系统还原有哪些功能?如何启动系统还原?

答: 使用计算机的过程中,有时安装一个程序或驱动程序会导致系统的异常甚至崩溃,通常卸载程序或驱动程序可以解决。但也有卸载不能修复问题的情况,这时可以尝试使用系统自带还原功能来恢复系统。

27-9 如何启用系统还原功能

问: 在 Windows Vista 中,如何启用系统还原功能?

答: 通常启动系统还原有两种方式,一种是从"开始"菜单中启动;另一种是在"控制面板"中启动。

- 单击"开始"按钮,在开始菜单中选择"所有程序"|"附件"|"系统工具"|"系统还原"选项,即可启动系统还原向导的窗口。
- 打开控制面板,切换到经典视图,双击"备份和还原中心"图标,进入"备份和还原中心"窗口,单击"使用系统还原修复 Windows"链接,即可启动系统还原向导的窗口,如图 27-13 所示。

图 27-13

27-10　如何创建系统还原点

问：为了将来系统出现故障时有反悔的余地，如何创建系统还原点？

答：Windows Vista 默认每隔 24 小时自动创建系统还原点，同时在安装某些驱动程序和应用程序时，也会自动触发还原点的创建。要手动创建还原点，操作步骤如下。

第 1 步 在打开的"系统还原"向导窗口，单击窗口底部的"打开系统保护"链接，或在"备份和还原中心"窗口的左侧单击"创建还原点或更改设置"链接，可以打开如图 27-14 所示的"系统还原"对话框。

图 27-14

第 2 步 单击"下一步"按钮，可以弹出"系统属性"对话框，并自动切换到"系统保护"选项卡，选择需要创建还原点的分区，单击"创建"按钮，如图 27-15 所示。

图 27-15

第 3 步 为了方便之后对还原点的进行识别，可以在打开的"创建还原点"文本框中输入还原点描述（如"mybackup"），如图 27-16 所示。

图 27-16

第 4 步 单击"创建"按钮即可开始创建还原点，成功创建后弹出提示如图 27-17 所示的成功创建提示，单击"确定"按钮即可完成还原点的创建。

图 27-17

27-11　如何使用系统还原

问：当 Windows Vista 系统不稳定、性能降低或者其他故障时，如何对系统进行还原？

答：当发现 Windows Vista 系统不稳定、性能降低或者其他故障时，可以使用先前创建的还原点进行还原，操作步骤如下：

第 1 步 在"系统还原"向导窗口默认选中"推荐的还原"单选按钮，系统将会默认以最近一次的还原点来实施系统修复，此处选中"选择另一个还原点"单选按钮，如图 27-18 所示。

图 27-18

第 2 步 单击"下一步"按钮打开"选择一个还原点"对话框,选择一个自己建立的还原点名称,如图 27-19 所示。

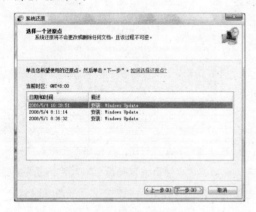

图 27-19

第 3 步 单击"下一步"按钮,弹出提示"确认您的还原点"对话框,确认无误后单击"完成"按钮开始系统还原,如图 27-20 所示。

图 27-20

第 4 步 弹出警告框,提示还原或称在完成之前不能被中断,单击"是"按钮确认,如图 27-21 所示。

图 27-21

第 5 步 系统开始关机过程,并提示正在还原 Windows 文件和设置,系统还原正在初始化,如图 27-22 所示。

图 27-22

第 6 步 还原结束后,系统会自动重新启动,进入桌面会显示成功还原提示信息,单击"关闭"即可完成系统还原,如图 27-23 所示。

图 27-23

27-12 怎样撤销系统还原操作

问: 系统还原后,问题没有解决,甚至出现更严重的问题,如何撤销系统还原操作?

答: 如果用户发现还原之后,系统的问题没有解决,甚至产生更严重的问题,这时还可以将之前的还原操作撤销,或者是应用另一个还原点。

再次启动系统还原向导，在这里的欢迎画面上已经多了一个撤销系统还原的选项，选中"撤销系统还原"单选按钮，如图 27-24 所示。

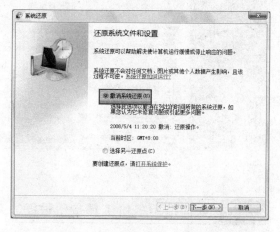

图 27-24

单击"下一步"按钮，提示确认选择的还原点，在还原点描述中可以看到"撤销还原操作"的描述，如图 27-25 所示，确认后单击"完成"按钮，开始撤销之前执行的系统还原。

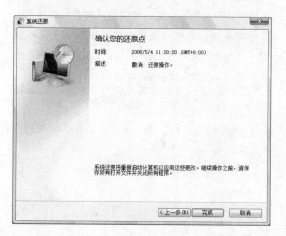

图 27-25

27-13　为什么系统还原功能会失效

问：发现系统还原功能失效，是什么原因？

答：当启动"系统还原"工具并查看"选择还原点"页面时，某些还原点可能会丢失。原因可能是 Windows 系统还原功能的下列设计条件之一引起的。

① 系统驱动器或任何可用的非系统驱动器的磁盘空间不足，"系统还原"停止响应，并停止监视系统。

这种情况会导致系统删除所有还原点以释放磁盘空间。但在此之前，可能已经收到了磁盘空间不足的警告。在这种情况下，释放了足够的磁盘空间之后，"系统还原"会重新开始监视系统。"系统还原"会在此点创建一个自动"系统检查点"。

② 手工关闭"系统还原"。

如果在系统驱动器上手工关闭"系统还原"，那么所有还原点都会被删除；如果在任何非系统驱动器上手工关闭"系统还原"，那么该特定驱动器上的所有还原点都会被删除。

当在系统驱动器上再次打开"系统还原"时，它会立即创建一个"系统检查点"。当在非系统驱动器上再次打开"系统还原"时，它不会在该驱动器上立即创建还原点，而是立即监视该驱动器上的恢复。

③ 启动"磁盘清理"实用程序，单击其他选项卡，然后单击系统还原下的清理。这样操作时，所有的还原点（最后一个除外）都会被删除。

④ 在磁盘空间不足的情况下运行，但不至于"系统还原"停止执行。"系统还原"会删除一些还原点，而不是所有还原点。这种情况出现的原因是：当数据存储达到其最大值的约 90% 时，"系统还原"会使用"先进先出（FIFO）"进程来降低数据存储的空间大小使之达到其最大值的约 75%。最大值可能是默认大小，也可以由用户设置。不管有多少磁盘空间，"系统还原"都会执行该删除。

⑤ 还原点达到了 90 天的寿命。由于 90 天是默认的保留时间，因此该还原点将被删除。

⑥ 手工减少数据存储大小。这会触发 FIFO 进程删除一些还原点以适应新近重新设置的数据存储大小。

27-14　系统备份工具有哪些功能

问：Windows Vista 系统中的备份工具有什么功能？

答：数据文件备份的重要性是不言而喻的，一旦发生了系统灾难，但是又没有事先备份数据，损失将会非常惨重。Windows Vista 提供了针对文件和文件夹的备份副本功能，该功能支持计划任务和备份，只需一次设置，可以一劳永逸。

27-15 如何启动系统备份工具

问：在 Windows Vista 中，如何启动备份工具？

答：要使用备份还原功能，可以在开始菜单中执行，也可以在控制面板中执行。

1. 从"开始"菜单启动

单击"开始"按钮，在开始菜单中选择"所有程序"｜"附件"｜"系统工具"｜"备份状态和配置"选项，打开"备份状态和配置"对话框。默认选中"备份文件"选项，选择"设置自动文件备份"单选按钮，可以启动第一次备份，设定备份的内容及排定的备份计划等选项，如图 27-26 所示。

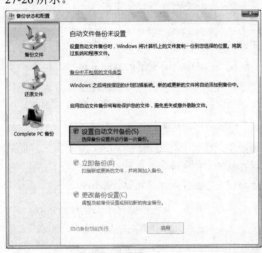

图 27-26

2. 从"控制面板"启动

打开控制面板，切换到经典视图，双击"备份和还原中心"图标，进入"备份和还原中心"窗口，在"备份文件或整个计算机"栏单击"备份文件"按钮，即可启动备份向导，如图 27-27 所示。

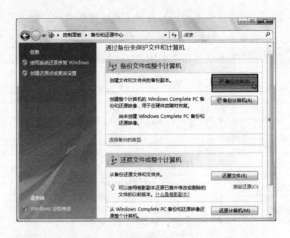

图 27-27

27-16 如何使用备份工具备份数据

问：如何使用备份工具备份计算机中的数据？

答：使用备份工具可以智能选择计算机中需要备份的文件，并通过向导引导快速完成数据的备份，操作步骤如下。

第 1 步 打开"备份文件"向导窗口，提示设定保存备份文件的位置。可以通过硬盘、刻录光盘来保存备份，也可以通过制定网络路径来保存备份。此处选择在硬盘上备份，在列表中选中合适的驱动器，如图 27-28 所示。

图 27-28

第 2 步 单击"下一步"按钮，打开选择备份的磁盘页面，要求用户选择备份的文件所在的磁盘，默认会将除保存备份的设备外的其他全部磁盘

全部选中。取消选中不需要备份的磁盘分区，如图
27-29 所示。

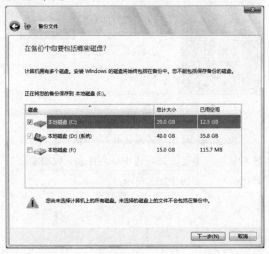

图 27-29

第 3 步 单击"下一步"按钮，进入选择备份
文件类型页面，提示选择备份的文件类型，默认选
择包括图片、音乐、视频、电子邮件、文档、电视
节目、压缩文件、其他文件等所有文件类型，如图
27-30 所示。

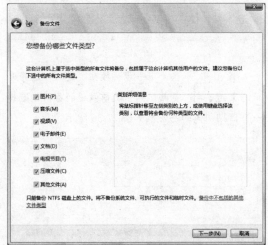

图 27-30

第 4 步 单击"下一步"按钮，打开备份频率
对话框，为了防止对备份操作的遗漏，保持良好的
备份习惯，应该使用自动备份功能。此处用户设定
一个备份计划，制定自动备份的频率，如图 27-31
所示。

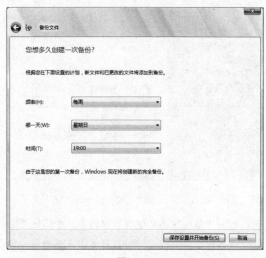

图 27-31

第 5 步 单击"保存设置并开始备份"按钮，
即可根据计算机性能和备份数据的大小执行备份
操作，如图 27-32 所示。

图 27-32

提示 第一次备份数据文件时，会创建完整的数
据备份。下次自动备份数据时，只会保存
自上次备份后变化的数据备份部分，这样
磁盘空间的占用会大大降低。

27-17 如何修改备份工具默认设置

问： 使用备份工具备份数据时，会自动使用默
认设置，如何更改备份设置？

答： 如果希望重新设置备份的分区、文件类型
等，可以修改备份设置，在"备份和还原中心"窗
口单击"更改设置"链接，如图 27-32 所示。

图 27-32

打开"备份状态和配置"对话框，单击底部的"更改备份设置"按钮即可打开备份文件向导，修改备份设置，如图 27-33 所示。

图 27-33

27-18 怎样还原已系统备份的数据

问：在 Windows Vista 中已使用备份工具对数据进行备份，在操作过程中由于意外原因造成数据丢失了，如何还原数据？

答：当系统中的文件由于误删除，或是磁盘错误造成文件丢失，而在之前对文件做过备份，就可以利用备份工具来恢复数据，操作步骤如下。

第 1 步 在"备份和还原中心"窗口的"还原文件或整个计算机"区域中单击"还原文件"按钮，即可启动还原向导，如图 27-34 所示。

图 27-34

第 2 步 打开"还原文件"向导，提示选择要还原的备份类型，此处选中"文件来自较旧备份"单选按钮，如图 27-35 所示。

图 27-35

第 3 步 单击"下一步"按钮，进入"选择开始还原的日期"页面，列出之前做过的备份，选择一个日期制作的备份，如图 27-36 所示。

图 27-36

第 4 步 单击"下一步"按钮，进入"选择要还原的文件和文件夹"页面，单击"添加文件"按钮，在打开的对话框中选择以前备份的文件，如图 27-37 所示。

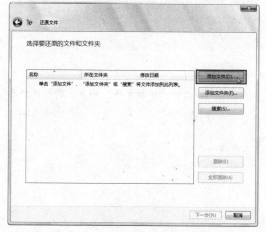

图 27-37

第 5 步 返回还原文件选择窗口，如图 27-38 所示。

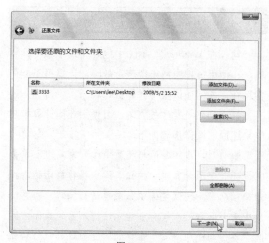

图 27-38

第 6 步 单击"下一步"按钮，进入选择还原目标路径页面，确定是将文件还原到什么位置。可以是原来备份时的位置，也可以是磁盘上的其他位置，此处选择"在原始位置"，如图 27-39 所示。

第 7 步 单击"开始还原"按钮，接下来向导会从备份中将选定的文件还原到指定的位置中。

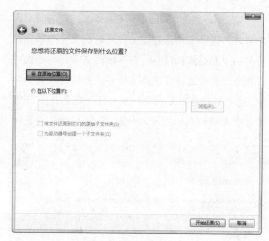

图 27-39

27-19 如何备份整个计算机

问： 利用 GHOST 等镜像恢复工具，我们可以把 Windows 系统实现做一个备份，等到系统出现故障无法修复时，可以利用备份的系统镜像文件恢复到正常状态。而 Windows Vista 引入了一个 Complete PC 的备份机制，可以把包括 Windows Vista 系统本身在内的整个系统完整的备份下来，代替 GHOST 等镜像恢复工具，那么如何使用 Complete PC 备份整个计算机？

答： 参考下列步骤可以使用 Complete PC 备份整个计算机。

第 1 步 在"备份和还原中心"窗口的"备份文件或整个计算机"区域单击"备份计算机"按钮，即可启动 Windows Complete PC 备份向导，如图 27-40 所示。

图 27-40

第 2 步 打开 "Windows Complete PC 备份" 向导窗口，提示选择保存备份文件的位置；如果当前计算机中有刻录机设备，则下方的选项栏也会呈可选状态。此处选择在硬盘上保存，并选择合适的分区，选择的保存位置时其磁盘分区一定要是 NTFS，并且有足够的剩余空间，如图 27-41 所示。

图 27-41

第 3 步 单击 "下一步" 按钮，进入选择备份磁盘页面，提示选择需要备份的硬盘分区，选择 Windows Vista 系统所在的分区，如图 27-42 所示。

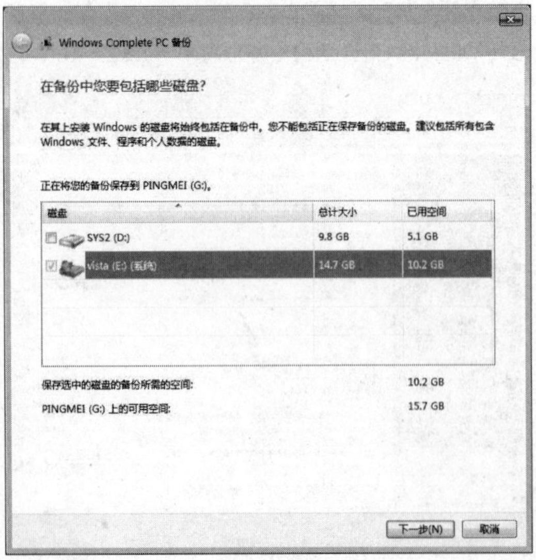

图 27-42

第 4 步 单击 "下一步" 按钮，进入确认备份设置页面，显示设置的备份位置以及备份会占用的磁盘空间大小。确认备份设置无误后，单击 "开始备份" 按钮即可，如图 27-43 所示。

图 27-43

27-20 如何还原整个计算机

问：在 Windows Vista 中已经备份了整个计算机，在使用过程中，出现严重故障，计算机不能正常运行，如何还原整个计算机？

答：当系统发生故障时，可使用还原计算机功能来还原，操作步骤如下。

第 1 步 在 "备份与还原中心" 窗口中，单击下方的 "还原计算机" 按钮。弹出操作提示框，提示必须从 "系统恢复选项" 菜单进行操作。当系统发生重大问题时，也有可能无法进入系统桌面；因此 "备份与还原中心" 窗口的 "还原计算机" 按钮只是为用户提供相关的操作提示，如图 27-44 所示。

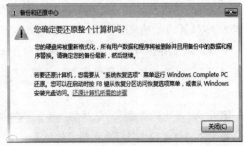

图 27-44

第 2 步 此进可以利用 Windows Vista 安装光盘引导系统进入"系统恢复选项"对话框，单击"Windows Complete PC 还原"链接，如图 27-45 所示。

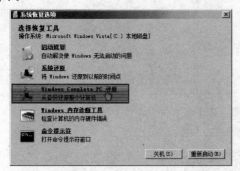

图 27-45

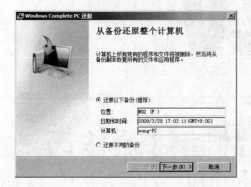

图 27-46

第 3 步 启动"Windows Complete PC 还原"向导，默认选中"还原以下备份"单选按钮，将恢复到最近的一次备份，如图 27-46 所示。

第 4 步 单击"下一步"按钮，指定所需的还原选项，若选中"格式化并重新分区磁盘"复选框，将删除现有的分区和格式化的硬盘，如图 27-47 所示。

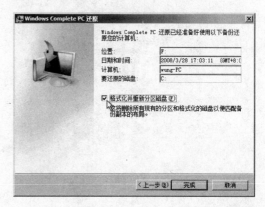

图 27-47

第 5 步 单击"完成"按钮，弹出提示对话框，询问是否确认要格式化该磁盘并还原备份，单击"确定"按钮开始还原操作。

Chapter

28

系统故障排除技巧

Windows Vista 作为一种新生事物，因其高端的硬件要求，以及系统本身、软件支持等原因，造成了用户在使用的过程中经常会遇到一些麻烦问题，本章列出 Windows Vista 操作系统的常见故障，指导用户分析解决。

28-1　怎样找回桌面消失的图标

问：桌面上的"计算机"、"网络"等图标没有显示，操作不能进行？

答：Windows Vista 安装完成后，默认这些图标是不显示的，或者在操作过程中，由于误操作等原因，这些图标消失了，可以在桌面的空白处右击，在弹出的快捷菜单中选择"个性化"命令，在弹出的对话框左侧的任务列表区域单击"更改桌面图标"，在弹出的"桌面图标设置"对话框中选中需要在桌面上显示的图示即可，如图 28-1 所示。

图 28-1

28-2　为什么侧边栏天气工具无法使用

问：中文版 Windows Vista 系统中"天气"小工具为什么无法使用？

答：此问题并不是因为系统语言造成的，而是因为区域设置造成。解决方法如下。

第 1 步 选择"控制面板"｜"时钟、语言和区域"｜"区域和语言选项"选项，打开"区域和语言选项"对话框，如图 28-2 所示。

第 2 步 将"当前格式"设置为"英语(美国)"，再转到"位置"选项卡将"当前位置"设置为"美国"，再转到"管理"选项卡，单击"更改系统区域设置"设置为"英语（美国）"。

第 3 步 重新启动计算机之后，"天气"小工具即可使用了。

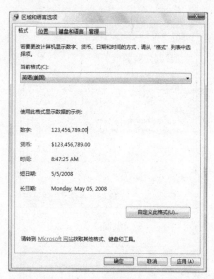

图 28-2

第 4 步 单击天气小工具右上角的设置按钮，在"当前位置"文本框中使用英文或汉语拼音输入你要查找的城市名称，例如，北京可输入"Beijing"，乌鲁木齐可输入 wulumuqi。按【Enter】键即可找到想要的城市了。

 注意 经过以上将区域设置为美国，会使系统数字/货币/时间/日期等以英文显示，同时会造成非 Unicode 程序（QQ 等）不能显示汉字。用户可以在区域和语言选项中单击"自定义此格式"，按照中文习惯，重新设置数字、货币、时间、日期即可。

28-3　如何找回消失的"运行"命令

问：在 Windows Vista 下的"开始"菜单的底部的"运行"命令丢失，如何找回"运行"命令呢？

答：其实，用户可以使用下面的两种办法来进行解决。

① 按下【Win+R】组合键，即可打开消失的"运行"对话框。

② 右击"开始"菜单或任务栏的空白处，选择"属性"命令，弹出"任务栏和开始菜单属性"对话框，切换到"开始菜单"标签页，单击"自定义"按钮（见图 28-3），在列表框中选中"运行命令"复选框，单击"确定"按钮即可在开始菜单的底部发现新增加的"运行"命令，如图 28-4 所示。

图 28-3

图 28-4

28-4 为什么侧边栏不能正常关闭

问：在 Windows Vista 操作系统中，为何单击侧边栏中的小工具"关闭"按钮后没有反应？

答：这是因为 Windows Vista 系统侧边栏中小工具软件有自动隐藏的功能。即打开多个侧边栏中的小工具后会自动进行排列。如果打开小工具过多，屏幕不能全部显示出来，会自动把后打开的小工具软件隐藏起来。

用户如果多次打开同一个小工具，比如打开多个 CPU 仪表盘，关闭一个后，会把之前隐藏的 CPU 仪表盘工具显示出来。用户单击 CPU 仪表盘的"关闭"按钮关闭没有反应，其实是之前被隐藏的 CPU 仪表盘被显示出来。用户只是认为不能正常关闭。此时如果要"彻底关闭" CPU 仪表盘的小工具，只要多次单击小工具旁边的"关闭"按钮即可。

28-5 如何加快文件复制速度

问：在 Windows Vista 系统中剪切的速度很快，但复制文件的速度却很慢，如何解决？

答：在 Windows Vista 中有时候剪切的速度很快，但复制文件的速度却很慢，主要是由于 Windows Vista 的一个叫远程差分压缩的功能导致的，此功能主要用来增加网络（局域网）中复制速度，但是 Windows Vista 却不会区分本地和网络的区别，所以在本地复制也先压缩，然后再解压缩，从而导致复制速度很慢，可以通过以下步骤解决：

第 1 步 在控制面板中单击"程序和功能"图标，打开"程序和功能"对话框。

第 2 步 单击"程序和功能"对话框右侧的"打开或关闭 Windows 功能"链接，打开"Windows 功能"窗口。

第 3 步 在"打开或关闭 Windows 功能"列表框中取消选中"远程差分压缩"复选框，如图 28-5 所示。

图 28-5

第 4 步 单击"确定"按钮即可完成设置，以后在本地复制文件可以加快速度。

28-6 为什么游戏不能正常运行

问：在 Windows XP/2000 等系统能够正常运行的游戏或程序，在 Windows Vista 系统中却不能正常运行，如何解决？

答：很多游戏或程序都是针对 Windows XP/2000 系统开发的，在 Windows Vista 系统不能正常运行的最主要的原因是兼容性，Windows Vista 除了对新开发的程序（游戏）完美支持外，原系统下的程序都会出现兼容性问题，可以通过以下方法尝试解决：

右击要运行的程序，在弹出的快捷菜单中选择"属性"命令，在打开的对话框中的"兼容性"选项卡中，选择"用兼容性模式运行这个程序"复选项，并选择相应的系统版本，如 Windows XP 模式。如果仍然不能解决问题，再在"特权等级"区域选中"请以管理员身份运行这个程序"复选项，如图 28-6 所示。

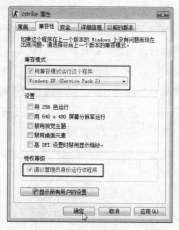

图 28-6

单击"确定"按钮，重新运行程序，可以解决大多数解决兼容性问题。

28-7 为什么系统总是自动登录

问：在 Windows Vista 操作系统已经设置了用户名和密码，但系统启动时不弹出登录界面就自动登录，这样不利于个人信息的安全，如何解决？

答：Windows Vista 默认设置要求用户进入系统前需输入用户名与密码，以加强系统安全性，出现此故障的原因可能是系统故障或其他用户人为修改所致，可以通过以下步骤修改。

第 1 步 以默认用户自动登录 Windows Vista 后，在开始菜单搜索框输入 netplwiz 命令，按【Enter】键，弹出"用户账户"对话框。

第 2 步 在"用户"选项卡中确认选中"要使用本机，用户需输入用户名和密码"复选框，如图 28-7 所示。

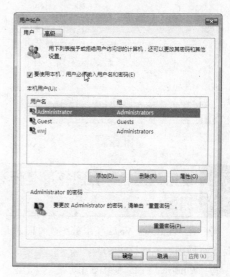

图 28-7

第 3 步 可以在"本机用户"列表框中选择某一个用户，单击"重置密码"按钮设置用户的新密码。

第 4 步 设置完成后单击"确定"按钮，重新启动计算机时，即可显示用户的登录界面。

28-8 运行游戏时提示 XXX.dll 怎么办

问：Windows Vista 中运行游戏时提示 XXX.dll 错误问题，游戏不能正常进行？

答：出现此问题的主要原因是游戏运行动态链接库时出错的问题，解决方法也很简单：主要把丢失的 **XXX.dll** 文件拷贝到系统分区所在的目录，如：X:\Windows\System32\即可解决问题，如果找不到文件，也可以在安装光盘/文件中将对应的动态链接库文件拷贝到 X:\Windows\System32\目录下。

28-9 为什么 Windows Vista 切换不出输入法

问：在 Windows Vista 系统下，可计算机中什么输入法都不能切换出来了，如何修复？

答：估计使用了 msconfig 或者其他优化软件，误删除了 ctfmon.exe 的自动启动。按【Win +R】组合键，在弹出的"运行"对话框中输入 ctfmon.exe（见图 28-8），单击"确定"按钮，此时任务栏上面的输入法图标即可显示。

图 28-8

28-10 使用截图软件截图花屏是什么原因

问：在 Windows Vista 使用截图软件时总是花屏是什么原因，如何解决？

答：Windows Vista 本身没有问题，但无论是用【Print Screen】键，还是其他截图工具，所得的图中会有一部分花屏，有时是一条，有时是一块。这主要是 Vista 自带的显卡驱动程序不完善所造成的，解决方法是下载并安装最新版的显卡驱动。

28-11 为什么 USB 移动存储设备无法弹出

问：在 Windows Vista 系统中，USB 移动存储读写完成后，单击右下角的 USB 移动存储图标时，却弹出无法安全删除硬件的提示，如何解决？

答：其实无论是 Windows Vista 系统，还是其他的 Windows 系统，都会出现无法弹出 USB 移动存储设置的情况。出现这种故障的原因主要是由于 USB 移动存储设备有文件正被其他程序访问造成。而有些应用程序在关闭后还会在系统进程中会存在，就有可能无法安全删除硬件，可以注销系统后，再进行安全删除硬件。

28-12 如何解决无法识别 U 盘问题

问：U 盘在 Windows XP 通够正常使用，但将 Windows XP 升级安装到了 Windows Vista 系统后，U 盘变为无法识别的设备，如何解决？

答：此故障产生的原因可能是没有全新安装 Windows Vista，两种系统中 U 盘驱动又不相同，结果导致 Vista 安装好了之后，U 盘变成了无法识别的设备，可以尝试以下方法解决：

插入 U 盘时，或者从设备管理器中找到未知设备右键选择"更新驱动程序"，系统提示"自动搜索更新的驱动程序软件"和"浏览计算机以查找驱动程序软件"时，选择"浏览计算机以查找驱动程序软件"，在接下来提示的驱动程序位置填入 C:\Windows\System32\DriverStore\FileRepository，从而找回 U 盘在 Windows XP 下驱动程序。

28-11 怎样找回消失的计算机盘符符号

问：在 Windows Vista 下，发现计算机里各盘符的符号都不见。请问是什么原因？

答：可能是用户的计算机的驱动器符号隐藏了。在资源管理器窗口中选择"组织"｜"文件夹和搜索选项"命令，弹出"文件夹选项"对话框，切换到"查看"选项卡，在"高级设置"栏中选中"显示驱动器号"复选框，单击"确定"按钮即可发现将丢失的盘符找回，如图 28-9 所示。

图 28-9

28-14 Windows Vista 下盘符错乱怎么办

问：Windows Vista 安装完成后，发现各分区的盘符错乱，如何调整？

答：盘符错乱是 Windows 操作系统经常出现的问题，微软 Windows 安装光盘一向都按它自己的程序方式去确认硬盘分区的盘符，而 Vista 更为霸道，从光盘启动安装时，把它安装到的分区的盘符强行改成 C，以下其他盘符也依照以往微软 Windows 安装惯例排列。

此类故障可以尝试以下步骤解决：

第 1 步 在桌面上右击"计算机"图标，在弹出的快捷菜单中选择"管理"选项，打开"计算机管理"窗口，在左侧的窗格中选择"存储"｜"磁盘管理"选项，如图 28-10 所示。

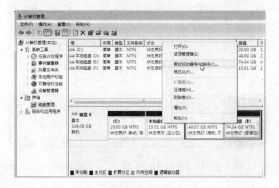

图 28-10

第 2 步 右击需要更改的错乱盘符，在弹出的快捷菜单中选择"更改驱动器号和路径"选项，弹出"更改本地磁盘的驱动器号和路径"对话框，如图 28-11 所示。

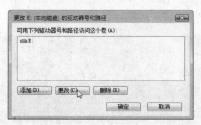

图 28-11

第 3 步 单击"更改"按钮，在弹出的对话框中设置正确的盘符，如图 28-12 所示。

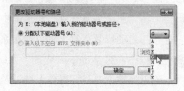

图 28-12

第 4 步 上述操作只能暂时解决问题，计算机重新启动后可能依然会出现盘符错乱的情况，并且 Explorer 和浏览器等程序无法正常使用，最可靠的办法是按【Ctrl+R】组合键，在打开的"运行"对

话框中指定光盘中的 Windows Vista 安装文件，将 Windows Vista 全新安装即可解决问题。

28-15　如何找回启动管理器

问：计算机安装了 Windows XP 和 Windows Vista，但出现双系统启动菜单故障，如何解决？

答：因为 Windows Vista 操作系统在某些方面不成熟，所以现在很多的用户都使用的是 Windows XP 与 Windows Vista 的双系统，但是使用双系统经常遇到的问题就是启动菜单故障，遇到这个问题可以尝试以下方法解决：

第 1 步 使用 DAEMON Tools 加载 Vista 光盘映像。

第 2 步 在 Windows XP 或 Windows Vista 系统中按【Ctrl+R】组合键，在弹出的"运行"对话框中输入"cmd"，打开"命令提示符"窗口。

第 3 步 输入 X:（X 代表虚拟光驱盘符）。

第 4 步 输入 cd boot。

第 5 步 输入 bootsect /nt60 SYS 命令对启动管理器进行修复，再重新启动计算机即可。

28-16　Windows Vista 恢复环境有哪些功能

问：Windows Vista 提供强大功能的恢复环境，大部分恢复操作可以在图形化界面完成（同时也提供命令行接口），即使是初次使用计算机的用户，也可以根据屏幕提示，轻松完成系统修复工作，那么恢复环境有哪些功能？如何安装？

答：恢复环境是微软开发的一个引导工具，用于安装、故障排除和恢复的操作系统功能，要进入 Windows Vista 的系统恢复界面，首先要准备一张 Windows Vista 的安装光盘，并按下列步骤进行操作：

第 1 步 将 Windows 安装光盘放入光驱，并在 BIOS 中设置从光驱启动，重新启动提示 Press any Key to boot from CD or DVD 时，按下任意键继续。

第 2 步 自动加载 Windows Vista 文件后，提示选择键盘布局和安装语言设置，单击"下一步"按钮继续，如图 28-13 所示。

第 3 步 进入"现在安装"页面，单击左下方的"修复计算机"链接，如图 28-14 所示。

图 28-13

图 28-14

第 4 步 系统开始搜索当前系统中安装的操作系统，并显示其安装分区和分区容量大小。选中所需修复的 Windows Vista 所在分区，单击"下一步"按钮，如图 28-15 所示。

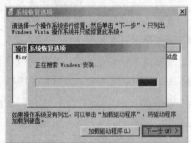

图 28-15

第 5 步 打开"系统恢复选项"对话框，提示选择修复工具。可以看到提供了启动修复、系统还原、Windows Complete PC 还原、Windows 内存诊断工具、命令提示符等系统故障修复功能，如图

28-16 所示。

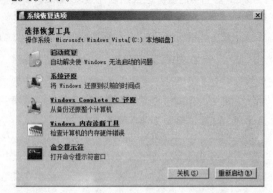

图 28-16

28-17 如何修复 Windows Vista 启动故障

问：计算机启动时提示"BOOTMGR is Missing"，无法启动，如何解决？

答：Windows Vista 下的启动故障的排错和恢复非常简单，即便是一个 Windows 初级用户，也能轻松对付常见的启动故障问题。如果 C 盘根目录下的启动管理器 bootmgr 破坏或丢失，则重启时系统会提示"BOOTMGR is Missing"无法启动，如图 28-17 所示。

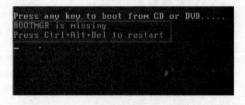

图 28-17

要解决启动管理器丢失的问题，可以利用 Windows Vista 安装光盘引导系统进入 Windows 恢复环境，并单击"系统恢复选项"对话框中的"启动修复"链接，启动修复工具，将自动在系统后台启动恢复检查程序，对 Windows 更新、系统磁盘、磁盘错误、磁盘元数据、目标操作系统以及启动日志等多项内容进行测试分析，如图 28-18 所示。

如果系统找到该启动故障的原因并修复后，会弹出对话框提示已经找到并尝试修复问题，单击"完成"按钮即可重新启动计算机，完成恢复操作，如图 28-19 所示。

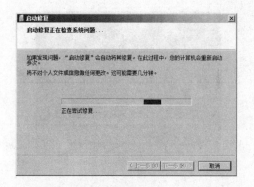

图 28-18

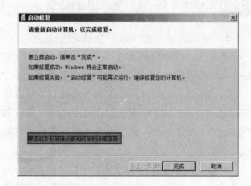

图 28-19

若要查看详细的故障信息，可以单击"单击此处以获得诊断和修复的详细信息"链接，弹出"诊断和修复详细信息"对话框，可以看到找到的根本原因是启动管理器丢失或损坏，如图 28-20 所示。

图 28-20

28-18　如何修复 Windows Vista 系统引导扇区

问：系统启动时，提示分区的引导扇区被破坏，如何修复？

答：引导扇区被破坏，会导致系统无法正常启动，在 Windows 2000/XP 中，需要进入故障恢复控制台，借助 fixmbr（修复主引导记录）或者 fixboot

（修复引导扇区）命令，而在 Windows Vista 下可以让系统自动检测启动故障，Windows Vista 会不负众望，能轻而易举地找到问题的症结所在，并自动利用 BCDMD 命令进行修复。

使用启动修复工具自动检测并修复成功后，查看诊断和修复详细信息，显示系统磁盘分区的启动扇区损坏，如图 28-21 所示。

图 28-21

如果没有系统启动故障，仅仅想考验一下 Windows Vista 的"智商"，那么 Windows Vista 就会礼貌而又坚定地表示启动修复无法检测到问题，如图 28-22 所示。

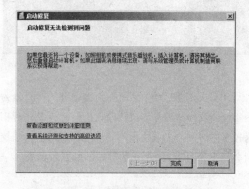

图 28-22

28-19　如何诊断 Windows Vista 内存错误

问：计算机不能正常运行，如何快速检查是否为内存错误？

答：微软为了帮助用户更好地使用 Windows Vista 系统，也是为了让用户更快捷确诊问题所在，于是又在 Windows Vista 中推出了"Windows 内存诊断"功能。

在开始菜单的"开始搜索"文本框中输入"内存诊断工具"，按【Enter】键后即可打开"Windows

内参诊断工具"窗口，选择"立即重新启动并检查问题"选项，如图 28-23 所示，可以立即启动内存诊断工具，如图 28-24 所示。

图 28-23

图 28-24

计算机重新启动时会开始检测内存，检查分为两步，需要检测内存容量比较大，可能需要花费相对较多的时间，当系统检测完毕内存后，进入系统后会弹出如图 28-25 所示的气球图标报告结果。

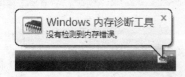

图 28-25

这一功能还是很有用的，特别是在系统启动时出现异常时，可以通过内存检测获得相关信息，以确定问题范围，方便解决问题。不仅在 Windows Vista 下可以启动内存诊断工具，在启动 Windows Vista 系统时，还可以通过【Tab】键选择内存诊断工具，选择后按【Enter】键即可启动内存检测，如图 28-26 所示。

图 28-26

28-20 如何启动可靠性监视器

问：应该怎样全面了解整个系统的稳定性，在遇到影响稳定性的问题后又该如何解决，在 Windows Vista 中如何启动可靠性监视器？

答：Windows Vista 提供可靠性监视器，可以快速检测系统的稳定性和可靠性，为快速解决系统故障提供参考数据，可以通过下列 3 种方法启动可靠性监视器。

① 在"开始"菜单的搜索框中输入"perfmon.msc"命令，按【Enter】键，在打开的"可靠性和性能监视器"管理单元窗口左侧的控制树里定位到"监视工具"|"可靠性监视器"，即可在右侧的详细窗格中看到可靠性监视器的视图。

② 在桌面上右击"计算机"图标，在弹出的快捷菜单中选择"管理"命令，在打开的"计算机管理"单元窗口中定位到"系统工具"|"可靠性和性能"|"监视工具"|"可靠性监视器"，即可在右侧的详细窗格中看到可靠性监视器的视图。

③ 在"开始"菜单的搜索框中输入"perfmon /rel"，并按【Enter】键，即可打开"可靠性监视器"窗口，如图 28-27 所示。

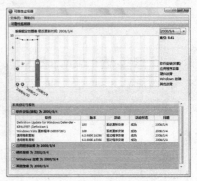

图 28-27

28-21　可靠性监视器有哪些功能

问：可靠性监视器具有哪些功能？

答：可靠性监视器窗口主要分为上下两部分，上方显示的是利用统计数据绘制的性能图表，下方则是每天统计数据的详细内容。自系统安装好起，每隔 24 小时，系统会对统计的内容进行一次更新，生成一个介于 0 和 10 之间的分数（分数越高表示系统越稳定），并将这个分数绘制到图表上。参与稳定性统计的内容包括软件的安装和卸载、应用程序故障、硬件故障、Windows 故障，以及其他故障。

在图表中选择一个日期对应的分数后，窗口下方就会显示出当天的统计内容，例如这天是否安装或卸载过软件，Windows 和其他应用程序是否发生过故障等。根据这些统计信息就可以采取相对措施，例如升级 Windows 或者软件，更新硬件驱动，或者卸载有问题的软件。

28-22　怎样使用可靠性监视器生成系统健康报告

问：通过可靠性监视器发现系统存在稳定性问题，但自己又不能解决，如何生成系统的健康报告，以便进行求助？

答：通过可靠性监视器，用户可以了解 Windows 在每天的使用中遇到过的所有问题，可以使用下列方法系统生成一份健康报告，以便对系统当前的健康情况有所了解。

在"控制面板"中，选择"系统和维护"｜"性能信息和工具"｜"高级工具"｜"生成系统健康报告"选项，稍等片刻，可以看到如图 28-28 所示的系统健康报告。

将鼠标指针悬停在某一项目上可以看到该项目的详细信息，单击其他项目可以查看详细内容。在系统健康报告中不仅包含诊断结果，还包含软件硬件配置以及主要硬件（例如 CPU、网络、硬盘、内存）等组件的工作负荷等情况。每一类报告内容都被归结到一个子项目中，单击对应的项目即可将其展开，查看详细内容。

图 28-28

例如，如果觉得自己的硬盘总是长时间繁忙工作，甚至关闭所有程序后还是这样，那么就可以在"系统诊断报告"窗口中展开"磁盘→磁盘分析"，然后在"磁盘总数"中展开自己的硬盘，随后可以看到如图 28-29 所示的界面。在这个界面中可以看到硬盘的读写情况，以及各自都是哪些进程在进行读写，每秒钟的读写速度，还有总共读写的数据量。知道了具体情况后才方便对症下药，解决问题。

图 28-29

另外，如果感觉系统有问题，而自己无法判断问题的所在，还可以在"系统诊断报告"窗口的"文件"菜单下使用"另存为"命令，将报告保存成文件，发送给别人，让别人帮忙协助解决。

28-23　怎样使用问题报告和解决方案

问：通过可靠性监视性检测到系统存在影响稳定性的问题，但又不知道该如何解决？

答：此时就可以利用微软提供的问题报告和解决方案。该功能会把用户遇到的问题匿名发送给微软，待微软对问题进行分析后将分析结果反馈给用户。例如，如果系统中的某个硬件缺乏驱动，无法安装，那么问题报告和解决方案功能就会把这个问题记录下来，在得到用户的允许后发给微软。如果微软可以提供解决方法，那么用户很快就可以看到该方案，方案中还会包含驱动程序的下载地址。

如果某个软件因为兼容性问题在系统中总是出现问题，在将这个问题反馈后，用户可能会得到来自微软的反馈，例如到软件开发商的网站上下载补丁程序，或者对系统进行一些设置，避免产生类似的问题。

要使用问题报告和解决方案，可以打开控制面板，选择"系统和维护"|"问题报告和解决方案"，随后可以看到如图 28-30 所示的界面。

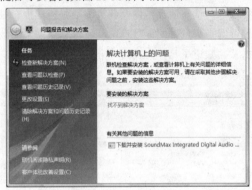

图 28-30

如果有新的问题还没有上报，那么可以单击窗口左侧任务列表中的"查看问题以检查"链接，如果上报的问题有解决方案了，那么相应的内容就会出现在"要安装的解决方案"和"有关其他问题的信息"类别下。

在上报问题的时候需要注意，这个功能完全是可选，并且是匿名的。如果用户不主动上报，那么不会有任何信息提交给微软；就算决定上报，整个过程也不会包含个人信息（至少微软是这样宣称的）。建议在遇到问题的时候使用这个功能，因为有些情况下确实可以解决一些常见的问题，特别是微软自己的软件引起的问题。

28-24 为何 Windows Vista 系统无法 Ping

问：系统为 Windows Vista 旗舰版，能上网，也能上 QQ，却不能 ping，无论 ping 内网还是外网地址都不通，均提示"一般故障"。是何原因？

答：网络明显是通的，而且只能 ping 通 127.0.0.1 这个本机。实际上，这个问题，是因为 Windows Vista 系统自带的 Windows 防火墙所造成的，只要在 Windows 防火墙里开启 Icmp 传入和传出的策略就可以了。

以管理员身份进行登录，执行以下步骤：

第1步 在"开始搜索"栏中输入"高级安全 Windows 防火墙"，按【Enter】键，打开"高级安全 Windows 防火墙"窗口，如图 28-31 所示。

图 28-31

第2步 在"公用配置文件"下，单击"Windows 防火墙属性"链接，弹出"本地计算机的高级安全 Windows 防火墙"对话框，如图 28-32 所示。

图 28-32

第 3 步　单击要更改的配置文件的选项卡。在"日志"栏下，单击"自定义"按钮。在出现的对话框中，更改需要更改的设置，然后单击"确定"按钮即可。

28-25　如何解决系统时间同步错误

问： 我的计算机是 Windows Vista 系统的，但是在使用时间同步时总是提出错误，换了多个服务器如 time.windows.com、time-nw.nist.gov 仍然错误，请问如何解决？如何才能成功同步 Windows Vista 系统的时间？

答： 可以采用如下方法解决。

1. 更换时间服务器

选择"控制面板"｜"时钟、语言和区域"｜"日期和时间"选项，弹出"日期和时间"对话框（见图 28-33），切换到"Internet 时间"选项卡，单击"更改设置"按钮，在打开的"Internet 时间设置"对话框选择一个服务器，单击"立即更新"按钮，如图 28-34 所示。

图 28-33

图 28-34

2. 确认"Windows Time"服务

在"控制面板"｜"管理工具"｜"服务"中找到 Windows Time 服务，确定为"自动启动"方式即可。

28-26　为什么 IE 运行速度慢或者未响应

问： 使用 IE 访问网页时速度很慢，或者经常性出现未响应信息，如何解决？

答： 首先，有可能是 IE 设置问题，所以先把 IE 重新设置为默认值。在控制面板中单击"Internet 选项"图标，在打开的"Internet 选项"对话框中的"高级"选项卡下单击"重置"按钮，如图 28-35 所示，将 IE 设置为默认值。

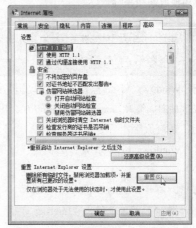

图 28-35

如果上述操作不能解决问题，可以关闭加载项目，方法一是选择"开始"｜"所有程序"｜"附件"｜"系统工具"｜"IE（无加载项）"选项，使用 IE 在无任何加载项状态下运行；方法二是在"Internet 选项"对话框中的"程序"选项卡下单击"管理加载项"按钮，如图 28-36 所示，在打开的对话框中，对加载项逐项禁用检测。

如果上述步骤仍然不能解决问题，最大的可能就是兼容性，可以考虑关闭杀毒软件的网页杀毒防毒功能，或者更换杀毒软件。也可以在"Internet 选项"对话框中的"安全"选项卡下取消选中"启用安全模式"复选框。

图 28-36

综上所述，此类问题大多数是兼容性所致，因此建议先关闭保护模式、再重置 IE、管理加载项、最后再更换或卸载杀毒软件。

28-27 如何解决 Internet Explorer 7.0 无法下载问题

问：Windows Vista 操作系统的计算机在下载软件或歌曲时，微软 Internet Explorer 7.0 会出现自动关闭，是何原因？

答：Windows Vista 系统中 IE 无法下载的解决方法如下。

第 1 步 打开 Internet Explorer 7.0，选择"工具"|"Internet 选项"菜单，弹出"Internet 选项"对话框，如图 28-37 所示。

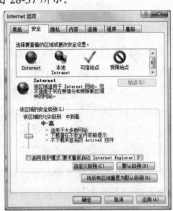

图 28-37

第 2 步 切换到"安全"选项卡，取消选中"Internet"和"本地 Intranet"下的"启用保护模式"复选框。

第 3 步 如果再在下载时出现关闭情况的话，可切换到"高级"选项卡，单击"重置"按钮重置 IE 的设置（见图 28-38）。这样，问题基本上可以解决了。

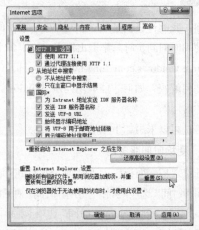

图 28-38

28-28 为何访问系统共享时总提示密码错误

问：Windows Vista 操作系统在访问 Windows XP 系统的计算机共享时，总是提示用户名密码不正确（输入的是正确用户名和密码），是何原因？

答：Windows Vista 操作系统是可以访问 Windows XP 的，前提是设置本地安全策略是否默认拒绝从网络访问这台计算机。

在 Windows Vista 系统与 Windows XP 系统互相访问共享资源过程中，并没有出现以前 Windows XP 系统中存在的权限不符的问题。也就是说用户安装完 Windows Vista 系统后就可以像传统的 Windows 2000 那样进行资源共享和访问了，不需要开启 Guest 账户，也不需要编辑组策略中的设置信息。

28-29 XP 升级 Vista 失败后为何无法启动

问：计算机从 Windows XP 升级到 Windows Vista 失败后，当尝试启动时却不能进入 Windows XP，系统也无法进入 vista，而是显示黑屏以及一条闪烁的底线。这种故障怎么解决？

答：可尝试使用以下方法进行修复。

第 1 步 使用 Windows XP CD 启动计算机。在"欢迎使用安装程序"屏幕上，按【R】键修复 Windows。

第 2 步 登录到要修复的 Windows XP 安装中，输入 fixboot，然后按【Enter】。输入 y，然后按【Enter】键确认要向系统分区中写入新的启动扇区。

第 3 步 执行此操作时，将显示成功地写入了新的启动扇区。输入 exit，然后按【Enter】退出恢复控制台。

第 4 步 重新启动计算机，然后完成 Windows Vista 升级操作。

Chapter

29

获得帮助与更新

Windows Vista 帮助和支持中心相当于一个随时解决问题的"全职老师"，只要好好利用 Windows Vista 中附带的帮助及相关的工具，普通用户就能解决大部分常见问题。

29-1　如何启动帮助和支持中心

问：在面对系统出现故障而一筹莫展的时候，可以在 Windows Vista 帮助和支持中心寻找问题的答案，那么如何启动帮助和支持中心？

答：Windows Vista 中的帮助和支持中心不仅包含了概念性的内容，同时还包括了很多非常有用的错误排查步骤，一些常见的小问题都可以参照这些步骤轻松解决。在开始菜单中单击"帮助和支持"选项或直接在桌面下按【F1】键即可打开"Windows 帮助和支持中心"窗口。窗口最上方的是导航按钮，下面是搜索栏，在这里只要输入关键字，然后按【Enter】键即可进行搜索，如图 29-1 所示。如果帮助和支持中心处于联机模式下，那么默认情况下搜索将会自动包含网上的联机内容，当然这样会减慢搜索速度。要查看当前正在使用联机帮助还是脱机帮助，只要查看窗口右下方的状态按钮即可，单击该按钮可以选择在两种模式之间切换。

图 29-1

29-2　如何获取 Windows Vista 脱机帮助

问：我的计算机没有联网，如何获取 Windows Vista 脱机帮助呢？

答：在开始菜单中单击"帮助和支持"选项或直接在桌面下按【F1】键即可打开"Windows 帮助和支持中心"窗口，单击右下方的"联机帮助"下拉列表，选择"获取脱机帮助"命令即可，如图 29-2 所示。

图 29-2

29-3　如何获取 Windows Vista 最新帮助

问：在使用 Windows Vista 帮助时，可以进行获取联机帮助的最新内容的设置吗？

答：在开始菜单中单击"帮助和支持"选项或直接在桌面下按【F1】键即可打开"Windows 帮助和支持中心"窗口（见图 29-3），单击"选项"下拉列表框中的"设置"选项，打开"帮助设置"对话框，在"搜索结果"栏中选中"搜索帮助时包括 Windows 联机帮助和支持"复选框，单击"确定"按钮即可连接到 Internet 时，获取 Windows 联机帮助的最新内容，如图 29-4 所示。

图 29-3

图 29-4

29-4 帮助和支持中心各图标的含义是什么

问：遇到疑难问题，并且已启动了帮助和支持中心，"找到答案"区域出现六大图标，请问这些图标的具体含义是什么？

答：在使用 Windows Vista 的过程中遇到问题的时候，最简单的办法就是在帮助和支持中心里找答案。在"找到答案"部分的各项图标意义如下：

- **Windows 基本常识**：如果是初次使用计算机的用户，单击该按钮可以对 Windows 操作系统以及计算机有关的基础知识进行了解。

- **安全和维护**：如果在使用 Windows Vista 的过程中有关系统安全或者维护的问题需要了解，或者希望解决相关的故障，可以单击该按钮浏览相关的内容。

- **Windows 联机帮助**：如果希望直接浏览最新的在线帮助，可以单击该按钮。这样系统会自动打开默认的网页，并显示微软网站上提供的最新帮助内容。

- **目录**：如果没有什么特定的目标，只是想要浏览帮助文件内容，可以单击该按钮，这样帮助和支持中心会自动将所有帮助内容按照目录分门别类显示。

- **疑难解答**：单击该按钮可以看到不同情况下遇到故障后的解决办法，虽然这里介绍的不是很高深，不过对于一般用户解决使用过程中小问题还是有帮助的。

- **新增功能**：单击该按钮可以帮助用户了解 Windows Vista 中有哪些新功能。

29-5 如何查找问题的解决方法

问：在使用 Windows Vista 过程中遇到疑难问题，如何在帮助和支持中心寻找解决的办法？

答：在打开的"Windows 帮助和支持"窗口中，用户可以按类型来查找答案，也可以使用搜索功能来查找，比如需要查找有关"远程桌面"的解决办法，可以在搜索栏中输入"远程桌面"，如图 29-5 所示，按【Enter】键即可显示问题具体的分类信息，如图 29-6 所示，再单击一个问题链接，可以查看相应的内容。

图 29-5

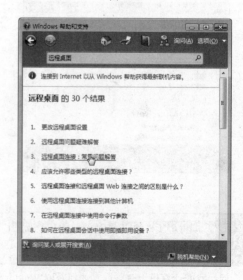

图 29-6

29-6　如何求助微软技术支持

问：遇到的问题比较麻烦，不仅在 Windows Vista 的帮助文件中搜索不到答案，而且朋友也无法提供帮助，怎么办？

答：如果遇到的问题比较麻烦，这时候可以考虑访问微软的技术支持论坛。这是一个免费的论坛，里面按照不同的类别分成了多个组，分别讨论相应类别的问题。论坛上活跃着很多精通 Windows Vista 的技术高手，唯一的缺憾是该论坛是英文论坛，只适合英语水平不错的用户访问。

要访问这个论坛，需要在帮助和支持中心窗口单击"Windows 社区中提出问题或寻找答案"链接，如图 29-7 所示。

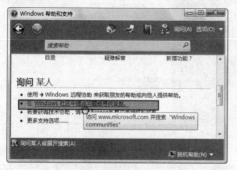

图 29-7

系统调用默认网页浏览器打开链接。由于论坛使用 Windows Live ID 验证功能，只有登录，才能使用论坛的全部功能，否则只能察看现有内容。单击页面右上角的 Sign In 按钮，如图 29-8 所示。

图 29-8

打开登录界面，在 Sign In to Microsoft 栏输入 Windows Live ID 信息后，单击 Sign In 按钮，如图

29-9 所示，若还没有 Windows Live ID，可以单击登录窗口左边的 Sign up now 按钮注册。

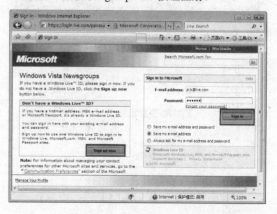

图 29-9

登录成功后，在 Search for 框中输入关键字进行搜索，如图 29-10 所示，如果遇到的现象是一个普遍存在的问题，那么在论坛中有可能别人问过同样的问题，并且获得了正确的答案，这样直接搜索就能得到答案。

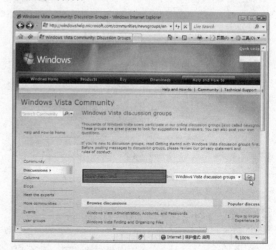

图 29-10

如果在搜索结果中没有看到类似的结果，此时可以发布帖子。单击 New 按钮，选择 Question 选项，如图 29-11 所示。

在随后出现的 New Question 页面中，输入问题的主题和详细内容，然后单击 Post 按钮即可发布，如图 29-12 所示。若选中 Notify me of replies 复选框，当发布问题有新的回复后，会自动给登录所用的 Windows Live ID 账户邮箱发送一封提醒邮件。

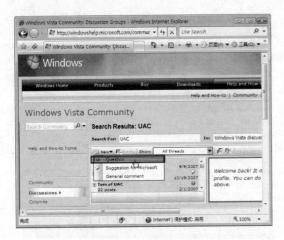

图 29-11

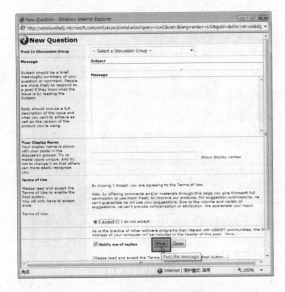

图 29-12

29-7 自动更新有哪些功能

问： Windows Vista 系统提供自动更新，那么自动更新有哪些功能？

答： Windows Vista 作为新出现的操作系统，在开发过程难免存在不足和缺陷，使用自动更新可以自动获得系统的漏洞补丁、关键的修复程序、软件的及时更新等，从而获得更高的安全性和可靠性。启动自动更新功能后，Windows 会自动检查适用于计算机的最新更新。根据所选择的 Windows Update 设置，Windows 可以自动安装更新，或者只通知用户有新的更新可用。

29-8 如何启用或禁用自动更新

问： "自动更新"是微软在推出系统升级补丁或系统安全补丁时，为了方便用户升级系统而推出的一种在线升级功能，但同时也占用网络流量和内存，那么如何根据实际需要启用或禁用自动更新呢？

答： 单击任务栏右侧的"安全中心"图标，即可打开如图 29-13 所示的 Windows Update 窗口，再单击左侧任务列表区域的"更改设置"链接，弹出如图 29-14 所示的"更改设置"对话框。

图 29-13

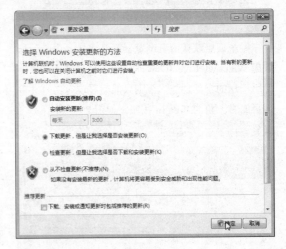

图 29-14

"更改设置"窗口中各选项的功能如下，可以根据实际需要进行选择：

● 自动安装更新（推荐）：选中此单选项，Windows Vista 会自动从网上下载并自动安装更新，用户不能手动选择。

- 下载更新，但是让我选择是否安装更新：Windows Vista 会自动下载更新，用户可以决定何时安装。
- 检查更新，但是让用户选择是否下载和安装更新：Windows Vista 检查更新，由用户决定是否下载和安装。
- 从不检查更新（不推荐）：Windows Vista 不会检查更新，确信计算机安全的用户可以不选此项。
- 下载、安装或通知更新时包括推荐的更新：只安装推荐的更新。

29-9　如何手动检查更新

问：在系统刚安装好时，还没有下载最新的系统补丁，这时的系统处于不安全状态，如何手动检查更新？

答：在系统刚安装好时，还没有下载最新的系统补丁，这时的系统处于不安全状态。用户除了通过系统自动进行更新检查，还可以在刚安装好系统后，手动检查更新。在 "Windows Update" 对话框中单击 "检查更新" 链接，进行手动检查更新，如图 29-15 所示，接下来就会自动连接到微软的更新网站，检查可用的更新内容。

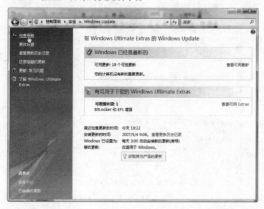

图 29-15

29-10　如何查看已经安装的更新

问：已经启用了自动更新功能，如何查看已经下载和安装了哪些更新程序？

答：在 "自动更新" 窗口左侧单击 "查看更新

历史记录" 链接，打开如图 29-16 所示的 "查看更新历史记录" 窗口，可以查看已经安装更新的类型、安装日期、是否成功信息。对于重要但又下载失败的更新，可以重新下载和安装。

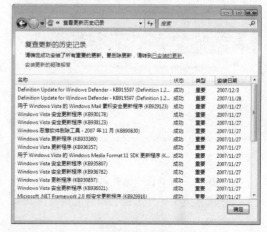

图 29-16

29-11　如何发送远程协助请求

问：Windows Vista 自带的帮助内容解决不了遇到的问题，想请求其他人帮助解决，如何使用远程协助请求朋友帮助？

答：Windows Vista 的远程协助功能，通过网络（互联网或局域网都可以）创建两台计算机之间的直接连接。对方也可以直接看到本机的屏幕内容，并在需要的时候获得控制权，可以查看控制面板、运行诊断工具、安装更新程序等，快速准确地解决问题，操作步骤如下。

第 1 步 要发送远程协助请求，可以单击 "开始" 按钮，在开始菜单中选择 "所有程序" | "维护" | "Windows 远程协助" 选项，打开远程协助程序。

提示 为了方便介绍，这里将远程协助的双方分别称为 "求助者" 和 "帮助者"。要想使用远程协助，双方都需要使用 Windows Vista 操作系统，而且双方都要有可用的互联网连接或者他们位于同一个局域网内部，同时还不能有防火墙的阻隔。

第 2 步 打开 "Windows 远程协助" 向导窗口，若作为 "求助者" 发送远程请求，可以单击 "邀请信任的人帮助您"选项，如图 29-17 所示。

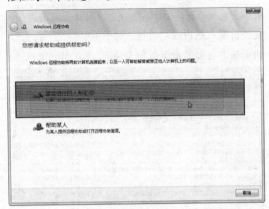

图 29-17

第 3 步 向导窗口提示选择邀请方式，单击"将这个邀请保存为文件"选项可以将邀请保存成文件，如图 29-18 所示。

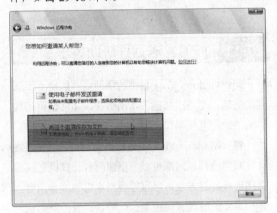

图 29-18

第 4 步 进入"将邀请保存为文件"对话框，选择邀请文件的保存路径。为邀请指定一个密码用来加密邀请文件。单击"完成"按钮即可。接下来需要将邀请文件发送给"帮助者"，并告之密码，如图 29-19 所示。

第 5 步 向导将进入等待传入连接状态，随时准备接受来自"帮助者"的远程连接，如图 29-20 所示。

提示 如果 Windows 防火墙使用了默认设置，那么防火墙会影响远程协助功能的使用。在"将邀请保存为文件"页面提示重新设置防火墙，单击"如何判断远程协助是否可以通过防火墙进行通信"链接，参照帮助进行设置。

图 29-19

图 29-20

29-12　怎样接受远程协助请求

问：当"帮助者"收到"求助者"的远程协助邀请文件后，如何接受远程协助请求？

答：当"帮助者"收到"求助者"的远程协助邀请文件后，双击该邀请文件，并输入正确的密码，再单击"确定"按钮，如图 29-21 所示。

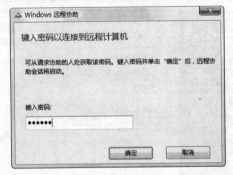

图 29-21

此时，在"求助者"的计算机屏幕上将会弹出提示对话框，询问是否允许连接，单击"是"按钮接受"帮助者"的连接，如图 29-22 所示，这样"帮助者"就可以看到"求助者"的屏幕。

当"求助者"接受来自"帮助者"的连接后，"求助者"的屏幕首先会暂时黑屏，并且用户界面被自动暂时禁用，主要是为了提高远程协助会话的响应速度，接受连接后，"求助者"的向导提示"已连接到帮助者"，如图 29-23 所示。

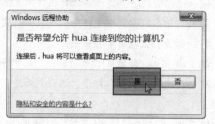

图 29-22

图 29-23

29-13　如何转让帮助者控制权

问：通过语言或文字的交流无法解决问题，如何转让控制权让"帮助者"尝试亲自操作有故障的计算机？

答：如果通过语言或文字的交流无法解决问题，这时"帮助者"可以尝试亲自操作，当"帮助者"向"求助者"请求控制权的时候，"求助者"的屏幕会出现对话框，单击"是"按钮允许"帮助者"控制桌面，如图 29-24 所示。

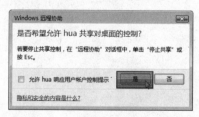

图 29-24

29-14　转让控制权应注意哪些事项

问：在远程协助转让计算机的控制权是否安全？应注意哪些事项？

答：当帮助者通过远程协助连接到用户的计算机时，他可以完全控制计算机，从而进行删除文件、更改设置、查看用户的私人信息等非法操作，因此

只允许信任的人访问和控制计算机。

在允许他人连接到计算机之前，请关闭那些不想让帮助者看到的已打开的程序或文档。在与帮助者连接的过程应监视其行为，如果发现他进行不合适的操作，应立即单击"取消"或"停止共享"按钮，或按【Esc】键结束会话。

29-15　如何使用远程桌面连接到其他计算机

问：如何使用远程桌面连接到其他计算机？

答：使用远程桌面连接，可以从一台运行 Windows 的计算机访问另一台运行 Windows 的计算机，条件是两台计算机连接到相同的网络或连接到 Internet。远程桌面连接使用户可以在家中的计算机使用所有工作中的计算机的程序、文件及网络资源，就像坐在工作场所的计算机前一样。

选择"开始"｜"所有程序"｜"附件"｜"远程桌面连接"命令，打开"远程桌面连接"对话框，在"计算机"文本框中输入远程计算机的 IP 地址或主机名，如图 29-25 所示，单击"连接"按钮即可连接到远程计算机。

图 29-25

29-16　为什么无法连接到远程计算机

问：无法与远程计算机相连接，同时，远程计算机也无法连接到本地计算机，如何解决？

答：在 Windows Vista 系统中，远程桌面功能在默认安装中是关闭的，因此，如果在工作中需要从别的计算机来操作 Windows Vista 系统，需要更改相应的设置，打开远程桌面功能，操作步骤如下：

第 1 步 在桌面上右击"计算机"图标，在弹出的快捷菜单中选择"属性"命令，打开系统维护窗口，单击左侧任务列表中的"远程设置"链接，如图 29-26 所示。

图 29-26

第2步 在打开的"系统属性"对话框中，选中"允许远程协助连接这台计算机"复选项，可以允许远程计算机连接到本机；如果是从另一台同样运行 Windows Vista 的客户机远程连接本系统，可以选中"只允许运行带网络级身份验证的远程桌面的计算机连接"单选项，如图 29-27 所示，这能够提供更强的安全性；而如果希望从运行 Windows 2000/XP 客户机连接本系统，则只能选中"允许运行任意版本远程桌面的计算机连接"单选项，当然，这会带来一定的风险。

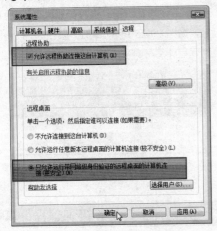

图 29-27

第3步 单击"确定"按钮即可完成设置。

29-17 为什么无法复制远程计算机的文本

问：已经成功连接到远程计算机，但无法将远程计算机的文本复制到本地计算机，如何解决？

答：建议尝试以下步骤解决：

第1步 选择"开始"｜"所有程序"｜"附件"｜"远程桌面连接"命令，打开"远程桌面连接"对话框。

第2步 在"远程桌面连接"对话框中单击"选项"按钮，在打开对话框中切换到"本地资源"选项卡，确认选中"剪贴板"复选框，如图 29-28 所示。

图 29-28

第3步 单击"连接"按钮，连接到远程计算机后，即可复制远程计算机中的文本。

读 者 意 见 反 馈 表

亲爱的读者：

感谢您对中国铁道出版社的支持，您的建议是我们不断改进工作的信息来源，您的需求是我们不断开拓创新的基础。为了更好地服务读者，出版更多的精品图书，希望您能在百忙之中抽出时间填写这份意见反馈表发给我们。随书纸制表格请在填好后剪下寄到：北京市宣武区右安门西街 8 号中国铁道出版社计算机图书中心 917 室 郑双 收（邮编：100054）。或者采用传真（010—63549458）方式发送。此外，读者也可以直接通过电子邮件把意见反馈给我们，E-mail 地址是：f105888339@163.com。我们将选出意见中肯的热心读者，赠送本社的其他图书作为奖励。同时，我们将充分考虑您的意见和建议，并尽可能地给您满意的答复。谢谢！

所购书名：_____

个人资料：

姓名：_____ 性别：_____ 年龄：_____ 文化程度：_____

职业：_____ 电话：_____ E-mail：_____

通信地址：_____ 邮编：_____

您是如何得知本书的：

□书店宣传 □网络宣传 □展会促销 □出版社图书目录 □老师指定 □杂志、报纸等的介绍 □别人推荐
□其他（请指明）_____

您从何处得到本书的：

□书店 □邮购 □商场、超市等卖场 □图书销售的网站 □培训学校 □其他

影响您购买本书的因素（可多选）：

□内容实用 □价格合理 □装帧设计精美 □带多媒体教学光盘 □优惠促销 □书评广告 □出版社知名度
□作者名气 □工作、生活和学习的需要 □其他

您对本书封面设计的满意程度：

□很满意 □比较满意 □一般 □不满意 □改进建议

您对本书的总体满意程度：

从文字的角度 □很满意 □比较满意 □一般 □不满意
从技术的角度 □很满意 □比较满意 □一般 □不满意

您希望书中图的比例是多少：

□少量的图片辅以大量的文字 □图文比例相当 □大量的图片辅以少量的文字

您希望本书的定价是多少：

本书最令您满意的是：

1.

2.

您在使用本书时遇到哪些困难：

1.

2.

您希望本书在哪些方面进行改进：

1.

2.

您需要购买哪些方面的图书？对我社现有图书有什么好的建议？

您更喜欢阅读哪些类型和层次的计算机书籍（可多选）？

□入门类 □精通类 □综合类 □问答类 □图解类 □查询手册类 □实例教程类

您在学习计算机的过程中有什么困难？

您的其他要求：